高职高专计算机专业精品教材

Windows Server 2008 服务器配置与管理

张恒杰　王丽华　　主　编
任晓鹏　胡志杰　　副主编

清华大学出版社
北京

内 容 简 介

网络操作系统是构建计算机网络的软件核心与基础。本书以微软划时代的产品 Windows Server 2008 网络操作系统为例,采用项目驱动的模式,从架构计算机网络的整体角度出发,讲解应用 Windows Server 2008 构架网络环境的方法、系统服务的配置与管理。内容包括 64 位 Windows Server 2008 的安装、基本环境设置、磁盘管理、文件系统、活动目录;DNS、WWW、FTP、DHCP、WINS 等网络服务的配置、管理以及系统维护、操作系统安全管理、远程管理等。

本书的内容突出实用性、系统性,从设计与管理网络的角度讲解操作系统的使用方法,包括服务或应用的概念及实现方法,每个项目单元配合相应的实训和习题,帮助读者对书中内容进行验证,具有很强的实践性与技能性。

本书蕴含了作者丰富的教学经验、网络设计与管理实际工程经验,既可以作为职业院校计算机、网络技术等相关专业的网络操作系统理论与实训教材,也可供从事计算机网络工程设计、管理等工程技术人员作为技术参考资料使用。

图书在版编目(CIP)数据

Windows Server 2008 服务器配置与管理/张恒杰,王丽华主编. --北京:清华大学出版社,2014 (2020.1重印)

高职高专计算机专业精品教材

ISBN 978-7-302-34680-7

Ⅰ. ①W… Ⅱ. ①张… ②王… Ⅲ. ①Windows 操作系统-网络服务器-高等职业教育-教材 Ⅳ. ①TP316.86

中国版本图书馆 CIP 数据核字(2013)第 290820 号

责任编辑:张龙卿
封面设计:徐日强
责任校对:刘　静
责任印制:李红英

出版发行:清华大学出版社
　　　　网　　　址:http://www.tup.com.cn,http://www.wqbook.com
　　　　地　　　址:北京清华大学学研大厦 A 座　　　邮　　编:100084
　　　　社 总 机:010-62770175　　　　　　　　　　邮　　购:010-62786544
　　　　投稿与读者服务:010-62776969,c-service@tup.tsinghua.edu.cn
　　　　质 量 反 馈:010-62772015,zhiliang@tup.tsinghua.edu.cn
　　　　课 件 下 载:http://www.tup.com.cn,010-62795764
印 装 者:清华大学印刷厂
经　　销:全国新华书店
开　　本:185mm×260mm　　　　印　张:25.75　　　　字　数:592 千字
版　　次:2014 年 3 月第 1 版　　　　　　印　次:2020 年 1 月第 9 次印刷
定　　价:54.00 元

产品编号:052079-02

前　言

计算机网络技术的发展增强了计算机在企业中的各种应用,也给软件特别是操作系统带来前所未有的挑战。它要求操作系统既要提供丰富的功能,又要满足不同应用的要求,管理维护还要简单易用,Windows Server 2008 无疑是满足这些苛刻要求的一款新产品。

Windows Server 2008 代表了微软新一代服务器操作系统。使用 Windows Server 2008,IT 专业人员对其服务器和网络基础结构的控制能力更强,从而可重点关注关键业务需求。Windows Server 2008 通过加强操作系统和保护网络环境提高了其安全性。通过加快 IT 系统的部署与维护,使服务器和应用程序的合并与虚拟化更加简单,提供的管理工具更加直观,Windows Server 2008 还为 IT 专业人员提供了更大的灵活性,使其更加实用。Windows Server 2008 为任何组织的服务器和网络基础结构奠定了很好的基础。

为了便于读者更好地掌握 Windows Server 2008 的操作、管理和维护技能,本书根据尽可能多的实际需求来解释和阐述知识点。在用大量篇幅介绍知识和与知识相结合的操作的同时,每个单元都配有上机实训,针对具体环境详细叙述不同知识点在网络中的具体应用,使读者更易于理解和掌握。每个单元的最后都有练习题以便读者自我检验对各章内容的掌握程度。为了配合教学,本书配有电子教案(包含课后习题答案),可从清华大学出版社网站下载。

本书系统地介绍了 64 位 Windows Server 2008 网络操作系统的常用技术的配置和管理方法,可以平滑过渡到下一代操作系统的学习。本书内容丰富,章节安排合理,叙述清楚,既可作为高职高专院校计算机类各专业教材,也可作为网络规划与管理人员、网络工程师、网络用户及网络爱好者的自学参考书。

本书共分 14 个项目单元,项目一对网络操作系统的功能、分类及 Windows Server 2008 版本、功能及其安装方法等内容进行了介绍。项目二介绍了 Windows Server 2008 作为独立服务器的用户、组创建方法;共享资源的发布使用及工作环境。项目三介绍了 NTFS 文件系统的特性及使用。项目四介绍了磁盘的管理。项目五至项目九分别介绍了 DNS、

DHCP、WEB、FTP 和 WINS 服务器的构建、管理和使用方法。项目十主要讲解 Active Directory 和域的相关基础知识以及如何创建域、管理域。项目十一介绍了网络打印服务的配置和使用。项目十二介绍了组策略、本地策略及防火墙等系统安全措施；系统灾难恢复、备份与还原等知识。项目十三介绍了系统的远程管理与服务。项目十四介绍了 NAT 和 VPN 服务器的构建、管理和使用方法等。

本书由张恒杰、王丽华主编，任晓鹏、胡志杰担任副主编。项目一、二、六、十一、十三由张恒杰编写，项目七、八、十四由王丽华编写，项目三、四、五由任晓鹏编写，项目九、十、十二由胡志杰编写。本书由张恒杰统稿、整理。

本书的作者都是长期从事网络教学的一线教师和从事 Windows 应用的工程师。在本书编写过程中，参考了大量同类书籍和网上资料，在此对相关作者表示衷心的感谢。

由于作者水平有限，加之时间仓促，书中错误之处在所难免，敬请广大读者批评指正。

编　者

2014 年 1 月

目　录

项目一 网络操作系统选型

项目描述

某公司建立了自己的局域网后,购买了服务器用于对外宣传。现在需要确定在服务器上安装什么操作系统以及如何安装。

项目目标

为了更好地规划、安装网络操作系统,应了解当前流行的服务器操作系统的特点,尤其应了解 Windows Server 2008 操作系统的不同版本及差异。掌握安装 Windows Server 2008 服务器的注意事项和方法;掌握系统安装完成后的基本设置等知识。

任务 1　认知网络操作系统

【任务描述】　在搭建服务器时,首先应选择安装什么操作系统,而不同的操作系统的应用环境会有所不同。

【任务目标】　掌握网络操作系统的概念。了解当前流行操作系统的特点,以便有针对性地选择安装。

1.1.1　操作系统的概念

1. 操作系统简介

一个完整的计算机系统由计算机硬件系统和计算机软件系统两大部分构成。

计算机硬件是计算机各种物理设备的总称,主要包括中央处理器(CPU)、内存储器、外存储器、输入设备和输出设备等。没有软件支持的计算机硬件称为裸机,它仅仅构成了计算机的物质基础,对于用户来说,要在裸机上开展各种应用几乎是不可能的。因此,必须为硬件系统配备软件系统,这样才能使计算机正常运行。

计算机软件是程序和与程序相关的文档的集合。按功能划分,可以将软件分为系统软件和应用软件。系统软件用于对计算机系统软硬件资源的管理、分配、控制和运行等,如操作系统、数据库管理系统、语言处理程序和各种系统服务性程序。应用软件一般是为了完成用户的特定任务而设计的程序,如各种办公软件、辅助设计软件以及过程控制软件等。

计算机硬件是计算机的"躯体";计算机软件是计算机的"灵魂",它们共同构成了计算机系统。缺少硬件或没有软件的计算机都不能称为完整的计算机系统。

计算机系统主要是为用户服务的,不同的用户对其会有不同的要求。操作系统正是为了控制和协调用户对计算机硬件和软件资源的不同需求,提供了一种合理使用其资源的工作环境,同时还提供了为完成用户的特定任务所需的各种服务。

操作系统是计算机硬件与所有其他软件之间的接口。只有在操作系统的指挥控制下,各种计算机资源才能被分配给用户使用。也只有在操作系统的支持下,其他系统软件才能取得运行条件。没有操作系统,任何应用软件都无法运行。

从资源管理与分配的角度看,对于计算机系统所拥有的软硬件资源,不同的用户为完成他们各自的任务会有不同的需求,有时可能还会有冲突。因此,操作系统作为一个资源管理者要解决用户对计算机系统资源的竞争,并合理、高效地分配和利用这些有限的资源,如 CPU 时间、内存空间、I/O 设备、文件存储空间等。

从用户的角度看,他们对操作系统的内部结构不很了解,对操作系统的执行过程和实现细节也不感兴趣,他们关心的是操作系统提供了哪些功能、哪些服务以及具有什么样的用户界面。由于操作系统隐藏了硬件的复杂细节,用户会感到计算机使用起来简单方便,通常就说操作系统为用户提供了一台功能经过扩展的计算机,或称"虚拟机"。

可见,操作系统实际上是计算机系统资源的"总指挥部"。操作系统的性能高低,决定了整个计算机系统的潜在硬件性能能否发挥出来。操作系统本身的安全稳定性,对于整个计算机系统的安全性和可靠性起到了保障作用。操作系统是软件的基础运行平台。

2. 操作系统的定义

综上所述,可以给出操作系统的一个定义:操作系统由一组程序组成,这组程序能够有效地组织和管理计算机系统中的硬件和软件资源,合理地组织计算机工作流程和控制程序的执行,使计算机系统能够高效地运行,并向用户提供各种服务功能,使用户能够灵活、方便、有效地使用计算机。

1.1.2　操作系统的分类

操作系统的形成迄今已有 50 多年的时间。在这 50 多年的发展历程中,形成了各种类型的操作系统,以满足不同的应用要求。根据其使用环境和对作业的处理方式,主要分为批处理操作系统、分时操作系统、实时操作系统、微机操作系统、网络操作系统和分布式操作系统等。最为常见的是微机操作系统和网络操作系统。

1. 微机操作系统

微机操作系统是指配置在微型计算机上的操作系统。最早出现的微机操作系统是 CP/M 操作系统。微机操作系统可分为单用户单任务操作系统、单用户多任务操作系统和多用户多任务操作系统三种。

（1）单用户单任务操作系统

单用户单任务操作系统只允许一个用户上机，且只允许一个用户程序运行。这是一种最简单的微机操作系统，主要配置在 8 位和 16 位微型计算机上，典型的单用户单任务操作系统是 CP/M 和 MS-DOS。

（2）单用户多任务操作系统

单用户多任务操作系统只允许一个用户上机，但允许一个用户程序分为多个任务并发执行，从而有效地改善系统的性能。它主要配置在 32 位或 64 位微型计算机上，典型的单用户多任务操作系统是 OS/2 和 MS-Windows。

（3）多用户多任务操作系统

多用户多任务操作系统允许多个用户通过各自的终端，使用同一台主机，共享主机系统中的各类资源，而每个用户程序又可以为多个任务并发执行，从而可以提高资源的利用率和增加系统的吞吐量。它主要配置在大、中、小型计算机上，典型的多用户多任务操作系统是 MS-Windows 和 UNIX 等。

2. 网络操作系统

计算机网络是指把地理上分散的、具有独立功能的多台计算机和终端设备，通过通信线路加以连接，以达到数据通信和资源共享目的的计算机系统。而用于管理网络通信和共享资源，协调各计算机任务的运行，并向用户提供统一的、方便有效的网络接口的程序集合，就称为网络操作系统。

从广义的角度来看，网络操作系统主要有以下四个基本功能。

（1）网络通信管理：负责实现网络中计算机之间的通信。

（2）网络资源管理：对网络软硬件资源实施有效的管理，保证用户方便、正确地使用这些资源，提高资源的利用率。

（3）网络安全管理：提供网络资源访问的安全措施，保证用户数据和系统资源的安全性。

（4）网络服务：为用户提供各种网络服务，包括文件服务、打印服务、电子邮件服务等。

1.1.3　网络操作系统的功能

操作系统是用户和硬件之间的桥梁，它主要负责管理计算机系统中的所有资源，合理地组织工作流程，以提高资源的利用率和方便用户使用计算机。网络操作系统是操作系统中的一员，从资源管理的角度看，它也具有跟其他操作系统一样的功能，即作业管理、处理机管理、存储器管理、文件管理和设备管理等。

1. 作业管理

所谓作业是用户要求操作系统完成的相对独立的任务。作业管理的主要任务是完成用户要求的全过程处理上的宏观管理。作业管理的功能包括作业注册、作业调度、作业运行和作业终止等。

2. 处理机管理

处理机管理的主要任务是对处理机进行分配,并对其运行进行有效的控制和管理。处理机管理的主要功能有进程控制、进程同步、进程通信和进程调度。

进程是一个具有独立功能的程序在一个数据集合上的一次运行过程,是系统进行资源分配和调度的独立单位。程序和进程是既有联系又有区别的两个概念。它们的主要区别有以下几点。

(1) 程序是指令的有序集合,是一个静态的概念;而进程是程序的一次执行过程,是一个动态的概念。

(2) 程序的存在是永久的;而进程是有生命期的,它因创建而产生,因调度而执行,因得不到资源而暂停,因撤销而消亡。

(3) 进程与程序之间不是一一对应的。一个程序可同时运行于若干个不同的数据集合上,映射成多个进程;反之,一个进程可以执行一个或几个程序。

3. 存储器管理

存储器管理的主要任务是为多道程序的运行提供良好的环境,方便用户使用存储器,提高存储器的利用率,并能从逻辑上扩充存储器。存储器的主要功能有内存分配、内存保护、地址映射和内存扩充。

4. 文件管理

文件管理的主要任务是对用户文件和系统文件进行管理,方便用户使用,并保证文件的安全性。文件管理的主要功能有文件存储空间的管理、目录管理、文件的读写管理和存取控制管理。

5. 设备管理

设备管理的主要任务是完成用户提出的 I/O 请求,为用户分配 I/O 设备,提高 CPU 与 I/O 设备的利用率,提高 I/O 设备的速度,以及方便用户使用 I/O 设备。设备管理的主要功能有缓冲管理、设备分配、设备处理、设备独立性和虚拟设备管理。

除此之外,网络操作系统在一般情况下,可以提供如下服务并实现相关功能。

- 文件服务:以集中方式管理共享文件,用户根据操作权限进行文件的相关操作。
- 打印服务:实现用户打印请求的接收、打印格式的说明、打印机的配置、打印队列的管理等功能。
- 数据库服务:使用 C/S 工作模式,客户端使用 SQL 查询语言向数据库服务器发送查询请求,服务器端进行查询并结果传送给客户端。
- 通信服务:工作站间的对等通信、工作站与主机间的通信服务等功能。
- 信息服务:可用存储转发方式或对等的点到点通信方式完成电子邮件或信息发布服务。
- 分布式服务:即分布式目录服务,将分布在不同地理位置的互联 LAN 中的资源组织在一个全局性的、可复制的分布数据库中,网络中服务器可互为其副本,用户在任何一台工作站上注册都可与多个服务器连接。

- 域名服务:实现 ASCII 字符串(域名)与二进制 IP 地址之间的转换。
- 网络管理服务:提供网络性能、网络状态监控、网络存储的管理等。
- Internet 与 Intranet 服务:互联网和局域网的相应服务。

1.1.4　典型的网络操作系统

长期以来,网络操作系统发展过程中主要有三大体系,分别为 Novell 的 NetWare 操作系统、Microsoft 的 Windows 系列操作系统和 UNIX、Linux 操作系统,但是根据其各自的特点和功能,其应用范围和场合各不相同。

1. UNIX 操作系统

UNIX 操作系统是发布较早、应用范围最广的操作系统之一,是美国麻省理工学院于 20 世纪 70 年代初开发的一个通用的、多用户、多任务、分时操作系统,除了作为网络操作系统之外,还可以作为单机操作系统使用。UNIX 作为一种开发平台和台式机操作系统获得了广泛使用。其主要特点有以下几点。

（1）安全可靠

UNIX 在系统安全方面是任何一种操作系统都不能与之相比的,重要原因之一是很少有计算机病毒能够侵入。这是因为 UNIX 一开始即是为多任务、多用户环境设计的,在用户权限、文件和目录权限、内存管理等方面有严格的规定。UNIX 操作系统以其良好的安全性和保密性证实了这一点。

（2）方便接入 Internet

UNIX 是 Internet 的基础,TCP/IP 协议也是随之发展并完善的。目前的一些 Internet 服务器和一些大型的局域网都使用 UNIX 操作系统。

UNIX 虽然具有许多其他操作系统所不具备的优势,如工作环境稳定、系统的安全性好等,但是在安装和维护方面,对普通用户来说比较困难。

目前 UNIX 操作系统主要用于工程应用和科学计算等领域,在商业领域逐步发展成为功能最强、安全性和稳定性最好的网络操作系统。但 UNIX 操作系统通常与相应公司生产的服务器硬件产品集成在一起,较具代表性的有 IBM 公司的 AIX UNIX、SUN 公司的 Solaris UNIX 和 HP 公司的 HP UNIX 等,各公司的 UNIX 比较适合运行于本公司的专用服务器、工作站等设备上。

2. Linux 操作系统

Linux 是在 1991 年由芬兰赫尔辛基大学的一位大学生 Lines Benedict Tornados 开发的一个具有 UNIX 操作系统特征的新一代免费操作系统。Linux 操作系统的最大特征在于其源代码是向用户完全公开的,任何一个用户都可根据自己的需要修改 Linux 操作系统的内核,所以 Linux 操作系统的发展速度非常迅猛。Linux 具有以下一些特点。

（1）开放的源代码

只要有网络连接，Linux 操作系统就可以在 Internet 网上免费下载使用，不需要支付任何费用。而且在 Linux 上使用的绝大多数应用程序也是可免费得到的。

（2）支持多种硬件平台

Linux 可以运行在多种硬件平台上，可在任何基于 X86 的平台和 RISC 体系结构的计算机系统上运行。Linux 支持在计算机上使用的大量外部设备。

（3）支持 TCP/IP 等协议

在 Linux 中可以使用所有的网络服务，如网络文件系统、远程登录等。SLIP 和 PPP 支持串行线上的 TCP/IP 协议的使用，用户可用一个高速调制解调器通过电话线接入 Internet。

（4）支持多种文件系统

Linux 系统目前支持的文件系统有 FAT16、FAT32、NTFS、ISOFS、HPFS、EXT2 等 32 种之多。

3. Novell NetWare 操作系统

美国 Novell 公司在 1985 年开始发布了 NetWare 操作系统，它与 DOS 和 Windows 等操作系统一样，除了访问磁盘文件、内存使用的管理与维护之外，还提供一些比其他操作系统更强大的实用程序和专用程序，包括用户的管理、文件属性的管理、文件的访问、系统环境的设置等。NetWare 操作系统可以让工作站用户像使用自身的资源一样访问服务器资源，除了在访问速度上受到网络传输的影响外，没有任何不同。随着硬件产品的发展，这些问题也不断得到改善。该操作系统具有如下特点。

（1）强大的文件及打印服务能力

NetWare 能够通过文件及目录高速缓存，将那些读取频率较高的数据预先读入内存，来实现高速文件处理。

（2）良好的兼容性及系统容错能力

较高版本的 NetWare 不仅能与不同类型的计算机兼容，而且还能在系统出错时及时进行自我修复，大大降低了因文件和数据丢失所带来不必要的损失。

（3）比较完善的安全措施

NetWare 采用四级安全控制原则以管理不同级别的用户对网络资源的使用。

4. Windows 操作系统

Windows 操作系统是目前个人计算机中应用最广泛、影响力最深远的一种操作系统。Windows NT 是 Microsoft 公司于 1993 年推出的一个高性能的、理想的网络操作系统。Windows NT 以其新加的网络技术（Net Technology，NT）、完善的功能和极高的性能赢得了用户的喜爱，被誉为"20 世纪 90 年代的操作系统"。Windows NT 的设计综合了客户机/服务器模型、对象模型和对称多处理模型为一体。其主要特点有以下几点。

（1）内置的网络功能

将网络功能集成在操作系统中作为输入/输出的一部分，在功能上更加强大，结构上比较紧凑。

（2）可实现"复合型网络"的结构

在局域网中，可以实现 Client/Server 和 Peer to Peer 对等式的两种模式，各个工作站既可以访问服务器上的授权资源又可以互相访问共享资源。

（3）组网简单、管理方便

Windows NT 组建网络比较容易，特别是对于普通用户组建网络，而且 Windows NT 对硬件环境的要求较低。

Windows 的后续版本继承了 Windows NT 的相关特性，Microsoft 公司又相继开发了 Windows 2000/2003/2008 及 2012 等系列操作系统，其可靠性、可操作性、安全性和网络功能更加强大。Windows 2000 系列共推出了 4 个版本：Windows 2000 Professional、Windows 2000 Server、Windows 2000 Advanced Server、Windows 2000 Datacenter Server，其中 Windows 2000 Professional 是为台式机开发的，后三个版本均是面向网络，为网络操作系统版本，至今在网络应用上仍然发挥其巨大的作用。Windows Server 2003 系列推出了 Windows Server 2003 standard edition、Windows Server 2003 enterprise edition、Windows Server 2003 datacenter edition、Windows Server 2003 web edition 4 种产品，以满足从小公司到数据中心等不同组织的需要。

1.1.5 Windows Server 2008 产品版本

Windows Server 2008 发行了多种版本，以支持各种规模之企业对服务器不断变化的需求。Windows Server 2008 有 6 种不同版本，另外还有三个不支持 Windows Server Hyper-V 技术的版本，因此总共有 9 种版本。

（1）Windows Server 2008 Standard

是迄今最稳固的 Windows Server 操作系统，其内建的强化 Web 和虚拟化功能，是专为增加服务器基础架构的可靠性和弹性而设计，但亦可节省时间及降低成本。其利用功能强大的工具，让管理员拥有更佳的服务器控制能力，并简化设定和管理工作，而增强的安全性功能则可强化作业系统，以协助保护资料和网络，并可为企业提供扎实且可高度信赖的基础。

（2）Windows Server 2008 Enterprise

可提供企业级的平台，部署具体业务关键性的应用程序。其所具备的丛集和热新增（Hot-Add）处理器功能，可协助改善可用性，而整合的身份识别管理功能，可协助改善安全性，利用虚拟化授权权限整合应用程序，则可减少基础架构的成本，因此 Windows Server 2008 Enterprise 能为高度动态、可扩充的 IT 基础架构提供良好的基础。

（3）Windows Server 2008 Datacenter

提供的企业级平台，可在小型和大型服务器上部署具体业务关键性的应用程序及大规模的虚拟化。其所具备的丛集和动态硬件分割功能，可改善可用性，而利用无限制的虚拟化授权权限整合而成的应用程序，则可减少基础架构的成本，此外，此版本亦可支持 2～64 个处理器，因此 Windows Server 2008 Datacenter 能够提供良好的基础，用以建置企业级虚拟化以及扩充解决方案。

(4) Windows Web Server 2008

这是特别为单一用途 Web 服务器而设计的系统,而且是建立在下一代 Windows Server 2008 中坚若磐石之 Web 基础架构功能的基础上,其亦整合了重新设计架构的 IIS 7.0、ASP. NET 和 Microsoft . NET Framework,以便提供任何企业快速部署网页、网站、Web 应用程序和 Web 服务。

(5) Windows Server 2008 for Itanium-Based Systems

针对大型资料库、各种企业和自订应用程序进行最佳化,可提供高可用性和多达 64 个处理器的可扩充性,能符合高要求且具关键性的解决方案之需求。

(6) Windows HPC Server 2008

具备下一代高效能运算(HPC)特性,可提供企业级的工具给高生产力的 HPC 环境,由于其建立于 Windows Server 2008 及 64 位元技术上,因此可有效地扩充至数以千计的处理核心,并可提供管理主控台,协助用户主动监督和维护系统健康状况及稳定性。其所具备的工作进程之兼容性和弹性,可让 Windows 和 Linux 的 HPC 平台间进行整合,亦可支持批次作业以及服务导向架构(SOA)工作负载,而增强的生产力、可扩充的效能以及使用容易等特色,则可使 Windows HPC Server 2008 成为同级中最佳的 Windows 环境。

(7) Windows Server 2008 Standard without Hyper-V

(8) Windows Server 2008 Enterprise without Hyper-V

(9) Windows Server 2008 Datacenter without Hyper-V

Windows Server 2008 是迄今为止微软最安全的 Windows 服务器。它拥有高可靠性和众多安全革新技术,包括网络接入保护,联机权限管理,只读域名控制,为用户的网络、数据以及业务提供前所未有的保护。同时,Windows Server 2008 也是迄今为止最具灵活性及超强性能的 Windows 服务器操作系统,凝聚了众多高新科技,比如服务器内核、Powershell、Windows 部署服务以及更强大的网络集群技术。Windows Server 2008 是最便捷可靠的 Windows 应用平台,可以满足用户所有工作及应用方面的需求。

Windows Server 2008 内置的 Web 和虚拟化技术,可增强服务器基础结构的可靠性和灵活性。新的虚拟化工具、Web 资源和增强的安全性可节省时间、降低成本,并且提供了一个动态而优化的数据中心平台。强大的新工具,如 IIS7、Windows Server Manager 和 Windows PowerShell,能够加强对服务器的控制,并可简化 Web、配置和管理任务。先进的安全性和可靠性增强功能,如 Network Access Protection 和 Read-Only Domain Controller,可加强服务器操作系统安全并保护服务器环境,确保拥有坚实的业务基础。

1.1.6　网络操作系统的选择依据

如何选择一个合适的网络操作系统,使其能够在网络环境下方便而有效地工作,提出如下的选择依据。

1. 选择网络操作系统的准则

选择网络操作系统的准则,随着市场、技术及生产厂商的变化而变化。所以,这里所谈的准则也不是一成不变的,在许多情况下,仍要根据实际情况决定。选择网络操作系统,既要分析原有网络系统的情况,又要分析网络操作系统的情况。对原有系统的分析,着重在以下两个方面。

(1) 需要实现的目标,即要建立具有什么功能的网络。

(2) 现有系统的配置、实现的难易程度、技术配备等。

在对原系统进行分析后,再考察网络操作系统的状况,主要考察点有以下四点。

(1) 该网络操作系统的主要功能、优势及配置,看看能否与用户需求达成基本一致。

(2) 该网络操作系统的生命周期。谁都希望少花钱、多办事,因而希望网络操作系统正常发挥作用的周期越长越好,这就需要了解一下其技术主流、技术支持及服务等方面的情况。

(3) 分析该网络操作系统能否顺应网络计算的潮流。当前的潮流是分布式计算环境,因此,选择网络操作系统,当然最好考察这个方向。

(4) 对市场进行客观地分析。也就是说,对当前市场流行的网络操作系统平台的性能和品质,如速度、可靠性、安装与配置的难易程度等方面,进行列表分析,综合比较,以期选择性能价格比最优者。

上述是选择网络操作系统的通用准则。在实际选择时,具体问题还需具体分析。在经费有限或网络要求有限的情况下,可选择低档的网络操作系统,如对等式的网络操作系统等。这类低档的网络操作系统价格低廉,无须专用的服务器,所以能大大节省用户的开支。另外,低档的网络操作系统能将小型工作组成员简易地连接起来,彼此共享文件和打印机。在性能方面,当负载较小时,其速度与高档系统不相上下。在低要求、低成本的情况下,选用对等式网络操作系统无疑是上策。但当需求扩展时,对等式网络操作系统就显得不那么适合,例如:安全保密和访问速度方面不够,以及需要大量内存和 CPU 时间或应用程序无法运行等,这时对等式网络操作系统就不能满足用户的需求。因此,在选择网络操作系统时,首先要分析一下本系统未来运行的是何种应用程序,是简单短小的,还是庞大复杂的;系统是否需要较为严格的安全保密等。在网络规模扩大后,无疑需要选择较为高档的网络操作系统。高档的产品,其功能强大,能支持多种计算平台,一般都有效地满足用户的联网要求。

2. 选择网络操作系统的标准

上述介绍的网络操作系统显然各具特色,那么如何进行选择? 除了考虑选择网络操作系统的准则外,还需要依据标准考虑以下几个方面。

(1) 安全性和可靠性

网络的安全性和可靠性是确保用户正常使用网络的前提,因此如需较高的安全性和可靠性时应该首选 UNIX,往往这也是一些大中型网络选用它的一个主要原因。

（2）硬件的兼容性

硬件的兼容性是指能够支持的网络设备。Windows 系列操作系统对网络硬件的支持相对较好。

（3）可操作性

简单易用是最基本的。安装简单，对硬件平台没有太高的要求，升级容易，同时考虑系统是否容易维护、容易管理同样重要。

（4）对应用程序的开发支持

选用的操作系统要求能够支持较多的应用程序，例如，Windows 系列操作系统具有大量的应用程序软件的支持。

（5）可扩展性

要求选用的操作系统具有较高的扩充能力，保证网络在早期投资后，又能适应今后网络的发展。

任务 2　安装 Windows Server 2008

【任务描述】　在确定了安装 Windows 操作系统后，根据网络的组织方式确定要安装的操作系统版本，还应再次检查计算机的所有硬件是否符合所选版本安装的最小硬件条件。此外，还应核对是否具有各种硬件的 Windows Server 2008 驱动程序。如果没有，则应向硬件设备生产商联系，请他们提供支持 Windows Server 2008 驱动程序。

【任务目标】　本任务中，系统工程师应完成如下工作。第一，应做好安装前的各项准备工作；第二，能够正确选择安装方式；第三，规划磁盘空间；第四，安装完成后进行必要的设置。

1.2.1　准备工作

系统工程师在安装操作系统时，不应在毫无目的的状态下进行，例如仅仅进行操作系统的安装、配置及资源管理，而应考虑到服务器应用的网络环境，从整个网络管理的角度来对每一部分进行精心的设计与考虑。从本单元起，本书将陆续对使用 Windows Server 2008 组建 Intranet 中各种主要服务子系统的设计、安装、设置与管理进行介绍。

1. 组建 Windows Server 2008 网络的要点

在进行 Windows Server 2008 网络服务器子系统建设前需要考虑的主要问题如下：

① 确定 Windows Server 2008 网络的工作模式与计算机的组织方式。

② 磁盘空间的规划以及系统文件格式的选择。

③ 确定安装计算机在网络中的地位与身份，例如，是独立服务器还是域成员服务器。

④ 确定需要安装的网络组件。

⑤ 安装与配置网络中各个域控制器、功能服务器及客户机。

⑥ 配置与实现网络中各个服务子系统。

⑦ 规划、组织和实现网络中的用户管理。

⑧ 发布和管理网络中的资源。

⑨ 规划与设计网络中数据保护系统。

⑩ 网络安全技术的选择与实现等。

2. 了解系统需求

安装任何操作系统都对计算机的硬件有一定的要求,虽然 Windows Server 2008 是微软推出的最新服务器操作系统,但对硬件系统的要求并不高。具体情况如表 1-1 所示。

表 1-1　硬件配置要求

相 关 信 息	具 体 说 明
处理器	最低 1.0GHz x86 或 1.4GHz x64 推荐 2.0GHz 或更高;安腾版则需要 Itanium 2
内存	最低 512MB 推荐 2GB 或更多
内存最大支持	32 位标准版为 4GB、企业版和数据中心版为 64GB、64 位标准版为 32GB, 其他版本为 2TB
硬盘	最少为 10GB,推荐 40GB 或更多;内存大于 16GB 的系统需要更多空间用 于页面、休眠和转存储文件
其他	光驱要求 DVD-ROM;显示器要求至少 SVGA 800×600 分辨率,或更高

3. 选择安装方式

安装 Windows Server 2008 时,可以选择通过 DVD-ROM(光盘)、硬盘、网络等多种媒介进行安装。安装方式也可采用升级和全新两种不同形式。由于本项目中是新购服务器,在新硬盘上安装,所以采用 DVD-ROM 全新安装的方式。

1.2.2　规划磁盘空间

当用户在全新硬盘上安装操作系统之前,需要进行磁盘空间的规划,以免使用不长时间需要重新规划安装。对于安装 Windows Server 2008 操作系统的计算机,建议剩余磁盘空间在 40GB 以上,以满足今后可能出现的各种需求,例如安装活动目录、日志存放、交换文件占用空间等。

如果服务器的磁盘是 160GB,可以按作用和大小划分为 4 个分区,分别是"C:"、"D:"、"E:"和"F:"。

C:作为服务器,可能以后还要安装很多软件,建议最少划分 20GB;

D：划分 20GB 作为系统备份区，以便当系统出问题是可以快速还原；

E：由于服务器经常保存一些公共文件，所以需要一个资料共享分区，建议划分 40GB；

F：可以把常用软件放在服务器上，便于员工使用，建立一个软件共享分区，划分 80GB。

注意：分区有主分区与扩展分区的区别，一个磁盘最多可划分 4 个主分区，但扩展分区只能有一个，因此可划分一个主分区和一个扩展分区。相关概念在以后章节介绍。

1.2.3 网络组织结构的选择

在组建 Windows Server 2008 网络时，应当先确定其网络应用模式，目前常见的网络应用模式有：对等网、客户机/服务器（Client/Server，C/S）和浏览器/服务器（Browser/Server，B/S）模式。采用的网络应用模式不同，则规划和组织 Windows Server 2008 网络中的计算机的方式不同。

作为网络工程师，应当根据单位的网络实际需求情况，进行组织结构的选择，只有设计良好的网络结构，加上必要的网络管理，才可能使得网络处于一个良性的运行状态。

Windows Server 2008 网络组织模型是指计算机组成网络时的组织形式。不同的组织模型，分别对应着不同的安全数据库和目录服务和管理方式。

在 Windows Server 2008 网络中，计算机的组织结构有"工作组"和"域"两种。其中，"工作组"模型对应于"对等网"网络模式，它采用分散的网络管理方式，工作组网络的资源和用户的管理均采用基于本机的分散的管理。"域"组织模型对应于 C/S 工作模式，它采用了集中式的管理方式，即由域控制器来管理，其资源和用户账户的管理是基于全域的；而 B/S 模式主要从应用系统的工作模式出发，并不是指计算机的组织方式。

1.2.4 安装步骤

1. 设置光盘启动

步骤 1：首先在启动计算机的时候进入 CMOS 设置，把系统启动选项改成首先从光盘启动。

步骤 2：保存配置后放入系统光盘，重新启动计算机，这时计算机就可以通过系统光盘启动了。

2. 安装阶段

步骤 1：将 Windows Server 2008 系统光盘放入光驱，启动后，计算机首先从光盘中读取必需的启动文件，这时会进入加载文件的界面，如图 1-1 所示。

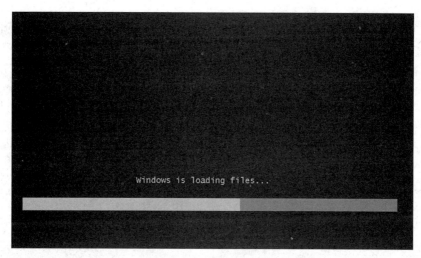

图 1-1　加载文件

步骤 2：接下来进入语言、时间及键盘的首选界面，在此，选择中文安装后单击"下一步"按钮，如图 1-2 所示。

图 1-2　语言、时间及键盘的首选界面

步骤 3：接下来的安装界面中，可选择"现在安装"、"安装 Windows 须知"、"修复计算机"，如图 1-3 所示，在此选择"现在安装"。

步骤 4：稍候片刻后进入选择安装版本的界面，如图 1-4 所示，在此选择"Windows Server 2008 R2 Standard(完全安装)"。

13

图 1-3　选择安装

图 1-4　选择版本

　　步骤 5：接下来出现许可条款的界面，如图 1-5 所示，在此在"我接受许可条款"前打钩，单击"下一步"按钮。

　　步骤 6：这时进入选择安装模式的界面，由于是在新硬盘中安装，"升级"安装被禁用，只能选择"自定义（高级）"安装，如图 1-6 所示。

14

图 1-5　许可条款

图 1-6　选择安装模式

步骤7：随后进入划分磁盘空间的界面，如图1-7所示，在这里如果要对磁盘进行分区。可以选择"驱动器选项（高级）"，进入如图1-8所示界面，然后选择"新建"，输入分区的大小后，单击"下一步"按钮，如图1-9所示。

图 1-7　磁盘分区之一

图 1-8　磁盘分区之二

图 1-9　磁盘分区之三

注意：一块磁盘最多允许创建 4 个主分区或 1 个扩展分区，也可以创建 3 个主分区和 1 个扩展分区。

步骤 8：选择完要安装的分区后，就会自动依次进行复制文件、展开文件、安装功能、安装更新，重启几次后完成安装，如图 1-10 所示。

图 1-10　安装 Windwos

3. 重启并进入系统

步骤 1：安装完成后计算机将重新启动，会出现提示更改密码的界面，如图 1-11 所示。

图 1-11　更改密码提示

步骤 2：单击"确定"按钮后，会出现设置密码的界面，如图 1-12 所示。

图 1-12　设置密码

注意：由于 Windows Server 2008 提高了系统的安全性，要求设置强类型密码，所以密码必须包含字母、数字和特殊字符，否则设置不能成功。

步骤 3：设置完密码将会准备桌面，然后会看到极其简洁的 Windows Server 2008 的桌面了。

实　　训

1. 实训目的

掌握 Windows Server 2008 的安装和服务器基本配置,了解网络操作系统的功能及基本概念。

2. 实训内容

(1) 进行安装前的规划工作。

(2) 使用 CD-ROM 引导计算机安装 Windows Server 2008。

3. 实训要求

系统分区 20GB;文件格式采用 NTFS;主机名为 wlos;IP 地址为 192.168.1.100 等。

4. 实训步骤

(略)

5. 实训总结

(略)

习　　题

一、填空题

1. 网络操作系统是网络用户和_____之间的接口。

2. 网络操作系统为用户提供一个方便的接口,网络用户通过_____请求网络服务。

3. 网络操作系统应具有处理机管理、_____、设备管理、_____的功能。

4. UNIX 系统具有模块化的系统设计具体指:_____模块和_____模块。

二、选择题

1. 在以下选项当中,( )不属于网络操作系统的范畴。
   A. UNIX　　　　　B. DOS　　　　　C. Linux　　　　　D. Windows Server 2008

2. 网络操作系统是一种( )。
   A. 系统软件　　　B. 系统硬件　　　C. 应用软件　　　D. 支援软件

3. 对网络用户来说,操作系统是指(　　)。

    A. 能够运行自己应用软件的平台

    B. 提供一系列的功能、接口等工具来编写和调试程序的裸机

    C. 一个资源管理者

    D. 实现数据传输和安全保证的计算机环境

4. 网络操作系统主要解决的问题是(　　)。

    A. 网络用户使用界面

    B. 网络资源共享与网络资源安全访问限制

    C. 网络资源共享

    D. 网络安全防范

5. 以下属于网络操作系统的工作模式是(　　)。

    A. TCP/IP

    B. ISO/OSI 模型

    C. Client/Server

    D. 对等实体模式

三、简答题

1. 简述什么是网络操作系统。

2. 网络操作系统具有普通操作系统功能外,还应具有哪些主要功能?

3. 网络操作系统分类有哪些?

项目二 管理独立服务器

项目描述

某公司随着规模的不断扩大,计算机数量也有所增多,上网速度越来越慢,后来发现员工经常从互联网上下载一些常用软件,而且这些软件大都一样;还有员工反映自己共享的文件,有时候会被别人误删,影响正常使用。现需要解决这些问题。

项目目标

利用 Windows Server 2008 建立文件服务器,可将常用软件在服务器上作为共享文件发布。服务器与员工的计算机组成对等网后,再给员工分配不同权限的账号,从而在使用共享文件时候的权限不同,即可解决上述问题。

任务 1 配置 Windows Server 2008 网络

【任务描述】 不同的网络操作系统、不同的网络应用模式,其网络组件的配置是相似的。为顺利组建对等网、方便使用共享资源,需要对 Windows 做一些简单的设置,包括修改计算机名、配置网络属性等。

【任务目标】 通过学习,应当熟悉网络基本配置的操作流程,了解相关的基础知识;能够正确选择组件中的各个参数,熟练掌握网络组件的配置方法。

2.1.1 配置计算机名

在 Windows 网络中,为了方便用户使用资源,需要给计算机规划一个名字。每台计算机的名称必须是唯一的,不要与其他计算机重复。在 Windows Server 2008 系统中查看和更改计算机名的方法如下。

步骤1:打开"开始"菜单,右击菜单中的"计算机",在快捷菜单中选择"属性"命令,出现如图 2-1 所示的界面。再单击其中的"更改设置"链接,出现"系统属性"对话框,如图 2-2 所示。

步骤2:在"计算机名"标签下可以看到计算机名及工作组名,如要修改,单击"更改"按钮,在如图 2-3 所示文本框中输入新计算机名,最后单击"确定"按钮完成修改。

注意:计算机名及其所属修改需要重启计算机才能生效。

图 2-1　设置系统属性

图 2-2　查看计算机名

图 2-3　修改计算机名

2.1.2　配置 TCP/IP

为方便资源共享,除了需要给计算机配置一个机器名外,还要为计算机设置一个 IP 地址,才能够正常跟其他计算机通信。如果用户所在网络有 DHCP 服务器,可以采用自动获得 IP 地址。在大多情况下，服务器需要用户手动配置一个由网络管理员分配的 IP 地址，具体步骤如下。

步骤 1：打开"开始"菜单，右击菜单中的"网络"，在快捷菜单中选择"属性"命令，出现如图 2-4 所示界面。

图 2-4　网络属性

步骤 2：要查看或修改计算机的 IP 地址，单击图 2-4 中的"本地连接"链接，出现"本地连接状态"的对话框，可看到网卡的连接状况；如要修改 IP 地址，单击"属性"按钮，在"本地连接属性"对话框中，如要设置 IPv4 地址，选择"Internet 协议版本 4（TCP/IPv4）"项目，再单击"属性"按钮，将出现 TCP/IP 属性的对话框，如图 2-5 所示。

图 2-5　设置 TCP/IP 属性

步骤 3：在"TCP/IP 属性"的对话框中选择"使用下面的 IP 地址"，可对"IP 地址"、"子网掩码"、"默认网关"等进行修改。

任务 2　用户和组的管理

【任务描述】　组建网络后，为针对不同用户方便地对资源进行不同的管理与使用，首要的任务就是用户账户和组账户的创建。

【任务目标】　通过管理和应用账户，了解用户账户和组账户的有关知识，养成使用"组账户"进行管理的习惯，而不要使用单个账户进行管理；掌握用户和组账户的管理方法、使用方法。

2.2.1　用户账户简介

用户是指计算机使用者。每个用户可以拥有一个或多个不同的用户账户和密码。网络上的用户就像银行中的储户。储户到银行存取钱，必须先拥有账户和密码，经银行验证之后才能操作。计算机网络用户也是如此，当每次登录时，要先输入用户账户名和密码。经过网络的安全数据库验证合格后，才可以进入。Windows Server 2008 网络具有很强的安全保护能力，用来确保只有系统的合法用户，才能在 Windows Server 2008 操作系统中登录，而这种登录的权利是事先在做用户管理时授予的。

账户名的命名规则是：在 Windows Server 2008 系统中设置的用户名必须唯一，即所用的用户名不能与计算机上的其他用户名或组名相同。所建立的用户名最多可以包含 20 个大写或小写的字符，但不能包含下列字符："／＼［］：；＝，＋ ＊？＜＞等。

2.2.2　用户账户的类型

根据创建用户账户的位置和使用范围的不同，可以将账户分为两种类型：本地用户账户和域用户账户。

（1）本地用户账户：本地用户账户创建于非域控制器计算机，只能登录到创建时的计算机，主要应用于本机或对等网中。

（2）域用户账户：域用户账户创建于域控制器，可以在网络中任何计算机上登录，使用范围是整个域。有关域的概念在以后章节介绍。

此外，根据用户账户的创建形式的不同，可以将账户分为两种类型：内置用户账户和自定义用户账户。

（1）内置用户账户：是 Windows Server 2008 系统自带的用户账户。用于完成预定的任务。Windows Server 2008 系统中有两个内置用户账户：Administrator 和 guest。

① Administrator 是系统得管理员账户，具有最高权限，用于管理计算机或整个网络。

② guest 是来宾账户,此账户是为那些偶尔要访问计算机或网络,但又没有自己的用户账号的用户使用的,它没有初始密码,权限也非常小,只能执行有限的操作。为了安全起见,在 Windows Server 2008 中,guest 账号是被禁用的。

(2)自定义用户账户:由系统管理员创建的用户账户,其权限的大小、作用范围均由系统管理员来指定。

2.2.3 创建和管理本地用户账户

在不同的网络操作系统中均会涉及用户的创建及管理。拥有账户是用户登录到网络并使用网络资源的基础,因此账户管理是网络管理中最经常的工作之一。在工作组中,账户管理是基于本机的,因此,下面建立的用户账户,既可以在本地登录本机,也可以在远程登录本机。

1. 创建用户

步骤 1:在 Windows Server 2008 系统中,使用 Administrator 账户登录后,选择"开始"→"管理工具"→"计算机管理"菜单,出现如图 2-6 所示的"计算机管理"窗口。

图 2-6 "计算机管理"窗口

步骤 2:在"计算机管理"窗口中,打开"系统工具"→"本地用户和组"目录树,右击"用户",在快捷菜单中选择"新用户"命令,打开如图 2-7 所示的"新用户"对话框。在此对话框中可以输入用户名和密码等信息,最后单击"创建"按钮。

2. 删除用户

当系统中的某一个用户账户不再被使用,或者管理员不再希望某个用户账户存在于安全域中时,可将该用户账户删除。

要删除一个用户账户,在控制台目录树中展开"本地用户和组",单击要删除的用户,在快捷菜单中选择"删除"命令,出现信息确认框后,单击"是"按钮,即可删除该用户。

图 2-7 "新用户"对话框

3. 停用用户

如果某个用户的账户暂时不使用,可将其停用。例如,对于单位内长期出差人员,可暂停其账户的使用。停用账户的目的是防止其他用户假借暂时不使用的账户登录。

停用用户账户,在控制台目录树中展开"本地用户和组",右击要停用的用户账户,在快捷菜单中选择"属性"命令,在如图 2-8 所示的图中,在"账户已禁用"选项前打"√",确定即可。

图 2-8 "用户的账户属性"对话框

4. 分配权限

对于新创建的用户,必须使其拥有一定的权限。为了便于对众多的用户进行管理,Windows Server 2008 沿用了 Windows NT 系统中的策略。通过将不同的用户添加到具有不同权限的组中,使该用户继承所在组的所有权限。同时作为管理员的用户也可以直接通过组来对多个用户账户进行管理,这便减轻了对用户账户的管理工作。

要为用户分配权限,打开该用户的属性对话框。单击"隶属于"标签,单击"添加"按钮,在"选择组"对话框中,可在文本框中直接输入组名,也可以单击"高级"按钮,再单击"立即查找"按钮,在出现可选的用户组列表中选择,如图 2-9 所示,在组列表框中选择一个要添加的组,单击"确定"按钮即可将用户添加到组中。

图 2-9　为用户选择组

5. 重设密码

用户密码是用户登录时使用的必需的安全措施,当用户密码遗失或忘记的时候,需要通过管理员来重设密码。

要重设密码时,在控制台目录树中展开"本地用户和组",右击该用户账户,从快捷菜单中选择"设置密码"命令,在提示信息对话框中选择"继续",在随后的对话框中输入"新密码"及"确认密码"后确定即可。

6. 重命名账户

Windows Server 2008 操作系统管理员默认的账户是 Administrator,为了提高系统的安全性应该重新设置账户名称,其他用户有需要时也可以修改账户名称。要修改用户账户的名称,在如图 2-6 所示"计算机管理"控制台的"用户"目录中,右击要修改的用户账户,在弹出的快捷菜单中单击"重命名"命令,即可在名称栏中对原有账户名进行修改。

7. 指定用户账户登录脚本

登录脚本是用户每次登录到计算机或网络时都自动运行的文件,登录脚本用来配置用户工作环境。要指定用户登录脚本,在如图 2-6 所示"计算机管理"控制台"用户"目录中,双击要指定登录脚本的用户账户,弹出该用户的属性对话框,单击"配置文件"标签,在如图 2-10 所示对话框中,可将登录脚本的路径名及文件名输入"登录脚本"文本框。

图 2-10　"配置文件"选项卡

注意:登录脚本是扩展名为.bat 或.cmd 的批处理文件、.exe 的可执行文件、VBScript和 Jscript 脚本文件等。如果此登录脚本要给域上的用户使用,则需要将其复制到域控制器的%systemroot%\SYSVOL\sysvol\domainname\scripts 文件夹内;如果此登录脚本要给本地用户使用,则需要将其复制到本地的共享名为 netlogon 的共享文件夹内。

8. 指定用户账户主文件夹

主文件夹是用来管理用户和数据的,指定主文件夹后,有的应用程序在保存文件时会自动存储在指定的用户主文件夹中。

要指定主文件夹,在如图 2-6 所示"计算机管理"控制台"用户"目录中,双击要指定登录脚本的用户账户,弹出该用户的属性对话框,单击"配置文件"标签,在如图 2-10 所示对话框中,可将主文件夹的路径输入"主文件夹"文本框。

2.2.4 组简介

组是 Windows Server 2008 从 Windows NT 系统继承下来的安全管理形式,它是指活动目录或本地计算机对象的列表,对象包含用户、联系人、计算机和其他组等。在 Windows Server 2008 中,组可以用来管理用户和计算机对网络资源的访问。

Windows Server 2008 组具有如下功能。

(1)简化管理:有了组的概念之后,就可以将那些具有相同权限的用户或计算机划归到一个组中,使这些用户成为该组的成员,然后通过赋予该组权限来使这些用户或计算机都具有相同的权限,这就大大减轻了管理员的用户账户管理工作。

(2)委派权限:域管理员可以使用组策略指派执行系统管理任务的权限给组,向组添加用户,用户将获得授予给该组的系统管理任务的权限。而且域管理员也可授予用户对域中所有组织单位的管理权限。

(3)分发电子邮件列表:Windows Server 2008 向组的电子邮件账户发电子邮件时,组中所有成员都将收到该邮件。

2.2.5 组的类型

在 Windows Server 2008 中,根据所包含的成员资格和访问资源,组可以分为本地组和域组。

1. 本地组

基于本地计算机实现,就像本地用户账户一样,驻留在本地计算机的安全账户数据库中。本地组只对创建"他们"的计算机有用,只有在该特定机器上定义的用户账户才可能是本地组的成员。因此,本地组不包括其他机器上的用户,通过"计算机管理"中的"本地用户和组"工具创建。

2. 域组

基于活动目录实现,驻留在域控制器上的活动目录数据库中。通过"Active Directory 用户和计算机"工具创建,有安全组和通信组两大类。每一类又分为本地域组、全局组和通信组三个作用域。

(1)安全组:是用于将用户、计算机和其他组收集到的可管理的单位中,管理员可以为其指派权利和设置权限,具有安全功能,负责与安全相关的事件。

(2)通信组:是用来通信的,负责与安全无关的事件。只用于分发电子邮件列表,是没有启用安全性的组,不涉及权限的设置。

Windows Server 2008 域组有如下三种作用域。

(1)本地域组:主要用来设置在其所属域内的访问权限,以便访问该域内的资源。域本地组存储在活动目录中。可以保护本域活动目录对象。在为资源授权时,仅在本域可见。在本机模式和 Windows Server 2008 纯模式中可以包含本域用户,本域和信任域的用户、全局组和通用组。在混合模式中包含本域和信任域的用户和全局组。

(2) 全局组:主要用来组织用户,即可以将多个被赋予相同权限的用户账户加入到同一个全局组中。在为资源授权时,在整个域林范围内可见。在本机模式和 Windows Server 2008 纯模式中可以包含本域的用户和全局组;在混合模式中只包含本域用户。

(3) 通用组:放于域林中,可以设定在所有域内的访问权限,以便访问每一个域内的资源。在为资源授权时,在整个域林范围内可见。通用组具备“通用领域”的特性,在本机模式和 Windows Server 2008 纯模式中可以包含本域和信任域的用户、全局组和通用组;在混合模式中不可用。

在 Windows Server 2008 中,根据组的创建方式,可以分为以下两种类型。

(1) 用户自定义组:由管理员利用“本地用户和组”或“Active Directory 用户和计算机”工具创建的组。

(2) 内置组:在安装 Windows Server 2008 操作系统和活动目录时,由系统自动创建的组,有一组由系统事前定义好的执行系统管理任务的权利,可以执行相应的系统管理任务。管理员可以重命名内置组,但不能删除内置组。管理员也可以根据需要向内置组添加或删除成员。内置组又可以分为普通内置组和特殊内置组。特殊内置组是具有特殊功能的内置组,其成员由系统自动维护,管理员不能修改其成员。管理这些组只在设置权利、权限时才看得到。

2.2.6　创建和管理本地组

本地组是在非域控制器的计算机上创建。创建后驻留在本地计算机的安全账户管理数据库中,只能授予本地组访问本地计算机的资源的权限和管理本地计算机的权利。本地组通过“本地用户和组”管理工具创建,默认情况下,只有 adminstrator 组和 power users 组成员能够创建本地组。本地组的管理包括向本地组添加成员,重命名本地组和删除本地组等系统管理任务。

1. 查看、创建本地组

在本地计算机上创建本地组的步骤如下。

步骤 1:单击“开始”→“管理工具”→“计算机管理”菜单,打开“计算机管理”控制台窗口,展开“系统工具”→“本地用户和组”目录树。单击“组”可以查看所有的组,如图 2-11 所示。

步骤 2:右击“组”,在弹出的快捷菜单中选择“新建组”命令,打开“新建组”对话框,如图 2-12 所示。

步骤 3:在“组名”和“描述”文本栏中输入组名称和对组的描述,单击“添加”按钮,可以添加成员。

步骤 4:单击“创建”按钮,可以创建本地组,然后单击“关闭”按钮。

图 2-11　本地用户和组

图 2-12　新建组

2. 为本地组添加成员

组的主要功能之一是对用户账户、计算机账户和其他对象进行组织和管理,向组中添加的用户将自动获得赋予该组的权限。要为组添加成员,可参照如下步骤。

步骤 1:右击该组,在弹出的快捷菜单中选择"属性"命令。

步骤 2:在打开的属性对话框中,单击"添加"按钮,打开"选择用户"对话框。在"输入对象名称来选择"文本框中输入用户名或其他组名,如图 2-13 所示。

步骤 3:或者在图 2-13 中单击"高级"按钮,打开另一个"选择用户"对话框后,再单击"立即查找"按钮,此时在对话框下面就会列出可以添加到该组的成员,包括了用户和系统

图 2-13　添加成员

的内置组,但不包括本地组。

注:本地组不能包括本地组,但可以包括某些系统的内置组;系统内置组不能包括本地组。

步骤 4:选中需要添加的用户或组,单击"确定"按钮,也可以按 Ctrl 键同时选择多个对象,如图 2-14 所示。

图 2-14　查找添加成员

步骤 5:再单击"确定"按钮,回到"选择用户"对话框,这时可以看到已经选择的用户。单击"确定"按钮后,关闭"选择用户"对话框,在组的属性对话框中可以看到,刚才选择的用户已经被添加到该组里。

3. 删除组

组账号和用户账号类似,在新建组时系统会为该组分配一个唯一的 SID,该 SID 也是不会重复的,用于唯一地识别该组。所以如果删除该组,那么即使再新建一个同名的组,也不能恢复原组的成员的访问权限,所有对该组设置的权限需要重新设置。即使误删除组后也不会对用户的加密文件和证书等造成影响,但要为组成员重新设置权限。

要删除组,可右击该组,在弹出的快捷菜单中选择"删除"命令,在弹出的警告对话框中单击"确定"按钮,即可删除组。

4. 重命名组

要重命名组,右击该组,在弹出的快捷菜单中选择"重命名"命令,这时组的名称就变成可编辑状态,直接为组输入新的名字并按 Enter 键即可。

注意:本地组的应用规则是:把用户加入本地组,再对本地组设置权限。

任务 3　共享资源的管理

【**任务描述**】　建立好用户账户和组账户后,就可以进行工作组网络(对等网)资源的管理和使用。为确保共享资源的安全,在资源管理中,应当实现资源的安全控制。在安装 Windows 的计算机上,共享资源的操作可分为"发布"和"使用"两部分。

【**任务目标**】　掌握共享资源的分布和使用技术。作为网络管理者,在开放共享资源时,应十分熟悉安全访问控制权限应用技术;此外,还应了解使用各种类型的共享资源的适用场合,以及这些使用方法,例如,显式共享、特殊共享、隐藏共享的特点与使用方法。

2.3.1　发布共享文件

在工作组网络中,要想与其他用户共用信息,最简单的办法是建立共享文件夹,把要共用的文件置于此共享文件夹。文件共享不需要专门安装文件服务,可以直接使用,但建立共享需要有一定的权限,在 Windows Server 2008 系统中,只有 adminstrators 组和 Power users/Server operators 组有创建共享的权限,其他用户不具备此权限。文件夹共享的设置可以使用多种方式,在 Windows 资源管理器、文件服务器中均可设置。

1. 在 Windows 资源管理器中设置简单共享

在 Windows 资源管理器中可以将文件夹设置为共享,操作非常简单,而且可以使用简单共享和高级共享。简单共享只能设置允许访问共享的用户账户,以及简单的访问权限;高级共享不仅可以设置访问用户,而且可以设置连接数、共享名及脱机访问等。

步骤 1:打开 Windows 资源管理器,右击想要设置共享或已经设置为共享的文件夹,单击快捷菜单中的"共享"→"特定用户..."命令,显示如图 2-15 所示的"文件共享"窗口。

图 2-15 "文件共享"对话框

步骤 2：在用户下拉列表中选择允许访问该共享的用户账户，如选择"Everyone"账户以允许所有用户访问，单击"添加"按钮将该用户添加到下方的用户列表中，如图 2-16 所示。单击用户名，可在快捷菜单中为该用户账户选择访问权限，包括读者、参与者和共有者，相当于读取、更改和完全控制权限。单击"删除"命令则可删除用户账户。

图 2-16 设置用户访问权限

步骤 3：设置完成后，单击"共享"按钮，该文件夹被共享，如图 2-17 所示，单击"完成"按钮。

2. 在 Windows 资源管理器中设置高级共享

步骤 1：在 Windows 资源管理器中右击欲共享的文件夹，在快捷菜单中选择"属性"

图 2-17　完成共享

命令,打开文件夹属性窗口,选择"共享"选项卡,如图 2-18 所示。单击"共享"按钮,可以利用简单共享进行设置。

步骤 2:单击"高级共享"按钮,显示如图 2-19 所示的"高级共享"窗口,勾选"共享此文件夹"复选框,即可共享此文件夹。在"共享名"文本框中可设置共享名称,在"将同时共享的用户数量限制为"文本框中可设置同时连接的用户数量。

图 2-18　"共享"选项卡

图 2-19　"高级共享"窗口

步骤 3:单击"权限"按钮,显示如图 2-20 所示的窗口,用来设置访问权限,默认已添加了"Everyone"账户,且为"读取"按钮。可单击"添加"按钮添加允许访问共享文件夹的

35

用户账户,并在权限列表中选择权限。

图 2-20　设置权限

3. 在文件服务器中设置共享

在 Windows Server 2008 中专门提供了一个"共享和存储管理"的功能,此功能不仅可以管理在网络上共享的文件夹和卷,也可以管理磁盘和存储子系统中的卷。使用"共享和存储管理"创建共享文件夹的步骤如下。

步骤 1:打开"开始"→"管理工具"→"共享和存储管理"菜单,将出现"共享和存储管理"的窗口,如图 2-21 所示。

图 2-21　"共享和存储管理"窗口

步骤 2：单击右侧窗口中的"设置共享"链接,将出现设置共享文件夹向导,如图 2-22 所示,在此首先要确定共享文件夹的位置。

图 2-22　设置共享文件夹向导

步骤 3：单击图 2-22 中的"浏览"按钮,在"浏览文件夹"对话框中找到要共享的文件夹。如果要新建一个共享的文件夹,可定位在相应目录下单击"新建文件夹"按钮,为新文件夹命名。最后单击"确定"按钮,如图 2-23 所示。

图 2-23　"浏览文件夹"对话框

步骤 4：在设置共享文件夹向导窗口中单击"下一步"按钮,在 NTFS 权限窗口中可以更改 NTFS 权限,如图 2-24 所示。在此选择"否,不更改 NTFS 权限"后单击"下一步"按钮。

图 2-24　更改 NTFS 权限

步骤 5：在选择共享协议的窗口中可以选定共享协议（SMB 或 NFS）和修改共享名称，在此采用默认协议和名称，单击"下一步"按钮，如图 2-25 所示。

图 2-25　共享协议

步骤 6：在 SMB 设置中可以输入共享文件夹描述，也可以单击"高级"按钮，设定允许并发访问的用户数，如图 2-26 所示。

图 2-26 SMB 设置

步骤 7：单击"下一步"按钮后，在 SMB 权限窗口中可以设置共享文件夹的权限，如果自定义权限，可以选中"用户和组具有自定义共享权限"后单击"权限"按钮。在此使用默认权限，单击"下一步"按钮，如图 2-27 所示。

图 2-27 SMB 权限

步骤 8：设置共享文件夹的向导中可以把共享文件夹发布到 DFS 中，如图 2-28 所示，在此直接单击"下一步"按钮（有关 DFS 的设置，在以后章节介绍）。

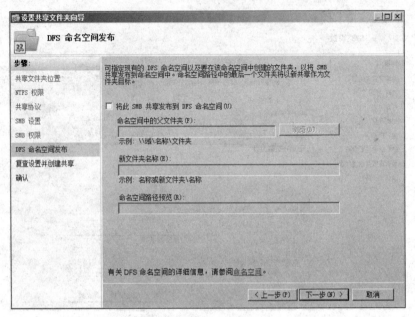

图 2-28　DFS 命名空间发布

步骤 9：在复查设置窗口中，如果以前设置符合要求，则单击"创建"按钮，如图 2-29 所示。

图 2-29　复查设置窗口

步骤 10：确认无误后单击"关闭"按钮，完成共享文件夹的创建。

2.3.2 管理共享文件夹

在共享文件夹的使用过程中,有可能会发生一些应用需求的变化,这就需要对共享文件夹进行相应的管理。共享文件夹的管理可以在"共享和存储管理"控制台中来实现,也可以在资源管理器中实现。

1. 设置多重共享

Windows Server 2008 允许管理员根据需要多次共享同一个文件夹,每次共享可使用不同的名称,进而管理员可以为同一文件夹的不同共享名设置不同的共享权限。

步骤 1:打开共享文件夹所在的目录,如"C:\"。

步骤 2:右击共享文件夹,在快捷菜单中选择"属性"命令,在属性窗口中选择"共享"标签,如图 2-30 所示。

步骤 3:单击"高级共享"按钮,在"高级共享"窗口中单击"添加"按钮,在新建共享窗口中可以输入"共享名"、"描述"及确定并发访问用户数及共享权限等,如图 2-31 所示。

图 2-30 共享属性

图 2-31 设置多重共享

2. 删除共享

当某一文件夹被多次共享后,管理员可根据需要删除指定的共享。当文件夹被多次共享后,在高级共享窗口中的"删除"按钮变为可用。在"共享名"下拉列表中选定要删除

41

的共享名,单击"删除"按钮后再单击"确定"按钮即可,如图 2-32 所示。

图 2-32　删除共享

3. 停止共享

删除共享是删除文件夹多次共享中的某个指定共享,停止共享是当不想再共享某个文件夹时可停止共享。要停止共享,可右击共享文件夹,选择快捷菜单中的"共享"→"不共享"按钮,会出现文件共享提示窗口,如图 2-33 所示。单击"停止共享"即可。

图 2-33　停止共享

4. 修改共享名称

Windows Server 2008 不允许直接修改共享文件夹名称,如果要修改文件夹的共享名,则只能停止共享后,再重新创建共享。

2.3.3　共享文件夹权限

通过共享文件夹权限可以控制用户通过网络对共享文件夹下的文件和子文件夹进行操作，从而确保共享文件夹下数据的安全。用户通过网络访问共享文件夹，必须拥有系统明确赋予共享文件夹的共享权限。共享文件夹权限仅应用于通过网络访问共享文件夹下的文件资源，通过本机访问共享文件夹下的文件资源时系统忽略共享文件夹权限。

默认情况下，当把一个文件夹共享出来之后，系统会自动为该文件夹设置一个"Everyone"组，该组对共享文件夹有"完全控制"的访问权限，每一个通过网络来访问该文件夹的用户会被自动添加到该组中，而不管用户原先属于哪个组。因此在高安全性的网络中"Everyone"则是一个值得注意的组。

Windows Server 2008 共享文件夹权限只有完全控制、更改和读取三种。

- 完全控制：在更改权限基础上，能够修改文件权限，获得文件所有权。
- 更改：在读取权限基础上，能够创建和删除文件和文件夹，修改子文件和子文件夹的内容和属性。
- 读取：用户可通过网络读取该共享文件夹下文件的属性、内容和权限，运行共享文件夹下的应用程序，但不能修改共享文件夹下的属性、内容。

利用共享文件夹可以将文件资源发布到网络中，对该共享文件夹的控制可以通过共享文件夹权限来实现。与 NTFS 权限不同的是共享文件夹权限将只能控制对文件夹一级的访问，即不能设置用户对文件的访问权限。

共享文件夹权限只对从网络中访问过来的用户起作用，如果用户从共享文件夹所在的计算机上本地登录，共享文件夹权限不能限制用户对资源的访问。因此需要使用 NTFS 权限来限制本地登录用户的访问，因为 NTFS 具有本地安全性。

从网络中访问共享文件夹的用户可能属于不同的组，而这些不同的组可能被授予访问该共享文件夹不同的权限，用户最终的权限将由以下规则来确定。

（1）权限最大法则

当用户属于不同的组，而这些不同的组被授予访问该文件夹不同的权限时，最终的权限将是用户所在组中被授予的最宽松的权限起作用，即加权限。

（2）"拒绝"权限超越其他权限

如果用户被授予了对某共享文件夹"拒绝"的权限，则最终该权限为用户访问共享文件夹的权限，而不管用户在所属的其他组中是被授予何种权限。

（3）共享文件夹权限和 NTFS 权限取最严格的权限

当共享文件夹同时被授予共享文件夹权限和 NTFS 权限时，最终的权限将是这两种权限中最严格的权限。

管理员可根据需要修改共享文件夹权限。修改共享文件权限的操作步骤如下。

步骤 1：在如图 2-30 所示的共享属性窗口中，单击"高级共享"按钮。

步骤 2：在"高级共享"对话框中，如图 2-34 所示，首先在"共享名"下拉列表中选择要修改权限的名称,再单击"权限"按钮,将出现共享权限对话框。

步骤 3:在"共享权限"的选项卡中,如图 2-35 所示,根据需要来修改相应权限。

图 2-34　"高级共享"对话框

图 2-35　修改共享权限

2.3.4　使用共享文件

当设置好共享文件夹之后,网络上的用户就可以通过网络访问该共享文件夹。在 Windows Server 2008 中,有多种方法从网络上访问一个共享文件夹。

1. 使用"网上邻居"

步骤 1:在桌面上双击"网络"图标,打开"网络"窗口,如图 2-36 所示。

图 2-36　"网络"窗口

步骤 2:单击有共享文件夹的计算机,则会提示输入"用户名"和"密码",如图 2-37 所示。正确输入后,单击"确定"按钮,则会看到共享文件夹的窗口。

图 2-37 输入用户名和密码

2. 映射网络驱动器

步骤 1：右击桌面上的"网络"图标，在弹出的快捷菜单中选择"映射网络驱动器"命令。

步骤 2：在"映射网络驱动器"对话框中的"驱动器"下拉菜单中选中一个字符作为该网络驱动器的盘符；在"文件夹"编辑框中可以直接输入网络驱动器的路径，路径形如 \\server\share_name，如图 2-38 所示。

图 2-38 "映射网络驱动器"对话框

步骤 3：也可以单击"浏览"按钮，在"浏览文件夹"对话框中找到共享文件夹即可。

步骤 4：单击"登录时重新连接"复选框，则当用户登录到计算机上的时候系统自动恢复与该共享文件夹的连接，否则需要用户自己手动建立连接。

步骤 5：单击"完成"按钮，则提示输入"用户名"和"密码"，正确输入后单击"确定"按钮即可。

步骤 6：双击桌面上"计算机"图标后，将出现"网络驱动器"表示符，如图 2-39 所示。可以与本地驱动器一样正常使用。

图 2-39　网络驱动器

3. 使用 UNC

UNC，即通用命名标准。使用格式为"\\计算机名称\共享名"。可在"映射网络驱动器"对话框、"运行"对话框和地址栏中直接使用。

步骤 1：单击"开始"→"运行"命令。

步骤 2：在"运行"对话框中输入 UNC 路径，如图 2-40 所示。单击"确定"按钮后出现提示输入"用户名"和"密码"的对话框，正确输入后单击"确定"按钮，将打开共享文件夹。

图 2-40　使用 UNC

任务 4 创建 DFS 服务器

【任务描述】 随着网络规模的增长,企业开始在企业网(Intranet)中使用内部或外部现存的存储,仅将单一盘符映射到个别共享之上的做法就难以胜任了。况且,这些用户也将受到可存放数据空间的局限。

【任务目标】 分布式文件系统通过允许将服务器和共享连接成为简单且更具意义的名称空间来解决这个问题。分布式文件系统卷允许共享被分级地连接至其他 Windows 共享。由于分布式文件系统将物理存储映射为逻辑表示,故数据的物理位置对用户和应用而言就变得透明。通过学习,读者应掌握 DFS 服务的安装、配置以及应用。

2.4.1 分布式文件系统概述

分布式文件系统是 Windows Server 2008 中文件服务器的一个功能,它能使用户更容易地在网络上查询和管理数据。它是将分布在同一网络中不同计算机上的共享文件夹组合为一个单一的名称空间,并在网络上建立一个单独的、层次化的多重文件服务器系统,使得使用共享更为方便。

分布式文件系统(distributed file system,DFS)利用 DFS 命名空间组织和管理网络中的共享文件夹。命名空间的基本结构可以包含位于不同服务器以及多个站点中的大量共享文件夹。使用分布式文件系统,用户可方便地访问和管理物理上分布在网络中各文件服务器上的文件资源。

"命名空间"是组织内共享文件夹的一种虚拟视图。命名空间的路径与共享文件夹的通用命名约定(UNC)路径类似,例如"\\Server1\Public\Software\Tools"。如图 2-41 所示,共享文件夹 Public 及其子文件夹 Software 和 Tools 均包含在 Server1 上

图 2-41 DFS 结构

- 命名空间服务器:命名空间服务器承载命名空间。命名空间服务器可以是成员服务器、域控制器或独立服务器。
- 命名空间根路径:命名空间根路径是命名空间的起点。在图 2-41 中,根目录的名

称为 Public，命名空间的路径为\\Contoso\Public。如果命名空间路径以域名开头（例如 wl. com），此类型命名空间是基于域的命名空间，并且其元数据存储在 Active Directory 域服务（ADDS）中。尽管图 2-41 显示单个命名空间服务器，但是基于域的命名空间可以存放在多个命名空间服务器上，以提高命名空间的可用性。如果命名空间路径以计算机名开头（例如 Contoso），则这是一个独立的命名空间。命名空间根目录对应到命名空间服务器内的一个共享文件夹，它必须位于 NTFS 分区。

- 文件夹：虚拟的文件夹，其目标是对应到其他服务器内的共享文件夹。没有文件夹目标的文件夹将结构和层次结构添加到命名空间，具有文件夹目标的文件夹为用户提供实际内容。用户浏览命名空间中包含文件夹目标的文件夹时，客户端计算机将收到透明地将客户端计算机重定向到一个文件夹目标的引用。

- 文件夹目标：文件夹目标是共享文件夹或与命名空间中的某个文件夹关联的另一个命名空间的 UNC 路径。文件夹目标是存储数据和内容的位置。在图 2-41 中，名为 Tools 的文件夹包含两个文件夹目标，一个位于伦敦，一个位于纽约。名为 Training Guides 的文件夹包含一个文件夹目标，位于纽约。浏览到 "\\Contoso\Public\Software\Tools" 的用户透明地重定向到共享文件夹 "\\LDN-SVR-01\Tools" 或 "\\NYC-SVR-01\Tools"（取决于用户当前所处的位置）。

注意：文件夹可以包含文件夹目标或其他 DFS 文件夹，但是不能在文件夹层次结构中的同一级别同时包含两者。

由此可见，分布式文件系统可以实现以下功能。

（1）通过单个访问点可组织和访问网络中所共享文件夹

DFS 利用树形结构组织和管理网络中的共享文件夹。一个 DFS 系统首先要有一个 DFS 命名空间，这个命名空间根路径就是树形结构的根，其实是一个共享文件夹。在根中包含多个 DFS 链接（DFSlink），DFS 链接指向网络中某个服务器的共享文件夹。这样用户只需要连接 "\\DFS 服务器\DFS 命名空间" 就可以看到整个网络中的共享资源。

（2）用户访问文件更加容易

DFS 使用户更加容易访问共享文件夹中的文件。即使文件分布在网络中的多个文件服务器上，用户只需要连接到 DFS 命名空间即可访问文件。当更改共享文件夹的物理位置时，DFS 不会影响用户访问共享文件夹，因为通过 DFS 对用户来说所有看到的共享文件夹的位置未发生变化。由于 DFS 采用树形结构可将网络中的所有共享文件夹通过命名空间组织起来，用户不再需要多个网络驱动器映射即可访问所需要的文件。

（3）增强的可用性

Windows Server 2008 操作系统支持两种 DFS 根：独立的 DFS 和域 DFS。域 DFS 采用以下方法确保用户对所共享文件的访问。

Windows Server 2008 操作系统自动将 DFS 映射发布到活动目录中，确保 DFS 的名称空间对于所有域用户总是可见的。

域 DFS 中,管理员可复制 DFS 命名空间和 DFS 文件夹,复制是指可将 DFS 命名空间和 DFS 文件夹复制到网络中多个指定的文件服务器。通过复制能确保网络中某个服务器不可用时,用户仍然可以访问需要的共享文件夹资源。

(4) 文件资源访问负载平衡

域 DFS 的命名空间可以驻留在网络中的多个服务器上,当多个用户频繁访问某个文件时,可将该文件分布到多个文件服务器上,DFS 可确保用户对该文件的访问自动分布到多个服务器上,而不是单独访问某个服务器,从而实现负载平衡。

(5) 文件和文件夹安全

通过 DFS 访问共享文件夹时使用标准的 NTFS 权限和共享权限,管理员可通过安全组和用户账户确保只有授权的用户才能访问重要数据。

2.4.2 安装 DFS 服务

在 Windows Server 2008 中,DFS 作为文件服务组件之一,在安装操作系统时并没有被默认安装。其具体安装步骤如下。

步骤 1:单击"开始"→"管理工具"→"服务器管理器"菜单,打开"服务器管理器"控制台窗口,如图 2-42 所示。

图 2-42 服务器管理器

步骤 2:单击"角色摘要"选项下的"添加角色",则会出现添加角色的向导,单击"下一步"按钮,在"选择服务器角色"窗口中选择"文件服务",如图 2-43 所示。

注意:如果已启用了"文件服务"(可在"角色摘要"中看到),则直接单击"文件服务",在文件服务窗口中再单击"角色服务"选项中的"添加角色服务",进入选择角色服务窗口。

步骤 3:单击"下一步"按钮,在"文件服务"间接窗口中单击"下一步"按钮,在"选择角色服务"窗口中选择"分布式文件系统",如图 2-44 所示。

图 2-43　选择服务器角色

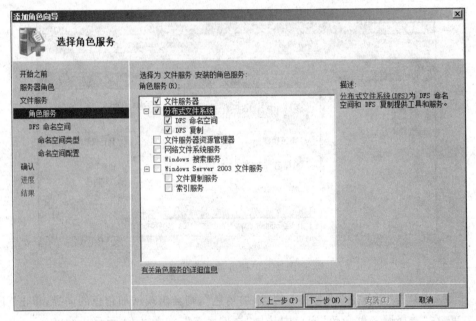

图 2-44　选择角色服务

步骤 4：单击"下一步"按钮，在"创建 DFS 命名空间"对话框中可选择"立即使用此向导创建命名空间"，然后确定"输入此命名空间的名称"文本框内容，如图 2-45 所示。

步骤 5：单击"下一步"按钮，在"选择命名空间类型"对话框中选择"独立命名空间"，如图 2-46 所示。

图 2-45　输入命名空间名称

图 2-46　选择空间类型

步骤 6：单击"下一步"按钮，如果要进行命名空间配置可单击"添加"按钮，将文件夹添加到命名空间，也可以后配置，如图 2-47 所示。

步骤 7：单击"下一步"按钮，在"确认安装选择"对话框中单击"安装"按钮，如图 2-48 所示。经过进度显示，最后看到安装成功对话框后，单击"关闭"按钮结束安装。

51

图 2-47 配置命名空间

图 2-48 确认安装选择

2.4.3 配置 DFS 服务器

安装完 DFS 服务之后,还应根据需求对服务器作进一步的配置。配置管理也是网络管理员日常的工作内容之一。

52

1. 新建 DFS 命名空间

步骤 1：单击"开始"→"管理工具"→"DFS management"菜单，打开"DFS 管理"窗口，如图 2-49 所示。

图 2-49 "DFS 管理"窗口

步骤 2：在"DFS 管理"窗口中单击窗口右侧操作栏中的"新建命名空间"链接，打开"新建命名空间向导"窗口，在"服务器"文本框中输入相应的名称，如图 2-50 所示。

图 2-50 输入服务器名称

步骤3：单击"下一步"按钮，在命名空间名称和设置对话框中的"名称"文本框输入命令空间名称，如图2-51所示，也可以单击"编辑设置"按钮，确定共享文件夹的本地路径及权限。

图 2-51　输入命名空间名称

步骤4：单击"下一步"按钮，选择要创建的DFS命名空间的类型（如果系统没有安装域，只能选择独立DFS命名空间）。

步骤5：单击"下一步"按钮，在"复查设置并创建命名空间"对话框中单击"创建"按钮。最后确认后单击"关闭"按钮，完成DFS命名空间的创建。

2. 在命名空间中创建文件夹

步骤1：在"DFS管理"窗口中，打开左侧的命名空间目录树，选中要添加目标文件夹的命名空间，如图2-52所示。

步骤2：单击窗口右侧操作栏中的"新建文件夹"链接，打开"新建文件夹"对话框，在"名称"文本框中，输入新文件夹的名称。

步骤3：要将一个或多个文件夹目标添加到该文件夹中，单击"添加"按钮，再指定文件夹目标的通用命名约定（UNC）路径，然后单击"确定"按钮，如图2-53所示。

注意：文件夹目标是共享文件夹或与命名空间中的某个文件夹关联的另一个命名空间的通用命名约定（UNC）路径。添加多个文件夹目标可以提高命名空间中文件夹的可用性。

3. 添加文件夹目标

步骤1：在"DFS管理"窗口中，打开左侧的命名空间目录树，右击将要添加目标文件夹的文件夹。

图 2-52 "DFS 管理"窗口

图 2-53 新建文件夹

步骤 2：在弹出的快捷菜单中选择"添加文件夹目标"命令。

步骤 3：输入文件夹目标的路径，或单击"浏览"定位文件夹目标，如图 2-54 所示。

步骤 4：如果使用"DFS 复制"复制文件夹，可以指定是否将新文件夹目标添加到复制组。

注意：文件夹可以包含文件夹目标或其他 DFS 文件夹，但是不能在文件夹层次结构中的同一级别同时包含两者。

4. 添加复制进行容错

可以使用 DFS 复制来保持文件夹目标内容的同步，这样无论客户端计算机引用哪个文件夹目标，用户均可以看到相同的文件。这些客户端的请求可以跨越所有驻留该

55

图 2-54　新建文件夹目标

复制的服务器进行分布,提供容错和负载平衡。使用"DFS 复制"复制文件夹目标的步骤如下。

步骤 1:在"DFS 管理"窗口控制台树中的"命名空间"节点下,右击包含两个或更多的文件夹目标的文件夹,然后单击"复制文件夹"。

步骤 2:按照复制文件夹向导中指示操作。

注意:复制不会立即开始。要在文件夹目标上配置复制,命名空间服务器必须允许在域控制器上,并且复制组中的每个成员必须轮询最接近的域控制器,以获取这些设置。该操作所花费的时间取决于 ADDS 复制延迟以及每个成员的长轮询间隔(60 分钟)。

DFS 复制是一种有效的多主机复制引擎,可用于保持跨有限带宽网络连接的服务器之间的文件夹同步。它将文件复制服务(FRS)替换为用于 DFS 命名空间以及用于复制使用 Windows Server 2008 域功能级别的域中的 Active Directory 域服务(ADDS)SYSVOL 文件夹的复制引擎。

DFS 复制使用一种称为远程差分压缩(RDC)的压缩算法。RDC 检测对文件中数据的更改,并使 DFS 复制仅复制已更改文件块而非整个文件。

若要使用 DFS 复制,必须创建复制组并将已复制文件夹添加到组。复制组、已复制文件夹和成员在图 2-55 中进行了说明。

图 2-55　DFS 复制组成

如图 2-55 所示,"复制组"是一组称为"成员"的服务器,它参与一个或多个已复制文件夹的复制。"已复制文件夹"是在每个成员上保持同步的文件夹。图中有两个已复制文件夹：Projects 和 Proposals。每个已复制文件夹中的数据更改时,将通过复制组成员之间的连接复制更改。所有成员之间的连接构成复制拓扑。

如果在一个复制组中创建多个已复制文件夹,可以简化部署已复制文件夹的过程,因为该复制组的拓扑、计划和带宽限制将应用于每个已复制文件夹。若要部署其他已复制文件夹,可以使用 Dfsradmin.exe 或按照向导中的说明来定义新的已复制文件夹的本地路径和权限。

每个已复制文件夹具有唯一的设置,例如文件和子文件夹筛选器,以便可以为每个已复制文件夹筛选出不同的文件和子文件夹。

存储在每个成员上的已复制文件夹可以位于成员中的不同卷上,已复制文件夹不必是共享文件夹也不必是命名空间的一部分。但是,"DFS 管理"管理单元使得易于共享已复制文件夹,并选择性地在现有命名空间中发布它们。

任务 5　环境设置

【任务描述】　计算机由硬件和软件组成,要使一台计算机充分发挥其性能,或让用户使用起来得心应手,不仅需要有高配置的计算机硬件,也需要通过软件对硬件进行配置和管理。

【任务目标】　通过系统属性设置,可以优化系统性能,增强用户对网络中计算机的控制和管理。如通过用户配置文件,可以自定义用户的桌面环境;通过对启动和故障恢复的管理,可以查看或修改系统启动、系统失败和调试信息。

2.5.1　配置虚拟内存

Windows Server 2008 使用虚拟内存来运行所需内存大于计算机物理内存的应用程序,虚拟内存是物理磁盘上的一部分硬盘空间,用于模拟内存,优化系统的性能,使系统更好地工作。

虚拟内存以特殊文件形式存放在硬盘驱动器上,也称页面文件(pagefile.sys)。用于存放不能装入物理内存的程序和数据,系统在需要时自动将数据从页面文件移动到物理内存或从物理内存移动到页面文件,以便为新程序腾出空间。

默认情况下,虚拟内存驻留在系统分区的大小是物理内存的 2~3 倍,且系统会自动设置。管理员可以根据需要调整虚拟内存的大小,操作步骤如下。

步骤 1：打开"开始"菜单,右击菜单中的"计算机",在弹出的快捷菜单中选择"属性"命令,打开"系统属性"对话框。如图 2-1 所示。

步骤 2：单击窗口左侧的"高级系统设置"链接,在"系统属性"对话框中单击"高级"标签,如图 2-56 所示。

步骤 3：单击"性能选项"对话框中的"设置"按钮,打开"性能选项"对话框,如图 2-57 所示。

图 2-56　"系统属性"对话框

　　步骤 4：单击"高级"标签中"虚拟内存"选项区域内的"更改"按钮,打开"虚拟内存"对话框,如图 2-58 所示。

图 2-57　"性能选项"对话框

图 2-58　"虚拟内存"对话框

　　步骤 5：去掉"自动管理所有驱动器的分页文件大小"选项后,在"驱动器"列表框中选择要驻留虚拟内存的驱动器,在所选驱动器的页面文件大小框中选择"自定义大小"单选按钮,并在"初始大小"和"最大值"文本框中输入页面文件的值,单击"设置"按钮,最后单击"确定"按钮即可。

2.5.2　启动和故障恢复设置

启动和故障恢复选项可指定计算机启动时的默认操作系统,以及系统意外停止时将执行的应用程序。配置启动和故障恢复策略的操作步骤如下。

步骤 1:在"系统属性"的"高级"选项卡中,单击"启动和故障恢复"选项区域中的"设置"按钮,打开"启动和故障恢复"对话框,如图 2-59 所示。

图 2-59　"启动和故障恢复"对话框

步骤 2:在"默认操作系统"下拉式列表框中选择计算机启动时的默认操作系统。

步骤 3:选中"显示操作系统列表的时间"复选框,然后输入计算机在自动启动默认操作系统之前显示操作系统列表时间。

步骤 4:在"系统失败"选项区域中指定在系统意外终止时 Windows 所要采取的故障恢复操作,包括将事件写入系统日志、自动重新启动及写入调试信息等。

实　　　训

1. 实训目的

(1) 了解网络基本配置中包含的协议、服务和基本参数。

(2) 掌握 Windows Server 2008 系统共享目录的设置和使用方法。

(3) 掌握本地账户和本地组的创建方法,体会"本地"的含义。

(4) 掌握设置文件和文件夹共享及其使用的方法。

(5) 掌握创建和使用分布式文件系统的方法。

2．实训内容

（1）设置计算机的主机名称和网络参数，了解网络基本配置中包含的协议、服务和基本参数。

（2）设置和使用共享文件。

（3）创建和使用分布式文件系统。

（4）创建本地账户和本地组。

3．实训要求

（1）设置主机名为 WLOS。

（2）创建本地用户 USER1、USER2 和 USER3。

（3）更改用户 USER3 的密码。

（4）创建 MyGroups 组。

（5）将 USER1、USER2、USER3 分别加入到 Administrators、Power Users 和 MyGroups 组。

（6）分别用 USER1、USER2 和 USER3 登录系统。

（7）在邻近计算机的磁盘上设置 2 个共享文件夹，分别命名为 share1 和 share2，并将其设置为"Everyone"组的用户可以完全控制。

（8）在本计算机上将 share1 文件夹映射为该计算机的 w 驱动器。

（9）在本计算机上建立 DFS 根目录，将邻近计算机上的 share1 文件夹添加到 DFS 中。将邻近计算机的 share2 文件夹作为 DFS 副本复制目的文件夹，完成复制配置。

4．实训步骤

（略）

5．实训总结

（略）

习　题

一、填空题

1．拥有_____是计算机接入网络的基础，拥有_____是用户登录到网络并使用网络资源的基础。

2．如果某个用户的账户暂时不使用，可将其_____，某一个用户账户不再被使用，或者作为管理员的用户不再希望某个用户账户存在于安全域中，可将该用户账户_____，作为管理员经常需要将用户和计算机账户_____到新的组织单元或容器中。

3. Administrator 是操作系统中最重要的用户账户,平常俗称为超级用户,它属于系统中_____账户。

4. Windows Server 2008 中组的类型分为_____、_____、通用组。

5. 要建立隐藏共享名时,只需要在共享名后加_____符号。

二、选择题

1. 下列说法中正确的是( )。

    A. 网络中每台计算机的计算机账户唯一

    B. 网络中每台计算机的计算机账户不唯一

    C. 每个用户只能使用同一用户账户登录网络

    D. 每个用户可以使用不同用户账户登录网络

2. Windows Server 2008 的域用户账户可分为内置账户和自定义账户,下列属于内置账户的是( )。

    A. User   B. Anonymous   C. Administrator   D. Guest

三、简答题

1. 什么是本地用户和本地组?

2. 简述本地账户和域账户的区别。

3. 什么是 DFS? DFS 有何特性?

4. 什么是资源的安全互访? 如何实现? 实现时的设置内容有哪些?

项目三　NTFS 文件系统管理

项目描述

　　某公司创建了自己的文件服务器，内有公司最新的设备资料、考勤状况、行政文件和各部门资料等。在使用过程中发现有以下需求：管理员需对所有文件夹拥有完全控制权；普通员工对共享文件夹只拥有读取权限；每位员工只对自己的文件夹拥有完全控制权，且不能读取其他员工的文件夹；每位员工所能使用的磁盘空间有一定的限制；每位员工希望能保存尽量多的数据。

项目目标

　　为了有效地在 Windows Server 2008 中进行文件系统管理，必须理解 NTFS 和使用其功能。利用 NTFS 权限，管理员可以控制访问共享数据的用户。利用文件夹的压缩功能，可以有效扩大磁盘的使用空间。利用加密文件系统来加密文件数据，可增强文件数据的安全性。

任务 1　NTFS 安全权限简介

　　【任务描述】　在网络中会有很多资源，例如系统本身、文件、目录和打印机等各种网络共享资源以及其他资源对象。在 Windows Server 2008 操作系统中，提供了控制资源存取的工具。对资源可以灵活地控制到特定的用户、组等。这些控制是由管理员来决定的，这样才能避免非授权的访问，并提供一个安全的网络环境。

　　【任务目标】　通过学习，读者应掌握资源对象访问控制的基本概念，以及文件和目录等资源对象的访问控制的操作技能。

3.1.1　Windows Server 2008 文件系统简介

　　文件系统是操作系统在硬盘上命名、存储和组织文件的方法，是在硬盘上存储信息的格式，在所有的计算机系统中，都存在一个相应的文件系统，它规定了计算机对文件和文件夹进行操作处理的各种标准和机制。用户对所有的文件和文件夹的操作都是通过文件系统来完成的。

　　Windows Server 2008 操作系统支持 FAT、FAT32、NTFS 和 CDFS 文件系统，FAT 和 FAT32 文件系统提供了与其他系统的兼容性，使 Windows Server 2008 的计算机可安

装多个操作系统,支持多引导功能,NTFS 文件系统是微软基于 NT 内核操作系统特有的文件系统格式,它提供了多种特有的功能。

1. FAT 文件系统

FAT(File Allocation Table,文件分配表),也称 FAT16,用于跟踪硬盘上每个文件的数据库,而 FAT 表存储关于簇的信息,这样,以后就可以检索文件了。FAT 文件系统可以在所有版本 Windows、MS-DOS 或 OS/2 等众多操作系统上被正确识别。

FAT 文件系统最初用于小型磁盘和简单文件结构的简单文件系统。FAT 文件系统得名于它的组织方法:放置在卷起始位置的文件分配表。为了保护卷,使用了两份备份。另外,为确保正确装卸启动系统所必需的文件,文件分配表和根文件必须存放在固定的位置。

采用 FAT 文件系统格式化的卷以簇的形式进行分配,支持最大簇数为 65 536。默认的簇大小由卷的大小决定。对于 511MB 的卷,其簇大小为 8KB。由于额外开销的原因,在大于 511MB 的卷中不推荐使用 FAT 文件系统。

2. FAT32 文件系统

FAT32(增强的文件分配表)文件系统提供了比 FAT 文件系统更为先进的文件管理特性,通过使用更小的簇来更有效率地使用磁盘空间,可以在大到 2TB 的驱动器上使用。

FAT32 是在大型磁盘驱动器(超过 512MB)上存储文件的极有效的系统,如果用户的驱动器使用了这种格式,则会在驱动器上创建多至几百兆的额外硬盘空间,从而更有效地存储数据。此外,可使程序运行加快,而使用的计算机系统资源却更少。

FAT 和 FAT32 可以与 Windows Server 2008 之外的其他操作系统兼容。如果设置了双重启动配置,很有可能需要 FAT 或 FAT32 文件系统。如果用户正在对 Windows Server 2008 和另外一个操作系统进行双重启动配置,请选择一个适用于后者的文件系统。选择的标准如下:

(1) 如果安装分区小于 2GB,或者如果希望双重启动配置 Windows Server 2008 和 Windows 98 等较早版本,将安装分区格式化为 FAT。

(2) 在大于或等于 2GB 的分区上使用 FAT32 文件系统。在 Windows Server 2008 安装程序中选择使用 FAT 格式化,且分区大于 2GB,安装程序将自动按 FAT32 格式化。

(3) 对于大于 32GB 的分区,建议使用 NTFS 而不用 FAT32 文件系统。

3. NTFS 文件系统

NTFS(New Technology File System)是 Windows NT 操作环境和 Windows NT 高级服务器网络操作系统环境的文件系统,只有运行基于 NT 内核的操作系统才可以存取 NTFS 卷中的文件。NTFS 文件系统提供了 FAT 和 FAT32 文件系统所没有的、全面的性能、可靠性和兼容性,支持文件和文件夹级的访问控制(权限),可限制用户对文件或文件夹的访问,审计文件的安全;NTFS 文件系统还支持文件压缩和文件加密功能,可节省磁盘空间和保护数据安全;NTFS 文件系统支持磁盘配额功能。

NTFS 文件系统的设计目标就是用来在很大的硬盘上能够很快地执行诸如读、写和搜索这样的标准文件操作,甚至包括像文件系统恢复这样的高级操作。

NTFS 文件系统包括了公司环境中文件服务器和高端个人计算机所需的安全特性。NTFS 文件系统还支持对于关键数据完整性十分重要的数据访问控制和私有权限。除了可以赋予 Windows Server 2008 计算机中的共享文件夹特定权限外,NTFS 文件和文件夹无论共享与否都可以赋予权限。NTFS 允许为单个文件指定权限。

像 FAT 文件系统一样,NTFS 文件系统使用簇作为磁盘分配的基本单元。在 NTFS 文件系统中,默认的簇大小取决于卷的大小。

Windows Server 2008 包括一个新版本的 NTFS,具有以下功能和优点。

(1) 更好的伸缩性使扩展为大驱动器成为可能:NTFS 中最大驱动器的尺寸远远大于 FAT,而且 NTFS 的性能和存储效率并不像 FAT 那样随着驱动器尺寸的增大而降低。

(2) 活动目录:使网络管理者和网络用户可以方便灵活地查看和控制网络资源。域控制器和活动目录需要使用 NTFS。

(3) 压缩功能:包括压缩或解压缩驱动器、文件或者特定文件的功能。

(4) 文件加密:能够大大提高信息的安全性。

(5) 文件级权限:可以对单个文件而不仅仅对文件夹设置权限。

(6) 远程存储:通过使可移动媒体(如磁带)更易访问,从而扩展了磁盘空间。

(7) 稀疏文件:稀疏文件是一些大型文件,应用程序以一种仅需有限磁盘空间的方式创建了这些文件。也就是说,NTFS 只为文件的写入部分分配磁盘空间。

(8) 磁盘配额:管理者可以管理和控制每个用户所能使用的最大磁盘空间。

(9) 磁盘活动的恢复日志:它将帮助用户在电源失效或其他系统故障时快速恢复信息。

(10) 重析点:是新型文件系统对象。重析点具有一个用户控制数据的可定义属性,且在输入输出(I/O)子系统中用于扩展功能。

(11) 改动日志:NTFS 使用改动日志以跟踪有关添加、删除和改动文件的信息。

(12) 分布式链接跟踪:Windows Server 2008 提供了分布式链接跟踪服务技术,这使得客户应用程序可以跟踪在局部域内被移动或在一个域中移动的链接源。

4. 将 FAT32 转换为 NTFS 文件系统

与早期的某些 Windows 版本中使用的 FAT 文件系统相比,NTFS 文件系统为硬盘和分区或卷上的数据提供的性能更好、安全性更高。如果有分区使用早期的 FAT16 或 FAT32 文件系统,则可以使用 convert 命令将其转换为 NTFS。转换为 NTFS 不会影响分区上的数据。具体步骤如下。

步骤 1:关闭要转换的分区或逻辑驱动器上所有正在运行的程序。

步骤 2:单击"开始"→"运行",在运行文本框中输入"cmd"命令,单击"确定"按钮。

步骤 3:在命令提示符窗口中,输入"convert volume /FS:ntfs",然后按 Enter 键。

步骤 4:输入要转换的卷的名称,然后按 Enter 键。

注意：将分区转换为NTFS后，无法再将其转换回来。如果要在该分区上重新使用FAT文件系统，则需要重新格式化该分区，这样会删除其上的所有数据。

3.1.2　NTFS权限

权限是指与计算机上或网络上的对象(如文件和文件夹)关联的规则。权限确定是否可以访问某个对象以及可以对它执行哪些操作。例如，用户可能有访问网络上共享文件夹中文档的权限，但是只能读取该文档而不能对其进行更改。计算机上的系统管理员和具有管理员账户的用户可以为个人用户和组分配权限。

NTFS权限只能适用于NTFS磁盘分区。NTFS权限不能用于由FAT或者FAT32文件系统格式化的磁盘分区。

对于NTFS磁盘分区上的每一个文件和文件夹，NTFS都存储一个远程访问控制列表(ACL)。ACL中包含那些被授权访问该文件或者文件夹的所有用户的账号、组和计算机，还包含被授予的访问类型。针对相应的用户账号、组或者该用户所属的计算机，ACL中必须包含一个对应的元素，这样的元素叫做访问控制元素(ACE)。为了让用户能够访问文件或者文件夹，访问控制元素必须具有用户所请求的访问类型。如果ACL中没有相应的ACE存在，Windows Server 2008就拒绝该用户访问相应的资源。

1. 标准NTFS权限

利用NTFS权限可以控制用户对特定的文件和文件夹进行访问和修改，Windows Server 2008提供读取、读取和执行、写入、修改、列出文件夹内容、完全控制和特殊权限6种标准的NTFS权限。

(1) 读取：可以读取文件或文件夹的内容，查看文件或文件夹的属性，但不修改文件内容。

(2) 读取和执行：包含读取能够执行的所有操作，并能运行应用程序和可执行文件。

(3) 写入：包含读取和执行的所有操作，可修改文件或文件夹属性和内容，在文件夹中创建文件和文件夹，但不能删除文件。

(4) 修改：包含写权限能够执行的所有操作，可以删除文件。

(5) 列出文件夹内容：仅对文件夹有此权限，查看此文件夹中的文件和子文件夹的属性和权限，读取文件夹中的文件内容。

(6) 完全控制：对文件的最高权力，在拥有上述其他所有的权限以外，还可以修改文件权限以及替换文件所有者。

(7) 特殊权限：是对文件或文件夹权限更为详细的设置。下面就来介绍这些特殊NTFS权限的功能。

2. 特殊NTFS权限

(1) 完全控制

对文件的最高权力，在拥有上述其他权限的所有权限以外，还可以修改文件权限以及替换文件所有者。

（2）遍历文件夹/执行文件

"遍历文件夹"可以让用户即使在无权访问某个文件夹的情况下，仍然可以切换到该文件夹内。这个权限设置只适用于文件夹，不适用于文件。只有当组或用户在"组策略"中没有赋予"绕过遍历检查"用户权利时，对文件夹的遍历才会生效。默认情况下，everyone 组具有"绕过遍历检查"的用户权利，所以此处的"遍历文件夹"权限设置不起作用。"执行文件"让用户可以运行程序文件，该权限设置只适用于文件，不适用于文件夹。

（3）列出文件夹/读取数据

"列出文件夹"让用户可以查看该文件夹内的文件名称与子文件夹的名称。"读取数据"让用户可以查看文件内的数据。

（4）读取属性

该权限让用户可以查看文件夹或文件的属性，例如只读、隐藏等属性。

（5）读取扩展属性

该权限让用户可以查看文件夹或文件的扩展属性。扩展属性是由应用程序自行定义的，不同的应用程序可能有不同的设置。

（6）创建文件/写入数据

"创建文件"让用户可以在文件夹内创建文件；"写入数据"让用户能够更改文件内的数据。

（7）创建文件夹/附加数据

"创建文件夹"让用户可以在文件夹内创建子文件夹；"附加数据"让用户可以在文件的后面添加数据，但是无法更改、删除、覆盖原有的数据。

（8）写入属性

该权限让用户可以更改文件夹或文件的属性，例如只读、隐藏等属性。

（9）写入扩展属性

该权限让用户可以更改文件夹或文件的扩展属性。扩展属性是由应用程序自行定义的，不同的应用程序可能有不同的设置。

（10）删除子文件夹及文件

该权限让用户可以删除该文件夹内的子文件夹与文件，即使用户对这个子文件夹或文件没有"删除"的权限，也可以将其删除。

（11）删除

该权限让用户可以删除该文件夹与文件。即使用户对该文件夹或文件没有"删除"的权限，但是只要他对其父文件夹具有"删除子文件夹及文件"的权限，他还是可以删除该文件夹或文件。

（12）读取权限

该权限让用户可以读取文件夹或文件的权限设置。

（13）更改权限

该权限让用户可以更改文件夹或文件的权限设置。

（14）取得所有权

该权限让用户可以夺取文件夹或文件的所有权。文件夹或文件的所有者，不论对该文件夹或文件权限是什么，他永远具有更改该文件夹或文件权限的能力。

注意：尽管"列出文件夹内容"和"读取及执行"看起来有相同的特殊权限，但是这些权限在继承时却有所不同。"列出文件夹内容"可以被文件夹继承而不能被文件继承，并且它只在查看文件夹权限时才会显示。"读取及执行"可以被文件和文件夹继承，并且在查看文件和文件夹权限时始终出现。

3.1.3　NTFS权限的有效性

由于NTFS权限只能在NTFS分区设置，且可以分别给用户和组指派NTFS权限，再者要涉及文件和文件夹两种资源，因此针对某一资源的最终权限需要仔细考虑。

1. 资源权限发生重叠时

（1）权限的累加性

用户对某个资源的有效权限是所有权限的来源的总和。假设现在zhang用户既属于A用户组，也属于B用户组，它在A用户组的权限是"读取"，在B用户组中的权限是"写入"，那么根据累加原则，zhang用户的实际权限将会是"读取＋写入"两种。

（2）"拒绝"权限会覆盖所有其他权限

虽然用户的有效权限是所有权限的来源的总和。但是只要其中有个权限是被设为拒绝访问，则用户最后的有效权限将是无法访问此资源。例如，zhang这个用户既属于zhangs用户组，也属于wangs用户组，当对wangs组中某个资源进行"写入"权限的集中分配（即针对用户组进行）时，这个时候该组中zhang账户将自动拥有"写入"的权限。而在zhangs组中同样也对zhang用户进行了针对这个资源的权限设置，但设置的权限是"拒绝写入"。基于"拒绝优于允许"的原则，zhang账户在zhangs组中被"拒绝写入"的权限将优先wangs组中被赋予的允许"写入"权限被执行。因此，在实际操作中，zhang用户无法对这个资源进行"写入"操作。

（3）文件会覆盖文件夹的权限

如果针对某个文件夹设置了NTFS权限，同时也对该文件夹内的文件设置了NTFS权限，则以文件的权限设置为优先。以C:\test\readme. txt为例来说明，若用户A对C:\test文件夹不具有任何的权限，但是却对其中的readme. txt文件具有"读取"的权限，则仍然可以读取该文件。

（4）权限继承性原则

权限继承性原则是指下级文件夹或文件可以继承父级的权限。假设现在有个DOC目录，在这个目录中有DOC01、DOC02、DOC03等子目录，现在需要对DOC目录及其下的子目录均设置shyzhong用户有"写入"权限。因为有继承性原则，所以只需对DOC目录设置shyzhong用户有"写入"权限，其下的所有子目录将自动继承这个权限的设置。

2. 资源复制或移动时权限的变化与处理

在权限的应用中,不可避免地会遇到设置了权限后的资源需要复制或移动的情况,那么这个时候资源相应的权限会发生怎样的变化呢?

(1) 复制资源时

在复制资源时,原资源的权限不会发生变化,而新生成的资源,将继承其目标位置父级资源的权限。

(2) 移动资源时

在移动资源时,一般会遇到两种情况,一是如果资源的移动发生在同一驱动器内,那么对象保留本身原有的权限不变(包括资源本身权限及原先从父级资源中继承的权限);二是如果资源的移动发生在不同的驱动器之间,那么不仅对象本身的权限会丢失,而且原先从父级资源中继承的权限也会被从目标位置的父级资源继承的权限所替代。实际上,移动操作就是首先进行资源的复制;其次从原有位置删除资源的操作。

(3) 非 NTFS 分区

上述复制或移动资源时产生的权限变化只是针对 NTFS 分区上而言的,如果将资源复制或移动到非 NTFS 分区(如 FAT16/FAT32 分区)上,那么所有的权限均会自动全部丢失。

3.1.4 设置 NTFS 权限

将某个磁盘格式化为 NTFS 后,系统默认的权限设置为 Everyone 的权限都是完全控制,为了该磁盘内的文件与文件夹的安全性,应该改变这个默认值,也就是重新改变用户的访问权限。

1. 查看 NTFS 权限

如果用户需要查看文件或文件夹的属性,方法如下。

步骤 1:在资源管理器中,右击选定的文件或文件夹,在弹出的快捷菜单中选择"属性"命令。

步骤 2:在打开的文件或文件夹的属性对话框中单击"安全"选项卡,如图 3-1 所示,在"组或用户名"列表框中列出了对选定的文件或文件夹具有访问许可权限的组和用户。当选定某个组或用户后,该组或用户所具有的各种权限将显示在权限列表框中。

2. 修改 NTFS 权限

当用户需要修改文件或文件夹的权限的时候,必须具有对它的更改权限或拥有权。具体方法如下。

步骤 1:打开图 3-1 所示的文件或文件夹的属性对话框,单击"编辑"按钮,打开"权限设置"对话框。

步骤 2:可以在如图 3-2 所示的对话框中,在"组或用户名"列表中选择要设置的用户和组,然后在"××的权限"列表中简单地勾选权限后的复选框即可。

图 3-1 查看 NTFS 权限

图 3-2 修改 NTFS 权限

步骤 3:如果要修改文件或文件夹的"特殊权限",单击图 3-1 所示属性对话框中的"高级"按钮,将打开如图 3-3 所示的高级安全设置对话框,在此可以查看该文件或文件夹拥有的"权限"、"审核"、"所有者"及"有效权限"。

图 3-3 查看高级安全设置

步骤 4:选中"权限"选项卡,单击"更改权限"按钮,打开如图 3-4 所示的对话框。

步骤 5:可以通过单击"添加"按钮选择需要设定的用户或组,也可以通过单击"编辑"按钮,在如图 3-5 所示的对象对话框中,通过单击名称后的"更改"按钮选择用户和组,(针

图 3-4　修改权限

对文件夹)单击"应用于"下拉列表可以选择应用的对象,在权限列表框中可对选定的对象进行更详细的权限设置。

3. 取消继承权限

如果不希望继承父项的权限,可以阻断上下目录的继承关系,例如不希望"C:\试题"内的"A 卷"文件继承父项(C:\试题)权限,可执行如下步骤。

步骤 1: 打开 A 卷文件的安全属性,如图 3-6 所示。灰色钩表示这些权限是继承下来的。

图 3-5　选择特殊权限

图 3-6　安全属性

70

步骤2：单击"编辑"按钮打开"高级安全设置"对话框窗口，在此窗口中单击"更改权限"按钮，打开如图3-7所示的高级安全设置对话框窗口，取消选中窗口下端的"包括可从该对象的父项继承的权限"选项。

图3-7　取消继承

步骤3：在弹出的窗口中，如图3-8所示，如果单击"添加"按钮，将保留原来从父项对象所继承来的权限；如果单击"删除"按钮，将清除原来从父项对象所继承的权限。

图3-8　复制或删除继承权限

4. 取得所有权

很多用户都有过这样的经验，在计算机中病毒之后，当用户试图删除某个文件(夹)时，系统会这么提示：磁盘空间不足或该文件拒绝访问，不能删除此文件。

这是为什么呢？由于病毒程序对此文件(夹)设置了访问权限。所以用户在系统中试图删除文件夹时由于没有相应的权限，所以就会遭到访问拒绝。

这时只要用户夺回这个文件(夹)的控制权，那么就可以删除它了。但是当打开文件(夹)的属性中的高级选项卡，却发现什么都是灰色的，无法作任何设置。这是因为文件的所有权不属于当前用户。

  Windows 的 NTFS 磁盘分区内,每个文件与文件夹都有其"所有者",系统默认是建立文件或文件夹的用户,就是该文件或文件夹的所有者,所有者永远具有更改该文件或文件夹的权限能力。Windows 文件或文件夹的所有者是可以转移的,不过不是由所有者来执行转移的,而是由其他用户自行来夺取所有权实现转移的。转移者必须有以下权限。

  (1) 拥有"取得所有权"的特殊权限。

  (2) 具有"更改权限"的特殊权限。

  (3) 拥有"完全控制"的标准权限。

  (4) 任何一位具有 Administrator 权限的用户,无论对该文件或文件夹拥有哪种权限,他永远具有夺取所有权的能力。

  要改变某个对象的所有权,可以按照如下步骤操作。

  步骤 1:在图 3-3 所示的对话框中选择"所有者"选项卡,打开如图 3-9 所示的对话框,在此可以看到:"C:\试题"的当前所有者是 Administrator。

图 3-9　更改所有者

  步骤 2:单击"编辑"按钮,将弹出"用户账户控制"窗口,在此窗口中可输入管理员的密码后单击"确定"按钮继续,如图 3-10 所示。

图 3-10　"用户账户控制"对话框

步骤3：在弹出新窗口中的"将所有者更改为"列表框中选择用户或组，如图3-11所示。如果在列表框中没有要更改为的用户或组，可单击"其他用户或组"按钮选择其他的用户或组，然后再在"将所有者更改为"列表框中选择相应的用户或组。

图3-11　选择用户或组

步骤4：单击"确定"按钮后将返回"所有者"选项卡窗口，如图3-12所示，在此可看到当前所有者发生了变化。

图3-12　更改后的结果

4. 查看有效权限

通过设置文件或文件夹的权限之后，可以查看某一用户针对某一资源的最终权限。查看的具体步骤如下。

步骤1：在图3-3所示的对话框中选择"有效权限"选项卡，在如图3-13所示的对话框中单击"选择"按钮。

图3-13　查看有效权限

步骤2：在"组或用户名"文本框中，确定要查看的用户后单击"确定"按钮，则会显示出该用户对该资源的最终有效权限，如图3-14所示。

图3-14　有效权限

任务2　加密文件系统

　　【任务描述】　每个人都有一些不希望别人看到的东西,例如学习计划、设计方案等,大家都喜欢把它们放在一个文件夹里,虽然可以采用某些工具软件给文件夹加密,但那样太麻烦了,有没有什么简单的方法提高自己文件夹的安全性呢?

　　【任务目标】　Windows自带的EFS加密系统对用户是透明的。如果用户加密了一些数据,那么本人对这些数据的访问将是完全允许的,并不会受到任何限制。而其他非授权用户试图访问加密过的数据时,就会收到"访问拒绝"的错误提示。EFS加密的用户验证过程是在登录Windows时进行的,只要登录到Windows,就可以打开任何一个被授权的加密文件。

3.2.1　EFS简介

　　加密文件系统(EFS)是Windows的一项功能。它允许用户将文件夹和文件以加密的形式存储在硬盘上,加密是Windows所提供的保护信息安全的最强的保护措施。该技术用于在NTFS文件系统卷上存储已加密的文件夹或文件。加密了文件或文件夹之后,还可以像使用其他文件和文件夹一样使用它们。因此加密、解密对加密该文件的用户是透明的,即不必在使用前手动解密已加密的文件,就可以正常打开和更改文件。

　　使用EFS类似于使用文件和文件夹上的权限。两种方法都可用于限制数据的访问。然而,未经许可对加密文件和文件夹进行物理访问的入侵者将无法阅读这些文件和文件夹中的内容。如果入侵者试图打开或复制已加密文件或文件夹,入侵者将收到拒绝访问消息。文件和文件夹上的权限不能防止未授权的物理攻击。

　　正如设置其他任何属性(如只读、压缩或隐藏)一样,通过为文件夹和文件设置加密属性,可以对文件夹或文件进行加密和解密。如果加密一个文件夹,则在加密文件夹中创建的所有文件和子文件夹都自动加密。推荐在文件夹级别上加密。

1. EFS的工作过程

　　在首次加密计算机上的文件夹或文件时,Windows将会颁发一个证书,该证书关联一个加密密钥,EFS使用该密钥来加密文件;然后系统利用用户加密文件系统证书中的公钥加密文件加密密钥,并将加密后的结果存放在文件头部的数据解密域(DDF)中。在用户加密文件夹或文件后,Windows会在后台为用户处理所有的加密和解密工作。在关闭文件时,该文件将被加密,在重新打开该文件时,它将会被解密,以便用户能够使用。用户可按照通常的方式使用文件时,首先系统利用加密文件系统证书中的私钥解密DDF中的数据获得文件的加密密钥,然后再使用加密密钥解密文件。

　　系统加密文件同时,也利用数据恢复代理的公钥加密,并将加密后结果存放在文件头部的数据恢复域(DRF)中。当数据恢复代理要解密文件时,就利用其私钥解密DRF中的数据获得文件的加密密钥,然后再使用加密密钥解密文件。

(1) 公钥(public key):EFS 中公钥是一个运算函数,其作用就是用来加密数据,就相当于一把锁。这把锁可以放置在 Internet 上,让别人使用这把锁来加密数据然后传给锁的主人。任何人都可以看到并使用这把锁来加密数据,但是如果没有锁的钥匙就打不开锁,因此看不到锁住以后的数据内容,所以公钥暴露在公共场所并没有安全性的问题。

(2) 私钥(private key):对应公钥一对一对存在,其实就是用来开锁的钥匙。私钥不能随便泄露,如果私钥被盗或者被复制,那么别人使用用户公钥加密的数据如果传输时被拦截,就很容易被解密了。同理,如果用户自己的私钥损坏或者丢失了,那么同样不能打开这把锁,也即是不能对接收到的别人已经用用户公钥加密了的数据进行解密了,这种情况下,必须重新购买锁和对应的钥匙,也就是需要重新申请一对公钥和私钥。

(3) 恢复代理(recovery agent):是另外一个有私钥的用户。为了防止私钥损坏或丢失,用户把私钥存放在另外一个人那里,这人就是恢复代理。当然,存放私钥的人必须是用户信任的人。同样 EFS 中也是采用类似的解决方法,也就是常常说到的恢复代理和恢复代理的证书。

2. 使用加密文件和文件夹时的注意事项

(1) 只有 NTFS 卷上的文件或文件夹才能被加密。由于 WebDAV 使用 NTFS,当通过 WebDAV(Web 分布式创作和版本控制)加密文件时需用 NTFS。

(2) 不能加密压缩的文件或文件夹。如果用户加密某个压缩文件或文件夹,则该文件或文件夹将会被解压。换句话说,数据的压缩和加密只能选其一。

(3) 如果将加密的文件复制或移动到非 NTFS 格式的卷上,该文件将会被解密。(压缩也一样)

(4) 如果将非加密文件移动到加密文件夹中,则这些文件将在新文件夹中自动加密。然而,反向操作则不能自动解密文件。文件必须明确解密,除非移动到非 NTFS 的卷上。

(5) 无法加密标记为"系统"属性的文件,并且位于%systemroot%目录结构中的文件也无法加密。

(6) 加密文件夹或文件不能防止删除或列出文件或目录。具有合适权限的人员可以删除或列出已加密文件夹或文件。因此,建议结合 NTFS 权限使用 EFS。

(7) 在允许进行远程加密的远程计算机上可以加密或解密文件及文件夹。然而,如果通过网络打开已加密文件,通过此过程在网络上传输的数据并未加密。必须使用诸如 SSL/TLS(安全套接字层/传输层安全性)或 Internet 协议安全性(IPSec)等其他协议通过有线加密数据。但 WebDAV 可在本地加密文件并采用加密格式发送。

3.2.2　加密与解密文件

为增加文件的安全性,可以对文件或文件夹加密,使其只能让当初加密的用户能够读取。

1. 加密文件

用户利用 EFS 进行加密或解密文件(或文件夹)的操作步骤如下。

步骤 1：在资源管理器窗口中，右击要加密的文件或文件夹，从弹出的快捷菜单中选择"属性"命令，在弹出其属性对话框的"常规"选项卡中单击"高级"按钮，打开"高级属性"对话框，如图 3-15 所示。

步骤 2：勾选"加密内容以便保护数据"复选框，然后单击"确定"按钮回到属性对话框，可实现对文件或文件夹的加密。

步骤 3：如果是对文件夹加密，将会出现"确认属性更改"对话框，如图 3-16 所示。单击"仅将更改应用于该文件夹"单选按钮，系统将只将文件夹加密，里面的内容并没有经过加密，但是以后在其中创建的文件或文件夹将被加密。单击"将更改应用于该文件夹、子文件夹和文件"单选按钮，文件夹内部的所有内容被加密。单击"确定"按钮完成操作(此时，加密的文件夹将变成了绿色)。

图 3-15　"高级属性"对话框

图 3-16　"确认属性更改"对话框

步骤 4：依次单击"开始"→"管理工具"→"计算机管理"菜单，在打开的"计算机管理"窗口左侧，利用"本地用户和组"功能新建一个用户 user1，注销系统后以 user1 登录。

步骤 5：打开刚加密的文件夹后继续打开其中的文件，将会提示"拒绝访问"。

步骤 6：注销系统，以刚才的用户登录，试着打开刚才加密过的文件，没有任何问题，用户根本感觉不到该文件被加密了，这就是 EFS 的特点。

很显然，刚才的操作说明系统用私钥加密了该文本文件，其他用户登录后，因为不同的用户私钥不一样，所以不能打开该文件了。

解密是加密的逆过程，其操作步骤与加密的步骤是一样的，只是在图 3-15 中将"加密内容以保护数据"复选框内的钩去掉。

2. 设置数据恢复代理

(1) 加密文件系统的公钥和私钥：用户首次执行为文件设置加密属性的操作后，就会自动启用 EFS，这时系统会产生一个针对该用户的公钥/私钥对。其中公钥保存在该用户的加密文件系统证书中，通过运行"证书管理器"可以进行查看；私钥通过用户的登录系统口令派生一个主密钥并保存在该用户的个人配置文件中。在对证书备份时可以同时导出私钥。

(2) EFS 数据恢复代理：由于 EFS 的加密和解密与用户的账户信息和个人配置文件密切相连，如果用户忘记了自己的登录口令或是登录口令被系统管理员更改、个人配置文件损坏或丢失，都会造成文件永远处于加密状态不允许任何人进行访问，由于 EFS 的加密强度极高，因此恢复的可能性极小。为了预防这些情况的发生，用户在启用 EFS 后，要配置数据恢复代理为自己留一条后路。

加密文件系统使用故障恢复策略提供内置的数据恢复功能。故障恢复策略是一种公钥策略，可指定一个或多个用户账户作为数据恢复代理，数据恢复代理可以解密其他用户加密的文件和文件夹。故障恢复策略为单独的计算机在本地配置的，对于网络中的计算机，可以在域、组织单元或单独计算机级别上配置故障恢复策略，并将其应用到所有基于 Windows Server 2008 操作系统的计算机上。

对于没有加入到域的机器，Windows 2000 Pro 和 Windows 2000 Server 中默认的恢复代理就是内置的管理员账户，这样当管理员误删除了用户账号的时候，即使该用户有 EFS 加密的文件，管理员也可以打开。而在 Windows XP/2003/2008 中，内置的管理员账户不再是默认的恢复代理。管理员（Administrator）可根据需要添加或删除数据恢复代理，要指定数据恢复代理，应在使用 EFS 加密文件之前执行如下步骤。

步骤 1：打开"命令行提示符"窗口，运行"cipher /r:C:\key_bak"命令，生成数据恢复代理的公钥/私钥对，即创建了数据恢复证书。命令完成后，将生成"key_bak.cer"和"key_bak.pfx"两个文件。

注意：命令中的 key_bak 是生成的证书的文件名，用户可以随意命名；过程中会提示输入一个密码来保护 .pfx 文件，用户可随意设置。

步骤 2：单击"开始"→"管理工具"→"本地安全策略"菜单，打开"本地安全策略"窗口。展开"公钥策略"项，如图 3-17 所示。

图 3-17　"本地安全策略"窗口

步骤 3：右击"加密文件系统"项，从弹出的快捷菜单中选择"添加数据恢复代理程序"命令，打开"添加故障恢复代理向导"对话框。

步骤 4：单击"下一步"按钮，打开"选择故障恢复代理"对话框，如图 3-18 所示。通过"浏览目录"或"浏览文件夹"按钮选择数据代理用户账号或证书文件，然后按照提示完成本地计算机注册数据恢复代理。

图 3-18 "选择故障恢复代理"对话框

步骤 5：在设置了有效的恢复代理后，可以用普通用户 userA 登录。在磁盘 D 上创建测试用文件夹 test，并在其下创建文本文件 test.txt 并录入内容，然后将文件夹 test 加密。

步骤 6：这时以其他用户（包括 Administrator）登录，尝试打开加密文件"test.txt"，会发现无法看到文件内容。

步骤 7：用恢复代理用户（Administrator）登录，双击原来生成的"key_bak.pfx"文件启动证书导入向导，按照向导提示导入原来生成的证书。导入成功后，恢复代理用户（Administrator）用户便可以打开加密的文件了。

注意：如果在设置恢复代理之前就加密过数据，那么这些数据恢复代理仍然是无法打开的。

任务 3 文件压缩

【任务描述】 用户在存储数据时希望能够节省磁盘空间，但为了使用方便，不希望使用第三方的软件来压缩/解压缩。

【任务目标】 Windows 自带的文件压缩功能对用户是透明的。用户在使用被压缩的文件时与普通文件没什么不同，但是磁盘的占用减少了。

数据压缩功能是 NTFS 文件系统的内置功能，NTFS 文件系统的压缩过程和解压缩过程对于用户而言是完全透明的，用户只要将数据应用压缩功能即可，当用户或应用程序使用压缩过的数据时操作系统会自动在后台对数据进行解压缩，无须用户干预。利用这项功能，可以节省一定的硬盘使用空间。但是，数据的压缩和解压缩过程是要消耗 CPU 运算资源的，是以牺牲 CPU 运算性能为代价而换取空间的（这也是任何一种压缩软件的共性）。因此如果不是硬盘空间十分吃紧，建议不要使用该功能。另外 NTFS 的压缩功能对于一些已经是压缩过的文件(如 zip 文件、jpg 文件、MP3 文件等)来说不会进一步缩小该类文件所占用的硬盘空间。

压缩 NTFS 分区上的数据可执行如下操作。

步骤 1：右击需要压缩的文件或文件夹，并从弹出快捷菜单中选择"属性"命令。

步骤 2：单击"高级"按钮，打开"高级属性"对话框，选中"压缩内容以便节省磁盘空间"复选框，如图 3-19 所示。单击"确定"按钮。

步骤 3：在"文件夹属性"对话框中单击"应用"按钮，将弹出"确认属性更改"对话框，如图 3-20 所示。选中"仅将更改应用于此文件夹"单选按钮，将只压缩选择的文件夹以及之后添加到这一文件夹下的任何文件和文件夹；选中"将更改应用于此文件夹、子文件夹和文件"单选按钮，将压缩该文件夹和所有已经加入、之后加入到这个文件夹下的文件、文件夹及子文件夹。

图 3-19　文件压缩

图 3-20　"确认属性更改"对话框

步骤 4：单击"确定"按钮结束操作。

解压缩的操作，取消选中图 3-19 中的"压缩内容以便节省磁盘空间"复选框，然后单击"应用"按钮时也会弹出如图 3-20 所示的对话框，其中选项的意义和前面所述相同，只是将压缩改为解压缩。

实　　　训

1. 实训目的

掌握 NTFS 权限的设置、加密、压缩文件和文件夹。

2. 实训内容

(1) 设置 NTFS 权限。

(2) 加密、压缩文件。

3. 实训要求

（1）目前系统中有两个用户 userA 和 userB，以及对应的文件夹 shareA 和 shareB，设置权限，使用户 userA 在对文件夹 B 有完全控制权限的情况下，文件夹 B 中的文件却不能被 userA 读取。

（2）设置 NTFS 权限，使用户 userB 使用磁盘的空间不超过 10MB。

（3）进行设置，使得在一定磁盘空间下，能够容纳尽可能多的文件。

（4）对指定的文件进行加密、解密。

4. 实训步骤

（略）

5. 实训总结

（略）

习　　题

一、填空题

1. NTFS 权限有 6 个基本的权限：完全控制、_____、_____、列出文件夹目录、_____、_____。

2. 运行 Windows Server 2008 的计算机的磁盘分区可使用的三种文件系统是：FAT、_____、_____。

3. FAT 文件系统转换为 NTFS，使用的命令为_____。

4. FAT 是_____的缩写。

二、选择题

1. 在以下文件系统类型中，能使用文件访问许可权的是（　　）。
   A. FAT　　　　　　　B. EXT　　　　　　C. NTFS　　　　　　D. FAT32

2. 在采取 NTFS 文件系统的 Windows Server 2008 中，对一文件夹先后进行如下的设置：先设置为读取，后又设置为写入，再设置为完全控制，则最后该文件夹的权限类型是（　　）。
   A. 读取　　　　　　　B. 写入　　　　　　C. 读取、写入　　　D. 完全控制

3. 下列说法中正确的是（　　）。
   A. 文件或文件夹在同一个 NTFS 卷移动，则该文件或文件夹保持它自己原有的权限
   B. 文件或文件夹在同一个 NTFS 卷移动，则该文件或文件夹继承目标文件夹的

权限

    C. 文件或文件夹被移动到其他 NTFS 卷,该文件或文件夹将会丢失其原有权限,并继承目标文件夹的权限

    D. 文件或文件夹移动到非 NTFS 分区,所有权限丢失

4. EFS 加密(　　　)。

    A. Windows 系统文件　　　B. FAT 文件　　　C. 压缩文件　　　D. NTFS 文件

三、简答题

1. 什么是 NTFS 文件系统? NTFS 文件系统有什么特点?

2. 如何使用 NTFS 权限设置文件和文件夹的访问权限?

3. 什么是 DFS? DFS 有何特性?

4. 在移动或复制文件时,NTFS 权限会发生什么样的变化?

5. 在移动或复制文件时,其加密属性会发生什么样的变化?

项目四　磁盘管理

项目描述

　　某公司新购买一台服务器拟作为文件服务器,现希望用最低成本实现以下功能：为文件分配必要的存储空间；提高磁盘存储空间的利用率；提高对磁盘的 I/O 速度,以改善文件系统的性能；采取必要的冗余措施,来确保文件系统的可靠性。

项目目标

　　Windows Server 2008 集成了许多"磁盘管理"程序,这些实用程序是用于管理硬盘、卷或它们所包含的分区的系统实用工具。利用磁盘管理可以初始化磁盘、创建卷、使用FAT 或 NTFS 格式化卷以及创建磁盘容错系统。磁盘管理可以在不需要重新启动系统或中断用户使用的情况下执行多数与磁盘相关的任务；大多数配置更改可以立即生效。用户合理地对磁盘进行管理、设置与维护,可以保证服务器快速、安全与稳定地工作,确保为网络提供稳定的服务。

任务 1　基本磁盘的管理

　　【任务描述】　用户想使用主分区、扩展分区和逻辑驱动器等常用的方式组织数据,并实现对磁盘的简单管理。

　　【任务目标】　按照传统的说法,基本磁盘可以有 4 个主分区或 3 个主分区和 1 个扩展分区。扩展分区可以包含多个逻辑驱动器。基本磁盘上的分区不能与其他分区共享或拆分数据。基本磁盘上的每个分区都是该磁盘上一个独立的实体。基本磁盘是包含主分区、扩展分区或逻辑驱动器的物理磁盘。基本磁盘上的分区和逻辑驱动器称为基本卷。只能在基本磁盘上创建基本卷。

4.1.1　认知磁盘

1. MBR 磁盘与 GPT 磁盘

Windows Server 2008 的磁盘分为 MBR 磁盘与 GPT 磁盘两种分区形式。

（1）MBR 磁盘

MBR 磁盘是传统的标准使用方式,其磁盘分区表存储在 MBR(master boot record,主引导记录)内。MBR 位于磁盘的最前端,计算机启动时,主机板上的 BIOS(基本输入/

输出系统)会首先读取 MBR,并将计算机的控制权交给 MBR 内的程序,然后由此程序来继续后续的启动工作。

(2) GPT 磁盘

GPT 磁盘的磁盘分区表是存储在 GPT(GUID Partiton table)内,它也是位于磁盘的前端,而且它有主分区表与备份磁盘分区表,可提供故障转移功能。GPT 磁盘基于 Itanium 计算机 EFI(可扩展固件接口)作为硬件与操作系统之间通信的桥梁,EFI 所扮演的角色类似于 MBR 磁盘的 BIOS。

2. 基本磁盘与动态磁盘

Windows Server 2008 又将磁盘分为基本磁盘和动态磁盘两种硬盘配置类型。

(1) 基本磁盘

基本磁盘是桌面操作系统常用的磁盘类型,低版本的 Windows 操作系统都支持和使用它。基本磁盘包括主分区和扩展分区,而在扩展分区中又可以划分出一个或多个逻辑驱动器。

① 分区

分区是物理磁盘的一个区域,它的作用如同一个物理分隔单元。格式化的分区也称为卷(术语"卷"和"分区"通常互相换用)。分区通常分为主分区和扩展分区。

② 主分区

主分区是用来启动操作系统的分区,即系统的引导文件存放的分区。当计算机自检之后会自动在物理硬盘上按设定找到一个被激活的主分区,并在这个主分区中寻找启动操作系统的引导文件。

③ 扩展分区

扩展分区只能用来存储文件,不能用来启动操作系统,并且扩展分区在划分好之后不能直接使用,不能被赋予盘符,必须要在扩展分区中划分逻辑分区才可以使用。可以将扩展分区划分为一个或多个逻辑驱动器。

④ 逻辑驱动器

逻辑驱动器是在被包含在扩展分区内的卷,逻辑驱动器的容量可以与扩展分区一样,也可以比扩展分区小(这样就可以容纳多个逻辑驱动器)。

在 Windows Server 2008 中,一个 MBR 磁盘内,每个基本磁盘最多可以被划分 4 个主分区或 3 个主分区和 1 个扩展分区。使用磁盘管理在基本磁盘上创建分区时,创建的前 3 个卷被格式化为主分区,从第 4 个卷开始,会将每个卷配置为扩展分区内的逻辑驱动器。每一块硬盘上只能有一个扩展分区。通常情况下,除了 3 个主分区以外的所有磁盘空间划分为扩展分区。每个逻主分区和辑驱动器都被赋予一个盘符,即平时在资源管理器中看到的 D 盘、E 盘等。

一个 GPT 磁盘内最多可以创建 128 个主分区,而每一个主分区都可以被赋予一个驱动器号。GPT 磁盘没有扩展分区,也就没有逻辑驱动器。大于 2TB 的分区必须使用 GTP 磁盘。

（2）动态磁盘

动态磁盘是在 Windows 2000 后引入的一种磁盘类型，它可以包含无数个"动态卷"，其功能与基本磁盘上使用的主分区的功能相似。基本磁盘与动态磁盘之间的主要区别在于动态磁盘可以在计算机上的两个或多个动态硬盘之间拆分或共享数据。例如，一个动态卷实际上可以由两个单独硬盘上的存储空间组成。另外，动态磁盘可以在两个或多个硬盘之间复制数据以防止单个磁盘出现故障。在动态磁盘上，不再使用分区的概念，而是使用卷来描述动态磁盘上的每一个空间划分。与分区相同，卷也要赋予一个盘符，并且也要经过格式化之后才能使用。

动态磁盘有 5 种主要类型的卷，这些卷又分为两大类：一类是非磁盘阵列卷，包括简单卷和跨区卷。另一类是磁盘阵列卷，包括带区卷、镜像卷和带奇偶校验的带区卷。

① 简单卷：要求必须建立在同一磁盘的连续空间中，但在建立好之后可以扩展到同一磁盘中的其他非连续空间中。

② 跨区卷：可以将来自多块物理磁盘（最少 2 块，最多 32 块）中的空间置于一个跨区卷中，用户在使用的时候感觉不到是在使用多块硬盘。但向跨区卷中写入数据必须先将同一跨区卷中的第一个硬盘中的空间写满，才能再向同一个跨区卷中的下一个磁盘空间中写入数据，每块硬盘用来组成跨区卷的空间不必相同。

③ 带区卷（RAID0 卷）：采用独立磁盘冗余阵列（RAID, Redundant Array of Independent Disks）技术，RAID 保护数据的主要方法是数据冗余存储，将数据同时保存到多块硬盘上，提高数据的可用性。带区卷可以将来自多块硬盘（最少 2 块，最多 32 块）中的相同空间组合成一个卷。向带区卷中写入数据时，数据按照 64KB 分成若干块，这些大小为 64KB 数据块被交替存放于组成带区卷的各个硬盘空间中。该卷具有很高的文件读写效率，但不支持容错功能。如果带区卷中的某个磁盘发生故障，则整个卷中的数据都会丢失。带区卷中的成员，要求其容量必须相同，并且来自不同的物理硬盘。

④ 镜像卷（RAID1 卷）：是将一份数据复制两个相同的副本，并且每一份副本存放在不同的硬盘中。当向其中一个卷作修改（写入或删除）时，另一个卷也完成相同的操作。当一个硬盘出现故障时，仍可从另一个硬盘中读取数据，因而有很好的容错能力。镜像卷的可读性能好，但是磁盘利用率很低（50%）。

⑤ 带奇偶校验的带区卷（RAID5 卷）：该卷具有容错能力，在向 RAID5 卷中写入数据时，系统会通过特殊算法计算出任何一个带区校验块的存放位置。这样就可以确保任何对校验块进行的读写操作都会在所有的 RAID 磁盘中均衡，从而消除了产生瓶颈的可能。当一块硬盘出现故障时，可以利用其他硬盘中的数据和校验信息恢复失去的数据。RAID5 卷的读效率很高，写入效率一般。RAID5 卷不对存储的数据进行备份，而是把数据和相对应的奇偶校验信息存储到组成 RAID5 卷的硬盘上。RAID5 卷需要至少 3 块硬盘，最多 32 块。

4.1.2 安装新磁盘

在计算机内安装新磁盘(硬盘)后,必须经过初始化后才能使用它们,其步骤如下。

步骤 1:单击"开始"→"管理工具"→"计算机管理"菜单,打开计算机管理控制台,单击窗口左侧目录树中"存储"下的"磁盘管理",将会看到新加磁盘 1 的状态。

步骤 2:右击磁盘 1 图标,在弹出的快捷菜单中选择"初始化磁盘"命令,如图 4-1 所示。在弹出的窗口中选择 MBR 磁盘或 GPT 磁盘形式,如图 4-2 所示,单击"确定"按钮,磁盘将变为联机状态,就可以在新磁盘内创建分区。

图 4-1　新加磁盘状态

图 4-2　初始化磁盘

4.1.3 创建分区

安装完 Windows Server 2008 系统后,可以继续对剩余空间进行分区并格式化。在使用新磁盘之前,需要对其进行分区并格式化。

1. 创建主分区

创建主分区的步骤如下。

步骤1:单击"开始"→"管理工具"→"计算机管理"菜单,打开计算机管理控制台,单击窗口左侧目录树中"存储"下的"磁盘管理",如图4-3所示。

图4-3 磁盘管理1

步骤2:右击"磁盘0"中的未分配空间,在弹出的快捷菜单中选择"新建简单卷",将会出现新建简单卷向导。

步骤3:单击"下一步"按钮,在"指定卷大小"对话框中,确定"简单卷大小"的数值。如图4-4所示。

步骤4:单击"下一步"按钮,在"分配驱动器号和路径"对话框中,可以确定卷的驱动器号。如图4-5所示。

步骤5:单击"下一步"按钮,在"格式化分区"对话框中,可以确定是否要格式化分区以及格式化分区时采用的文件系统、分配单元大小、卷标等,如图4-6所示。

步骤6:单击"下一步"按钮,在确认设置无误后单击"完成"按钮,完成一个主分区的创建。

图 4-4　指定卷大小

图 4-5　分配驱动器号和路径

图 4-6　格式化分区

2. 创建扩展分区

如果一块新磁盘,要创建 4 个以上的卷,将会用到扩展分区了。由于扩展分区不能被分配驱动器号,在创建第 4 个简单卷时,前 3 个主分区剩余的空间将被创建为扩展分区,同时新建的简单卷被创建为逻辑驱动器。创建扩展分区的方法与创建主分区的步骤相同。创建扩展分区后的结果如图 4-7 的磁盘 1 所示。

图 4-7　扩展分区

3. 创建逻辑驱动器

在扩展分区中可以进一步来创建逻辑驱动器。方法是在扩展分区的可用空间右击,在弹出的快捷菜单中选择"新建简单卷"命令,其步骤与上述创建主分区的步骤相同。

4.1.4 管理基本卷

基本磁盘是一种包含主磁盘分区、扩展磁盘分区或逻辑驱动器的物理磁盘。基本磁盘上的分区和逻辑驱动器被称为基本卷。在磁盘日常使用过程中,可以进行相应管理。

1. 扩展基本卷

如果随着数据量的增大,发现现有分区空间不足,可以向现有的主分区或逻辑驱动器添加更多空间,方法是在同一磁盘上将原有的主分区或逻辑驱动器扩展到邻近的连续未分配的空间。若要扩展基本卷,必须使用 NTFS 文件系统。可以在包含连续可用空间的扩展磁盘分区内扩展逻辑驱动器。如果要扩展的逻辑驱动器大小超过了扩展磁盘分区内的可用空间大小,只要有足够的连续未分配空间,扩展磁盘分区就会增大直到能够包含逻辑驱动器。具体步骤如下。

步骤 1：单击"开始"→"管理工具"→"计算机管理"菜单，打开计算机管理控制台，单击窗口左侧目录树中"存储"下的"磁盘管理"。

步骤 2：右击要扩展空间的基本卷，在弹出的快捷菜单中选择"扩展卷"命令，在打开的"扩展卷向导"对话框中单击"下一步"按钮。

步骤 3：在"选择磁盘"对话框中，可选择"可用"选择框中的磁盘（如果有多块磁盘），单击"添加"按钮，添加到"已选的"选择框中，然后在"选择空间量"的文本框中确定要扩展的空间大小，如图 4-8 所示。

图 4-8　"选择磁盘"对话框

步骤 4：单击"下一步"按钮，在"完成扩展卷向导"对话框中确认设置无误后单击"完成"按钮。

步骤 5：观察"计算机管理"控制台中基本卷的容量，会发现发生了变化。

2. 压缩基本卷

如果要减少用于主分区和逻辑驱动器的空间，可以使用压缩基本卷功能。方法是在同一磁盘上将主分区或逻辑驱动器收缩到邻近的连续未分配空间。例如，如果需要一个另外的分区却没有多余的磁盘，则可以从卷结尾处收缩现有分区，进而创建新的未分配空间，可将这部分空间用于新的分区。

收缩分区时，将在磁盘上自动重定位一般文件以创建新的未分配空间。收缩分区无须重新格式化磁盘。操作方法是右击要收缩空间的主分区或逻辑驱动器，在弹出的快捷菜单中选择"收缩卷"，在弹出的对话框中确定要压缩的空间量，如图 4-9 所示。最后单击"压缩"按钮即可。

注意：如果分区是包含数据（如数据库文件）的原始分区（即无文件系统的分区），则收缩分区可能会破坏数据。

3. 更改驱动器号和路径

每一个基本卷或动态卷都有一个唯一的标识，利用磁盘管理可以重新分配卷的驱动器号。具体步骤如下。

步骤1：在"磁盘管理"的右侧窗口中右击要更改盘符的卷，在弹出的快捷菜单中选择"更改驱动器号和路径"命令，打开更改驱动器号和路径的对话框，如图4-10所示。

图 4-9　压缩基本卷

图 4-10　更改驱动器号和路径

步骤2：单击"更改"按钮，打开如图4-11所示的"更改驱动器号和路径"对话框，在该对话框中可以选择一个新的驱动器号。

步骤3：单击"确定"按钮即可完成驱动器号和路径的更改。

4. 向驱动器分配装入点文件夹路径

装入点就是指每一个磁盘分区对应到文件系统中的目录名(或者文件夹名字)。在资源管理器中看到的装入点文件夹实际上对应到了一个分区。

步骤1：在"磁盘管理"的右侧窗口中右击要更改盘符的卷，在弹出的快捷菜单中选择"更改驱动器号和路径"命令，打开"更改驱动器号和路径"的对话框。

步骤2：单击"添加"按钮，打开如图4-12所示的"添加驱动器号或路径"对话框，在该对话框文本框中输入空白的NTFS文件夹路径，或单击"浏览"按钮寻找空白文件夹。

图 4-11　更改驱动器号和路径

图 4-12　指定驱动器装入点

步骤3：单击"确定"按钮即可完成驱动器号和路径的更改。

注意：如果要修改装入点文件夹路径，需要先删除该路径，然后使用新位置创建新的文件夹路径。不能直接修改。

5. 分区格式化

如果创建分区时没有进行格式化或需要重新格式化,则可以右击该分区,在弹出的快捷菜单中选择"格式化"命令,在弹出的对话框中单击"确定"按钮即可。

6. 修改卷标

在有些应用中会使用磁盘的卷标,要修改分区的卷标可右击磁盘分区,选择弹出的快捷菜单中的"属性"命令,然后在"常规"选项卡中的"卷标"文本框中设置后,单击"确定"按钮即可。

任务 2　动态磁盘的管理

【任务描述】　现在用户遇到这样的情况:在装某个软件时,它规定必须安装在磁盘的某个分区上,而恰恰此分区的磁盘空间不够了。在不重新格式化磁盘的情况下,如果不想使用第三方软件改变磁盘分区大小,该如何处理呢? 另外,用户还想实现磁盘的容错功能,该又如何如理?

【任务目标】　在 Windows Server 2008 系统中,动态磁盘的功能可以轻易将空间扩展到新的未用空间中,甚至还可以扩展到另一磁盘上。在基本磁盘上,只准许同一磁盘上的连续空间划分为一个分区。而在动态磁盘上没有分区的概念,它以"卷"命名。卷和分区差距很大,同一分区只能存在于一个物理磁盘上,而同一个卷却可以跨越多达 32 个物理磁盘,这在服务器上是非常实用的功能。而且卷还可以提供多种容错功能。

4.2.1　基本磁盘与动态磁盘的转换

当安装好 Windows Server 2008 后,可以将基本磁盘装换为动态磁盘,以创建不同类型的动态卷。转换为动态磁盘后,将不再包括基本卷(主分区和逻辑驱动器)。

1. 将基本磁盘转换为动态磁盘

操作步骤如下。

步骤 1:单击"开始"→"管理工具"→"计算机管理"菜单,在"计算机管理"控制台中,单击窗口左侧目录树中"存储"下的"磁盘管理"。

步骤 2:右击要转换的磁盘,在弹出的快捷菜单中选择"转换到动态磁盘",在弹出的对话框中选择要转换的磁盘,如图 4-13 所示。

步骤 3:单击"确定"按钮,系统自动完成转换。

图 4-13　转换为动态磁盘

2. 将动态磁盘转换为基本磁盘

操作步骤如下。

步骤1：将全部卷备份到要从动态磁盘转换为基本磁盘的磁盘上。

步骤2：在"磁盘管理"中，右击要转换为基本磁盘的动态磁盘上的卷，然后单击"删除卷"命令。对该磁盘上的所有卷逐个进行上述操作，以删除磁盘上的全部卷。

步骤3：删除磁盘上全部卷后，右击该磁盘，再单击"转换为基本磁盘"命令。

注意：磁盘在改回为基本磁盘时不能包含任何卷和数据。如果要保留数据，在转换为基本磁盘之前备份该磁盘上的数据，或将其移动到其他卷上。一旦将动态磁盘改回为基本磁盘，在该磁盘上就只能创建分区和逻辑驱动器。

4.2.2 创建动态卷

1. 创建简单卷

动态磁盘中最常用的是简单卷，其创建的方法与基本磁盘中的创建方法相同。在此不再赘述。

2. 创建跨区卷

跨区卷是一种由多个物理磁盘空间所组成的动态卷。如果简单卷不是系统卷或启动卷，可以将其扩展到其他磁盘。如果跨越多个磁盘扩展简单卷，则该卷将成为跨区卷。

任务：创建跨区卷 H，该卷空间来自磁盘1和磁盘2，磁盘1占用空间400MB；磁盘2占用300MB。

创建跨区卷的具体步骤如下。

步骤1：单击"开始"→"管理工具"→"计算机管理"菜单，在计算机管理控制台中，单击窗口左侧目录树中"存储"下的"磁盘管理"，如图4-14所示。

步骤2：右击磁盘1，在弹出的快捷菜单中选择"新建跨区卷"命令，在欢迎创建向导对话框中单击"下一步"按钮。

步骤3：在选择磁盘对话框中，选中"已选的"选项中的"磁盘1"后，修改"选择空间量"的值；再选中"可用"选项中的"磁盘2"后，单击"添加"按钮，添加到"已选的"选项后，选中再修改"选择空间量"的值，如图4-15所示。

步骤4：单击"下一步"按钮，出现"指派驱动器号和路径"对话框。

步骤5：单击"下一步"按钮，出现"卷区格式化"对话框。

步骤6：单击"下一步"按钮，出现完成创建跨区卷向导对话框，可检查设置是否正确。

步骤7：单击"完成"按钮，系统将两块磁盘上的空间组合到一个卷中。卷的容量是两块磁盘上的空间的和。

注意：只能扩展无文件系统的卷或使用 NTFS 文件系统格式化的卷，不能扩展用 FAT 或 FAT32 格式化的卷。

图 4-14　磁盘管理 2

图 4-15　选择磁盘 1

3. 创建带区卷

带区卷是一种以带区形式在两个或多个物理磁盘上存储数据的动态卷。带区卷上的数据被均匀地以带区形式跨磁盘交替分配。无法扩展带区卷。

任务：创建带区卷 M，该带区卷空间来自"磁盘 1"和"磁盘 2"。每个磁盘占用空间 300MB。

创建带区卷的步骤与创建跨区卷的步骤类似，只是在选择磁盘对话框中，选中"已选的"选项中的"磁盘 1"后，修改"选择空间量"的值；再选中"可用"选项中的"磁盘 2"后，单击"添加"按钮，添加到"已选的"选项中后，其容量跟随"磁盘 1"的值变化，如图 4-16所示。

图 4-16 选择磁盘 2

创建完毕后，系统将两块磁盘上的空间组合到一个卷中。卷的容量仍是两块磁盘上的空间的和。

4. 管理镜像卷

镜像卷的创建步骤与创建带区卷是一样的。与跨区卷、带区卷不同的是，它可以包含系统卷和启动卷。

镜像卷的创建有两种形式，可以由一个简单卷与另一磁盘中的未指派空间组合而成，也可以由两个未指派的可用空间组合而成。

镜像卷的创建过程类似于前面几种动态卷的创建过程，在此不再重复。

创建完毕后，如果想单独使用镜像卷中的某一个成员，可以通过下列方法之一实现。

（1）中断镜像：右击镜像卷中任何一个成员，在弹出的快捷菜单中选择"中断镜像"命令即可。镜像关系中断以后，两个成员都变成了简单卷，但其中的数据都会被保留。并且磁盘驱动器号也会改变，处于前面卷的磁盘驱动器号沿用原来的，而后一个卷的磁盘驱动器号将会变成下一个可用的磁盘驱动器号。

（2）删除镜像：右击镜像卷中任何一个成员，在弹出菜单中选择"删除镜像"命令，选择删除其中的一个成员，被删除成员中的数据将全部被删除，它所占用的空间将变为未指派的空间。

镜像卷具有容错能力，当其中某个成员出现故障时，系统还可正常运行，但是不再具有容错能力，需要修复出现故障的磁盘。修复方法很简单，删掉出现故障的硬盘，添加新硬盘后与原镜像卷中正常的成员再组成新镜像即可。

5. 管理 RAID-5 卷

（1）创建 RAID-5 卷

RAID-5 卷有点类似于带区卷，也是由多个分别位于不同磁盘的未指派空间所组成的一个逻辑卷。其创建过程与前面的动态卷也类似。不过创建完毕后，RAID-5 卷的总容量是 n 个占用磁盘空间容量的 $(n-1)/n$。

（2）修复 RAID-5 卷

如果 RAID-5 卷中某一磁盘出现故障后，虽然系统还是能够得知其内部的数据，但是却丧失了故障转移功能，此时应该尽快修复故障的磁盘，以便继续提供故障转移功能。假设在图 4-17 中的磁盘出现故障，在"磁盘管理器"中将会看到标记为"丢失"的字样。要修复 RAID5 卷，可执行以下步骤。

图 4-17 磁盘故障

步骤 1：将故障盘从计算机中拔出，将新磁盘正确接入计算机。

步骤 2：打开"计算机管理"控制台，右击"磁盘管理"，在弹出的快捷菜单中选择"重新扫描磁盘"命令。

步骤 3：将新加的磁盘初始化，新磁盘将处于联机状态，如图 4-18 所示。

步骤 4：右击原来 RAID-5 卷中正常的成员之一（显示状态为"失败的重复"），在弹出的快捷菜单中选择"修复卷"命令，如图 4-19 所示。然后，在弹出的对话框中选择新磁盘后单击"确定"按钮。如果新磁盘还没有转换为动态磁盘，将出现提示转换为动态磁盘的提示。

图 4-18　初始化新磁盘

图 4-19　修复卷

步骤 5：右击标记"丢失"的磁盘，在弹出的快捷菜单中选择"删除磁盘"命令，如图 4-20 所示，将这个磁盘删除后 RAID-5 卷恢复正常。

图 4-20　删除故障磁盘

任务 3　磁 盘 配 额

【任务描述】　某公司的在文件服务器上想实现如下功能：登录到服务器上的多个用户不能干涉其他用户的工作；一个或多个用户不独占公用服务器上的磁盘空间；在个人共享文件夹中，用户不使用过多的磁盘空间；不同级别的用户可使用文件服务器的磁盘容量不同。

【任务目标】　Windows Server 2008 中的 NTFS 支持磁盘配额，用来控制用户在服务器中的磁盘使用量，当用户使用了一定的服务器磁盘空间以后，系统可以采取发出警告、禁止用户对服务器磁盘的使用、将事件记录到系统日志中等操作。这样，域中的用户便不可随意使用服务器空间，防止在服务器磁盘中存放过期的、杂乱的个人文件了。

4.3.1　认知磁盘配额

所谓磁盘配额就是管理员可以对本域中的每个用户所能使用的磁盘空间进行配额限制，即每个用户只能使用最大配额范围内的磁盘空间。磁盘配额监视个人用户卷的使用情况,因此,每个用户对磁盘空间的利用都不会影响同一卷上其他用户的磁盘配额。磁盘配额具有如下特性。

1. 配额和用户

磁盘配额监视个人用户的卷使用情况,因此每个人用户对磁盘空间的利用都不会影响同一卷上的其他用户的磁盘配额。例如,如果 F 卷的配额限制是 500MB,而用户已在 F 卷中保存了 500MB 的文件,那么该用户必须首先从中删除或移动某些文件之后才可以将其他数据写入卷中。但是只要有足够的空间,其他每个用户就可以在该卷中保存最多 500MB 的文件。

磁盘配额是以文件所有权为基础的,并且不受卷中用户文件的文件夹位置的限制。如果用户把文件从一个文件夹移动到相同卷上的其他文件夹,则卷空间使用不变,但是如果用户将文件复制到相同卷上的不同文件夹中,则卷空间使用将加倍。或者如果另一个用户创建了 200KB 的文件,而当前用户取得了该文件的所有权,那么此用户的磁盘使用将减少 200KB,而当前用户的磁盘使用将增加 200KB。

2. 配额和卷

磁盘配额只应用于卷,且不受卷的文件夹结构及物理磁盘上的布局的影响,如果卷有多个文件夹,则分配给该卷的配额将整个应用于所有文件夹。如"\\服务器\share1 和 \\服务器\share2"是 E 卷上的共享文件夹,则用户存储在这些文件夹中的文件不能使用多于 E 卷配额限制设置的磁盘空间。

如果单个物理磁盘包含多个卷,并把配额应用到每个卷,则每个卷配额只适用于特定的卷。例如,用户共享两个不同的卷,分别是 E 卷和 F 卷,则即使这两个卷在相同物理磁盘上,也分别对这两个卷的配额进行跟踪。

如果一个卷跨越多个物理磁盘,则整个跨区卷使用该卷的同一配额。例如,E 卷的配额限制为 500MB,则不管 E 卷是在一个物理磁盘上还是跨越三个磁盘,都不能把超过 500MB 的文件保存到 E 卷。

3. 配额和文件系统转换

磁盘配额都是以文件所有权为基础的,对卷做任何影响文件所有权状态的更改,包括文件系统转换,都可能影响该卷的磁盘配额。因此,在现有的卷从一个文件系统转换到另一文件系统之前,管理员应该了解这种转换可能引起所有权的变化。

磁盘配额只有在 NTFS 文件系统才支持,以卷为单位管理磁盘配额,必须在 NTFS 格式的卷上才可以实现该功能。

磁盘配额不支持文件压缩,当磁盘配额程序统计磁盘使用情况时,都是统一按未压缩文件的大小来统计,而不管它实际占用了多少磁盘空间。这主要是因为使用文件压缩时,不同类型的文件类型有不同的压缩比,相同大小的两种文件压缩后大小可能截然不同。

4.3.2　管理磁盘配额

在 Windows Server 2008 中设置和使用磁盘配额非常简单。磁盘配额的管理主要包括启用磁盘配额和为特定用户指定磁盘配额两个方面的内容,现在分别予以完成。

1. 启用磁盘配额

启用磁盘配额,可以在用户超过管理员所指定的磁盘空间时,阻止其进一步使用磁盘空间或记录用户的使用情况。其操作步骤如下。

步骤 1:如果已经创建好 NTFS 的卷,在资源管理器中,右击要设置配额的磁盘,在弹出的快捷菜单中选择"属性"命令。打开本地磁盘"属性"对话框。

步骤 2:单击"配额"选项卡,在如图 4-21
所示的对话框中,选中"启用配额管理"复选
框,其下的各个复选框将变为可用状态。如果
选中"拒绝将磁盘空间给超过配额限制的用
户"复选项,且当磁盘使用空间超过配额限制
时用户将收到来自 Windows 的"磁盘空间不
足"的提示信息,并且在没有删除和移动现存
文件的情况下,无法将额外的数据写入卷中。
如果取消选中该复选框,则用户可以超过配额
限制而无限制地使用磁盘空间。选中"不限制
磁盘使用"单选项,则用户可以无限制地使用
服务器磁盘空间。

图 4-21　磁盘配额

选中"将磁盘空间限制为"和"将警告等级
设为"单选项,可以输入允许卷的新用户使用
的磁盘空间,以及用户使用的磁盘空间接近警告值时会发出警告。在磁盘空间和警告级别中可以使用十进制数值(例如,20.5),并从下拉列表中选择适当的单位(如 KB、MB、GB 等)。

选中"用户超出配额限制时记录事件"复选项,如果启用磁盘配额,则只要用户超过管理员设置的配额限制,事件就会写入到本地计算机的系统日志中。管理员可以用事件查看器,通过筛选磁盘事件类型来查看这些事件。默认情况下,配额事件每小时都会被写入本地计算机的系统日志中。

选中"用户超过警告等级时记录事件"复选项,则如果启用配额,只要用户超过管理员设置的警告级别,事件就会写入到本地计算机的系统日志中。管理员可以用事件查看器,通过筛选磁盘事件类型来查看这些事件。

步骤 3:单击"确定"按钮,保存所做设置后即可,启用磁盘配额。

除了可以在本地服务器的卷上启动磁盘配额外,还可以在远程计算机上管理磁盘配

额。在管理远程计算机的磁盘配额之前,先要连接远程计算机的卷。

步骤 1:在桌面上右击"网络"图标,在弹出的快捷菜单中选择"映射网络驱动器"菜单项,显示如图 4-22 所示的"映射网络驱动器"对话框。

图 4-22　"映射网络驱动器"对话框

步骤 2:打开"驱动器"下拉列表,为该连接指派一个驱动器号。在"文件夹"文本框中输入远程计算机的卷路径,其形式为"\\Computer_Name\Share_File_name"。

其中 Computer_Name 为远程计算机名称或 IP 地址,Share_File_name 为共享文件夹的名称。当然,也可单击"浏览"按钮进行选择。

步骤 3:单击"完成"按钮,保存所做设置。当远程计算机的卷映射为网络驱动器之后,就可以通过"计算机"对其进行操作了,如同对本地磁盘进行操作一样简单。不过,远程计算机中的卷必须是 NTFS 文件系统格式的卷。

2. 为特定用户指定磁盘配额

如果需要单独为某一用户指定磁盘配额,比如设置更多的磁盘使用空间或更少的磁盘空间,可以为该用户单独指定磁盘配额。其操作步骤如下。

步骤 1:在如图 4-23 所示对话框中单击"配额项"按钮,打开如图 4-9 所示配额管理窗口,此时可以查看到管理员的配额分配情况。

图 4-23　配额管理

步骤 2：单击菜单栏的"配额"→"新建配额项"命令，打开"选择用户"对话框，如图 4-24 所示。当然，直接单击工具栏的"新建配额项"按钮，也可以打开该对话框。

图 4-24 "选择用户"对话框

步骤 3：在"输入对象名称来选择"文本框中输入要设置配额的用户名称，或通过单击"高级"按钮来查找用户。不过，在添加用户之前，需要首先在本地计算机中添加相应的用户，否则添加时会显示"找不到名称"对话框。

步骤 4：单击"确定"按钮，显示如图 4-25 所示的"添加新配额项"对话框。在"设置所选用户的配额限制"下方选中"将磁盘空间限制为"单选项，并在文本框中为该用户设置访问磁盘使用的空间。不管是在服务器的共享文件夹中存放文件还是通过 FTP 来上传文件，磁盘配额都是有作用的，即所有的文件总量都不能超过磁盘限额所规定的空间。

图 4-25 "添加新配额项"对话框

步骤 5：单击"确定"按钮，保存所做设置。至此为用户指定了磁盘配额，指定的用户被添加到本地卷配额项列表中，如图 4-26 所示。

图 4-26 磁盘配额设置成功

步骤 6：分别在添加新配额项和磁盘属性窗口中单击"确定"按钮，完成磁盘配额。

如果想删除指定的配额项，可在本地磁盘的配额项窗口中选中欲删除的列表项，然后右击，从弹出的快捷菜单中选择"删除"命令即可。

实 训

1. 实训目的

(1) 深入理解 Windows Server 2008 磁盘管理的方法。

(2) 熟悉 Windows Server 2008 磁盘管理的相关操作。

2. 实训内容

(1) 在基本磁盘上建立分区、格式化分区、更改驱动器字母、设置驱动器路径等。

(2) 将基本磁盘转化为动态磁盘。

(3) 建立简单卷、跨区卷、带区卷、镜像卷、RAID-5 卷。

(4) 设置磁盘配额。

3. 实训要求

(1) 在 Windows 系统中增加 3 块磁盘。

(2) 将磁盘 1~磁盘 3 转换为动态磁盘。

(3) 分别创建简单卷、跨区卷、带区卷、镜像卷、RAID-5 卷,其容量均为 500MB。

(4) 禁用 RAID-5 卷用到的两块磁盘,观察其中存入的数据。

(5) 尝试修复出故障的 RAID-5 卷。

(6) 设置用户 user1 限制磁盘空间的可用大小为 10MB。警告级别为 9MB,并进行测试。

4. 实训步骤

(略)

5. 实训总结

(略)

习 题

一、填空题

1. Windows Server 2008 动态磁盘可支持多种特殊的动态卷,包括 _____、_____、带区卷、镜像卷等。

2. Windows Server 2008 可以通过两种方式管理磁盘,分别是 _____ 和 _____。

3. RAID-5 卷的总容量是 n 个占用磁盘空间容量的 _____。

4. RAID-5 卷至少包含_____块磁盘,最多可包含_____块磁盘。

二、选择题

1. 在 Windows Server 2008 的动态磁盘中,具有容错力的是(   )。
   A. 简单卷   B. 跨区卷   C. 镜像卷   D. RAID-5 卷
2. 以下 Windows Server 2008 所有磁盘管理类型中,运行速度最快的卷是(   )。
   A. 简单卷   B. 带区卷   C. 镜像卷   D. RAID-5 卷
3. 下列基本磁盘升级为动态磁盘后的变化正确的是(   )。
   A. 主磁盘分区——简单卷   B. 扩展磁盘分区——简单卷
   C. 镜像集——镜像卷   D. 带区集——带区卷
4. 以基本磁盘方式管理磁盘时,最多可以在磁盘中建立(   )个主分区。
   A. 1   B. 2   C. 3   D. 4

三、简答题

1. 简述分区、主分区、扩展分区之间的关系。
2. 使用磁盘配额应遵循哪些原则?
3. 试比较 RAID-1 和 RAID-5 的区别。
4. 为什么带区卷比跨区卷能提供更好的性能?

项目五　DNS 服务器

项目描述

　　某公司搭建了 Web 网站信息平台和 FTP 信息资源空间。公司员工可以利用 IP 地址访问这些服务器,但感到不容易记住 IP 地址。现要求能像访问百度、网易那样,用域名网址的方式来访问这些服务器。

项目目标

　　利用 Windows Server 2008 系统的 DNS 服务即可实现利用容易记忆的域名来代替 IP 地址来访问服务。在此,要掌握 DNS 服务器的配置技术和在不同环境的应用技术。

任务 1　认知 DNS 服务器

　　【任务描述】　使用 DNS 服务的网络有 Intranet(内联网)和 Extranet(外联网),实现成千上万域名解析的 DNS 系统是一个庞大的分布式系统。因此,系统管理员必须掌握和理解 DNS 服务相关的概念、理论以及技术的应用方式。

　　【任务目标】　通过学习,应当理解虚拟主机、DNS 相关的基本概念、作用、组件,以及 DNS 服务的安装、配置和管理等内容。

5.1.1　DNS 服务

　　在网络服务使用过程中,如果直接利用 IP 地址来访问服务器,如 http://202.206.80.35 这样的方式,对于用户来讲极不方便。于是,人们想出了利用服务器的主机名或域名来访问服务器,如利用 http://www.sjzpt.edu.cn 来访问网站,这样既直观又容易记忆。但是,对于计算机来讲只能识别 IP 地址,这就要求需要一套专门用于将域名转化为 IP 地址的系统。

　　早在 Internet 发展初期,整个网络上只有数百台计算机,使用 hosts 的文件保存所有主机名字和 IP 的对应关系,只要用户输入一个主机名字,计算机就可以立即根据此文件内记录找到该主机对应的 IP 地址。但随着 Internet 规模的扩大,只由一台计算机承担全网的名称解析是不现实的。1983 年,Internet 开始采用层次结构命名作为主机的名字,并使用域名系统 DNS 来完成域名解析服务。Internet 的域名系统是一个联机分布式数据库系统,采用"客户机/服务器"模式。这种域名系统使大多数名字解析在本地完成,仅少数名字的解析在 Internet 上完成,即使某台承担名称解析的计算机出现故障,也不会影响整个域名解析系统的运行。

DNS 服务就是对采用层次结构的 Internet 域名系统的解析服务,包括将 Internet 域名解析成 IP 地址和将 IP 地址解析成 Internet 域名。承担 DNS 服务的计算机称作 DNS 服务器,由 DNS 服务器负责解析的域名的集合称作区域。

5.1.2　域名结构

现今在 Internet 上,计算机名采用分层结构来命名,首先在最高层划分名称空间,并指定代理者负责下一级的名称管理,然后在第二层划分名称空间,以此类推,最后形成一个树状名称空间,也叫域名空间。DNS 域名空间可有 5 级组成,分别是:根域、顶级域、二级域、子域和主机(资源)名称,如图 5-1 所示。

图 5-1　域名结构

根域在域树结构的最顶部,它代表整个 Internet 或 Intranet,根名也可表示为空标记“ ”,但在文本格式中被写为“.”。根域代表未命名的级别,在 Internet 中,根域包括 13 台根域服务器,用来管理 Internet 的根和最高域。

顶级域(一级域)位于根域的下面,用于对 DNS 的分类管理。如 com(商业机构)、net(网络服务机构)、edu(教育机构)、gov(政府部门)、org(非商业机构)、cn(中国)、jp(日本)等。

二级域位于顶级域下面,是为了在 Internet 上使用而由个人或单位注册的名称,如果企业网络要接入 Internet 并对外提供网络服务,必须申请注册全球唯一的二级域名。

三级以下的域名都可被称为子域,通常由已登记注册的二级域名的单位来创建和指派。该单位可以在申请到的组织名下添加子域,子域下面还可以划分任意多个低层子域,例如,www. sjzpt. edu. cn 中的 sjzpt。

主机或资源名称位于 DNS 树中的最底层,是 DNS 叶节点,它用于标识特定的主机名或资源名,在 DNS 服务器中用于定位主机的 IP 地址。

在域名系统中,完全合格域名(FQDN)是从叶节点的域名依次向上,直到根的所有标记组成的串,标记之间由“.”分隔开。例如 www. sjzpt. edu. cn 就是一个完全合格的域名。

5.1.3 DNS 区域资源记录

DNS 数据库包括 DNS 服务器所使用的一个或多个区域文件。每个区域都拥有一组结构化的资源记录,资源记录的种类决定了该资源记录对应的计算机的功能。也就是说,如果建立了主机记录,就表明计算机是主机,如果建立的是邮件服务器记录,就表明该计算机是邮件服务器。

1. DNS 资源记录的格式

如表 5-1 中所述,所有的资源记录都有一个使用相同顶级字段的定义格式。

表 5-1　资源记录格式

字　　段	描　　　述
名称(name)	名称字段,此字段是资源记录引用的域对象名,可以是一台单独的主机也可以是整个域。字段值:“.”是根域;@是默认域,即当前域
生存时间(TTL)	对于大多数资源记录,该字段是可选的。生存时间字段,它以秒为单位定义该资源记录中的信息存放在 DNS 缓存中的时间长度。通常此字段值为空,表示采用 SOA 记录中的最小 TTL 值(即 1 小时)
地址类(class)	包含表示资源记录类别的标准记录文本。例如,IN 设置指明资源记录属于 Internet 类别,此类别是 Windows Server 2008 DNS 服务器支持的唯一类别
记录类型(type)	包含表示资源记录种类的标准记录文本。例如,助记符 A 表示资源记录存储主机地址信息。该字段是必需的
记录特定的数据	包含用于描述资源的信息而且长度可变的必要字段。该信息的格式随资源记录的种类和类别而变化

2. 常见的资源记录

(1) A 记录

A 记录代表“主机名称”与“IP”地址的对应关系,其作用是把名称转换成 IP 地址。

(2) CNAME 记录

某些名称并没有对应的 IP 地址,而只是一个主机名的别名。CNAME 记录代表别名与规范主机名称(canonical name)之间的对应关系。如管理员可能公告他们网站的主机名称为 www. a. com,但其实 www. a. com 只是一个指向 server1. a. com 的 CNAME 记录而已。而在 server1. a. com 维护期间,可以临时将 www. a. com 指向 server2. a. com。

（3）MX 记录

MX 记录提供邮件路由信息。提供网域的"邮件交换器"（Mail Exchanger）的主机名称以及相对应的优先值。当 MTA 要将邮件送到某个网域时，会优先将邮件交给该网域的 MX 主机。同一个网域可能有多个邮件交换器，所以每一个 MX 记录都有一个优先值，供 MTA 作为选择 MX 主机的依据。

（4）PTR 记录

PTR 记录代表"IP 地址"与"主机名"的对应关系，作用刚好与 A 记录相反。当多个域名对应同一个 IP 时，PTR 记录应指向该 IP 地址的规范主机名。

5.1.4 DNS 解析的工作过程

当 DNS 客户端需要查询程序中使用的名称时，它会查询 DNS 服务器来解析该名称。客户端发送的每条查询消息都包括三条信息，指定服务器回答的问题：

（1）指定的 DNS 域名，规定为完全合格的域名（FQDN）。

（2）指定的查询类型，可根据类型指定资源记录，或者指定为查询操作的专门类型。

（3）DNS 域名的指定类别。对于 Windows DNS 服务器，它始终应指定为 Internet（IN）类别。

指定的名称可以是计算机的 FQDN，例如"host-a. example. microsoft. com"，而指定的查询类型可以是通过该名称搜索地址（A）资源记录。将 DNS 查询看作客户端向服务器询问由两部分组成的问题，例如"您是否拥有名为'hostname. example. microsoft. com'的计算机的 A 资源记录？"当客户端收到来自服务器的应答时，它将读取并解译应答的 A资源记录，获取根据名称询问的计算机的 IP 地址。

DNS 查询以各种不同的方式进行解析。有时，客户端也可使用从先前的查询获得的缓存信息就地应答查询。DNS 服务器可使用其自身的资源记录信息缓存来应答查询。DNS 服务器也可代表请求客户端查询或联系其他 DNS 服务器，以便完全解析该名称，并随后将应答返回至客户端。这个过程称为递归。

另外，客户端自己也可尝试联系其他的 DNS 服务器来解析名称。当客户端这么做的时候，它会根据来自服务器的参考答案，使用其他的独立查询。该过程称作迭代。

总之，DNS 查询过程按两部分进行：

（1）名称查询从客户端计算机开始，并传送至解析程序即 DNS 客户程序进行解析。

（2）不能就地解析查询时，可根据需要查询 DNS 服务器来解析名称。

下面将详细地解释这两个过程。

1. 本地解析程序

图 5-2 显示了完整的 DNS 查询过程的概况。

如查询过程的初始步骤所示，DNS 域名由本机的程序使用。该请求随后传送至 DNS客户程序，以便使用本地缓存信息进行解析。如果可以解析查询的名称，则应答该查询，该处理完成。

图 5-2　DNS 查询过程

本地解析程序的缓存可包括从两个可能的来源获取的名称信息：

（1）如果本地配置主机（host）文件，则来自该文件的任何主机名称到地址的映射，在DNS 客户程序启动时将预先加载到缓存中。

（2）从以前的 DNS 查询应答的响应中获取的资源记录，将被添加至缓存并保留一段时间。

如果此查询与缓存中的项目不匹配，则解析过程继续进行，客户端查询 DNS 服务器来解析名称。

2. 查询 DNS 服务器

如图 5-2 所示，客户端将查询首选 DNS 服务器。当 DNS 服务器接收到查询时，首先检查它能否根据在服务器的本地配置区域中获取的资源记录信息做出权威性的应答。如果查询的名称与本地区域信息中的相应资源记录匹配，则使用该信息来解析查询的名称，服务器做出权威性的应答。

如果区域信息中没有查询的名称，则服务器检查它能否通过来自先前查询的本地缓存信息来解析该名称。如果从中发现匹配的信息，则服务器使用该信息应答查询。接着，如果首选服务器可使用来自其缓存的肯定匹配响应来应答发出请求的客户端，则此次查询完成。

如果无论从缓存还是从区域信息，查询的名称在首选服务器中都未发现匹配的应答，那么查询过程可继续进行，使用递归来完全解析名称。这涉及来自其他 DNS 服务器的支持，以便帮助解析名称。在默认情况下，DNS 客户端程序要求服务器，在返回应答前使用递归过程来代表客户端完全解析名称。在大多数情况下，DNS 服务器被默认配置为支持递归过程，如图 5-3 所示。

为了使 DNS 服务器正确执行递归过程，首先需要在 DNS 域名空间内有关于其他 DNS 服务器的一些有用的联系信息。该信息以根提示的形式提供，它是一张初始资源记录列表，DNS 服务可利用这些记录定位其他 DNS 服务器，它们对 DNS 域名空间树的根具有绝对控制权。根服务器对于 DNS 域名空间树中的根域和顶级域具有绝对控制权。

图 5-3　递归查询

使用根提示查找根服务器,DNS 服务器可完成递归的使用。理论上,该过程启用DNS 服务器,以便那些对域名空间树的任何级别使用的任何其他 DNS 域名具有绝对控制权的服务器。

例如,当客户端查询单个 DNS 服务器时,请考虑使用递归过程来定位名称 host-b. example. microsoft. com。在 DNS 服务器和客户端首次启动,并且没有本地缓存信息可帮助解析名称查询,就会进行上述过程。根据其配置的区域,它假定由客户端查询的名称是域名,该服务器对该域名没有本地知识。

首先,首选服务器分析全名,并确定它需要对顶级域 com 具有权威性控制的服务器的位置。其次,对"com"DNS 服务器使用迭代查询,以便获取 microsoft. com 服务器的参考信息。接着,来自 microsoft. com 服务器的参考性应答,传送到 example. microsoft. com 的 DNS 服务器。最后,与服务器 example. microsoft. com 联系上。因为该服务器包括作为其配置区域一部分的查询名称,所以它向启动递归的源服务器做出权威性地应答。当源服务器接收到表明已获得对请求查询的权威性应答的响应时,它将此应答转发给发出请求的客户端,这样递归查询过程就完成了。

尽管执行上述递归查询过程可能需要占用大量资源,但对于 DNS 服务器来说它仍然具有一些性能上的优势。例如,在递归过程中,执行递归查询的 DNS 服务器,获得有关DNS 域名称空间的信息。该信息由服务器缓存起来并可再次使用,以便提高使用此信息或与之匹配的后续查询的应答速度。虽然打开与关闭 DNS 服务时,这些缓存信息将被清除,但是随着时间的推移,它们会不断增加并占据大量的服务器内存资源。

前面对 DNS 查询的讨论,都假定此过程在结束时会向客户端返回一个肯定的响应。然而,查询也可返回其他应答。最常见的应答有:

(1)权威性应答。

(2)肯定应答。

(3)参考性应答。

(4)否定应答。

权威性应答是返回至客户端的肯定应答,并随 DNS 消息中设置的"授权机构"位一同发送,消息指出此应答是从带直接授权机构的服务器获取的。

　　肯定应答可由查询的 RR 或 RR 列表(也称作 RRset)组成,它与查询的 DNS 域名和查询消息中指定的记录类型相符。

　　参考性应答包括查询中名称或类型未指定的其他资源记录。如果不支持递归过程,则这类应答返回至客户端。这些记录的作用是为提供一些有用的参考性答案,客户端可使用参考性应答继续进行递归查询。

　　参考性应答包含其他的数据,例如不属于查询类型的资源记录(RR)。例如,如果查询主机名称为 www,并且在这个区域未找到该名称的 A RR,相反,找到了 www 的 CNAME RR,DNS 服务器在响应客户端时可包含该信息。

　　如果客户端能够使用迭代过程,则它可使用这些参考性信息为自己进行其他查询,以求完全解析此名称。并以肯定或否定响应的形式,解析程序将查询结果传回请求程序并把响应消息缓存起来。

　　来自服务器的否定应答可以表明:当服务器试图处理并且权威性地彻底解析查询的时候,可能遇到的情况是,在 DNS 名称空间中没有查询的名称;或者查询的名称存在,但该名称不存在指定类型的记录。

　　在进行域名解析时,DNS 服务器又可以提供两种不同方向的查询。

　　(1) 正向解析:DNS 服务器根据客户端请求的域名查询其对应的 IP 地址。

　　(2) 反向解析:DNS 服务器根据客户端提供的 IP 地址查询其对应的域名。

任务 2　安装 DNS 服务器

　　【任务描述】　当某个单位需要使用域名方式来访问各种服务器时,就需要安装 DNS 服务器,解决 DNS 的主机名称自动解析为 IP 地址的问题。

　　【任务目标】　通过学习,理解安装过程中遇到的各种术语、选项的含义,并能够做出正确选择,为以后 DNS 服务器的管理打下坚实的基础。

5.2.1　安装 DNS 服务

　　默认情况下 Windows Server 2008 系统中没有安装 DNS 服务器。在此,首先安装主要 DNS 服务器,其步骤如下。

　　步骤1:依次单击"开始"→"管理工具"→"服务器管理器"菜单,打开 Windows Server 2008 的"服务器管理器"窗口,如图 5-4 所示。

　　步骤2:单击"服务器管理器"窗口左侧的"角色"选项,在窗口右侧将出现"角色"的相关信息,单击"角色摘要"中的"添加角色"链接,将会出现"添加角色向导",如图 5-5 所示。

　　步骤3:单击"下一步"按钮后,将出现服务器列表,如图 5-6 所示,选中"DNS 服务器"(打上钩)后,再单击"下一步"按钮。

图 5-4　"服务器管理器"窗口

图 5-5　添加角色向导

步骤 4：在接下来的向导中，将分别经过"DNS 服务器"、"确认"、"进度"及"结果"等页面，最后完成安装，如图 5-7 所示。

注意：

① 安装 DNS 服务器的用户必须是 Administrators、Domain Admins 组的成员，即先以上述组的成员账户登录。例如使用 Administrator 账户登录。

② 服务器 IP 地址应设为静态的 IP 地址。

图 5-6 选择 DNS 服务器角色

图 5-7 完成 DNS 安装

5.2.2 DNS 服务器属性

系统管理员在完成了 DNS 服务器的安装以后,还需要对 DNS 服务器的一些重要属性进行设置。

1. 配置接口

在默认情况下,DNS 服务器会接受来自安装在 DNS 服务器上所有的接口的查询。如果需要,可以配置服务器只接受来自特定接口的查询。步骤如下。

步骤 1:依次单击"开始"→"管理工具"→"DNS"菜单,打开"DNS 管理器"窗口,如图 5-8 所示。

步骤 2:在 DNS 管理器窗口中,右击服务器,在弹出的快捷菜单中选择"属性"命令,打开 DNS 服务器"属性"对话框,如图 5-9 所示。

图 5-8 "DNS 管理器"窗口

图 5-9 DNS 服务器"属性"对话框

步骤 3:在 DNS 服务器"属性"对话框中选择"接口"选项卡,再选择"只在下列 IP 地址"单选项,在下面的列表中包括了安装 DNS 服务器时所有活动的接口。

步骤 4:在列表中可以选择允许查询的接口,最后单击"确定"按钮。

2. 配置转发器

转发器就是转发 DNS 服务器,也叫缓存域名服务器。通常每个 DNS 服务器都维护了最近解析的域名的缓存,如果客户端请求解析某个域名,DNS 服务器总是首先会在自己缓存中查找。在拥有多个单独 Internet 查询域名的 DNS 服务器的企业,很可能某个 DNS 服务器中的信息可以满足其他 DNS 服务器收到的查询要求,这种情况下就需要转发器。当本地 DNS 服务器收到的查询请求,通过自己的缓存既无法解析,本服务器的区域中又没有该查询的信息,则 DNS 服务器在自己解析这个查询前,可以先将查询发给转发器。可以想象,若企业内部的 DNS 服务器都指向同一转发器,便可以减少许多企业外部的重复查询。

当然,可用来将外部 DNS 名称的 DNS 查询转发给该网络外的 DNS 服务器。也可使用"条件转发器"按照特定域名转发查询。通过让网络中的其他 DNS 服务器将它们在本地无法解析的查询转发给网络上的 DNS 服务器,该 DNS 服务器即被指定为转发器。使用转发器可管理网络外名称的名称解析（例如 Internet 上的名称），并改进网络中的计算机的名称解析效率。图 5-10 显示了如何使用转发器定向外部名称查询。

图 5-10　DNS 转发

转发器的具体配置步骤如下。

步骤 1：在 DNS 服务器"属性"对话框中选择"转发器"选项卡，如图 5-11 所示，单击"编辑"按钮。

图 5-11　"转发器"选项卡

步骤 2：在"编辑转发器"窗口中可以输入或删除转发器的 IP 地址，然后单击"确定"按钮即可，如图 5-12 所示。

3. 配置高级选项

该选项可以查看 DNS 服务器软件版本信息、配置 DNS 服务器选项和指定启动服务时从哪里加载区域数据等，如图 5-13 所示。

图 5-12 "编辑转发器"窗口

4. 配置根提示属性

当 DNS 服务器无法使用本地缓存和区域文件解析 DNS 查询时,通常它会从根域中查找 DNS 域名,这样,服务器必须知道至少一台负责根域的服务器的标识。DNS 服务器安装后,一般不需改动默认根域服务器,但如果是在企业专用的 DNS 域名空间内,可能需要改变它。配置步骤如下。

步骤 1:在 DNS 服务器"属性"对话框中选择"根提示"选项卡,在如图 5-14 所示的窗口中单击"添加"按钮。

图 5-13 "高级"选项卡

图 5-14 "根提示"选项卡

步骤 2：在弹出的对话框中输入"服务器完全合格的域名"后，单击"解析"按钮，解析无误后单击"确定"按钮即可，如图 5-15 所示。

图 5-15　添加"根提示"

5. 调试日志

该选项卡主要用于指定是否将从该 DNS 服务器发送和接收的数据包记录在日志文件中。要获得有用的调试记录，需要设定记录哪些方向的数据包、哪些传输协议的数据包等。

在 DNS 服务器属性对话框中选择"调试日志"选项卡，在"调试日志数据包"前打钩后，即可对需要记录的内容进行选择，如图 5-16 所示。

图 5-16　"调试日志"选项卡

6. 事件日志

该选项卡主要用于指定哪些事件将被记录到事件日志中,以便根据这些信息来分析服务器的性能,如图 5-17 所示,可选项如下。

- 没有事件:不在 DNS 服务器日志中记录事件。
- 只是错误:只在 DNS 服务器日志中记录错误事件。
- 错误和警告:只在 DNS 服务器日志中记录错误和警告事件。
- 所有事件:在 DNS 服务器日志中记录所有事件。

7. 监视

该选项卡是用来测试 DNS 服务的工具,如图 5-18 所示,可以进行两种测试。

图 5-17 "事件日志"选项卡

图 5-18 "监视"选项卡

- 对本 DNS 服务器的简单查询,这种测试确定服务器是否可从本区域数据中解析查询。
- 对本 DNS 服务器的递归查询,DNS 服务器将会试图使用递归查找询问其他 DNS 服务器。

测试结果显示在"测试结果"中,如果多数新近的测试失败,则在 DNS 控制台中相应服务器名字旁显示一个"信息"图标。

任务 3 配置与管理 DNS 服务器

【**任务描述**】 DNS 服务器安装之后,还要进行具体的配置,才能实现管理的目标。针对不同的应用环境,需要配置的内容也不尽相同。

【任务目标】　通过学习,能够熟练地安装、启用 DNS 控制台的方法;能够利用 DNS 控制台,正确地配置 DNS 服务器的正向区域、反向区域;掌握主机、别名、邮件交换等记录的含义及管理方法;此外,能够理解转发器和根服务器的作用,熟练设置相关内容。

5.3.1　部署 DNS 服务器

由于目前的 Internet 采用分布式名称空间管理方式,负荷可以分布在多个 DNS 服务器上,所以 DNS 是可以扩展的,扩展的方法如下。

1. 用多个域名服务器提供区域服务

两个或者多个域名服务器作为同一个区域的冗余服务器。从客户端查询其中任意一个域名服务器就可以获得该域的记录。其好处在于:提供容错,如果某个域名服务器除了问题,客户就可以使用备用服务器;提高性能,客户端可以把它们的查询分布在所有可用的 DNS 服务器上,从而增强区域的查询响应。

Windows Server 2008 DNS 服务提供了两种支持多台 DNS 服务器部署于同一区域的方法,一种是通过主要区域和辅助区域实现;另一种是利用集成了 Active Directory 的区域实现。

在多数 DNS 服务器中,其主要区域用于保存和修改区域数据,而辅助区域中存储了从主要区域或者其他辅助区域中获得的区域数据副本,区域数据只能在主要区域更新,不能在辅助区域修改。

2. 委派授权

如果企业很小,则只需要一个 DNS 区域就可以了,但如果企业有很多地点或部门,就可能需要将处在不同地点的 DNS 区域作为子区域托管在当地的 DNS 服务器上,这正好可以通过创建子域并委派子域授权来实现。例如:某学校有一台 DNS 服务器 S1,负责区域 sjzpt. edu. cn,现在该校的信息工程系也有一台 DNS 服务器 S2,其中管理着多个子域名,并且自己管理本部门的域名空间。那么可以在 S1 上创建一个子域 td. sjzpt. edu. cn,并将该子域托管在 DNS 服务器 S2 上,当 S1 收到一个该子域的查询时,便由 S2 提供查询结果。

5.3.2　创建正向查找区域

区域(zone)是指 DNS 树状结构的一部分,它可以将 DNS 的域名空间分为较小的区段,以方便管理。每个 DNS 区域都对应着一个区域文件,用于保存 DNS 区域内的资源记录。在 Windows Server 2008 中支持三种类型的区域。

(1) 主要区域:主要区域用来存储此区域内所有记录的文本。在主要区域内可以创建、修改、删除记录。主要区域的区域文件可以以文本的形式存储,也可以保存在活动目录数据库中。如果 DNS 服务器是非域控制器计算机,则以文本形式存储,其路径及文件名为"%root%\system\dns\域名.dns"。若 DNS 服务器为域控制器,则可以将区域文件存储在活动目录中,并且会通过活动目录复制过程被复制到其他域控制器中。

(2)辅助区域:辅助区域用来存储此区域所有记录的副本。在辅助区域内不能创建、修改、删除记录,只能不断地从主要区域复制区域记录。创建辅助区域的目的是为了减轻主要区域所在服务器的工作负荷,因为辅助区域可以帮助主要区域进行名称解析。

(3)存根区域:存根区域同样保存区域记录的副本,但它与辅助区域不同,该区域只保存少量记录(如 SOA 记录和 NS 记录等),利用这些记录可以找到此区域的授权服务器。

创建正向查找区域的步骤如下。

步骤 1:在"DNS 管理器"窗口(如图 5-8 所示)中右击"正向查找区域"选项,在弹出的快捷菜单中选择"新建区域"命令,将出现新建区域向导,如图 5-19 所示。

图 5-19 新建区域向导

步骤 2:在欢迎页面中单击"下一步"按钮,打开选择区域类型向导页,如图 5-20 所示,在此选择"主要区域(P)",然后单击"下一步"按钮。

图 5-20 选择区域类型

步骤 3：在打开的"区域名称"向导页中，于"区域名称"编辑框中输入本服务管理的一个区域名称（如 sjzpt.edu.cn），单击"下一步"按钮，如图 5-21 所示。

图 5-21　输入区域名称

步骤 4：在打开的"区域文件"向导页中，已经根据区域名称默认填入了一个文件名。该文件是一个 ASCII 文本文件，里面保存着该区域的信息。保持默认值不变，单击"下一步"按钮，如图 5-22 所示。

图 5-22　创建区域文件

步骤 5：在打开的"动态更新"向导页中指定该 DNS 区域能够接受的注册信息更新类型。允许动态更新可以让系统自动地在 DNS 中注册有关信息，但安全性较弱，因此在此选择"不允许动态更新"单选项，单击"下一步"按钮，如图 5-23 所示。

步骤 6：单击"完成"按钮，结束正向查找区域创建过程。

图 5-23　选择"不允许动态更新"

5.3.3　创建反向查找区域

反向区域可以让 DNS 客户端利用 IP 地址反向查询其主机名称,例如,客户端可以查询 IP 地址为 202.206.80.35 的主机名称,系统会自动解析为 www.sjzpt.edu.cn.。反向区域不是必要的,反向区域的区域名的前半段是其 network ID 的反向书写,而区域名的后半段为 in-addr.arpa。在非域控制器的 DNS 控制台中,创建"反向查找区域"的操作步骤如下。

步骤 1:在"DNS 管理器"窗口(如图 5-8 所示)中右击"反向查找区域"选项,在弹出的快捷菜单中选择"新建区域"命令,将出现新建区域向导,单击"下一步"按钮后,将跟创建正向查找区域一样,需要选择区域的类型,如图 5-24 所示,在此仍旧选择"主要区域"单选项。

图 5-24　选择区域类型

步骤 2：单击"下一步"按钮后，将出现选择 IP 地址版本的页面，如图 5-25 所示。在此选择"IPv4 反向查找区域"单选项后，单击"下一步"按钮。

图 5-25　选择 IP 地址版本

步骤 3：在接下来出现的标识反向查找区域页面中可选择"网络 ID"或"反向查找区域名称"，在此选择"网络 ID"并输入值，如图 5-26 所示。

图 5-26　输入网络 ID

步骤 4：单击"下一步"按钮后，将出现确认"区域文件"的页面，"创建新文件文件名为"选项用默认值即可，然后单击"下一步"按钮，如图 5-27 所示。

步骤 5：在接下来的页面中需要确定是否允许动态更新，在此仍旧选择"不允许动态更新"单选项，再单击"下一步"按钮，如图 5-28 所示。

步骤 6：在随后出现的页面中将提示完成反向查找区域的摘要，单击"完成"按钮，关闭向导，如图 5-29 所示。

图 5-27　确定区域文件名

图 5-28　选择更新方式

图 5-29　反向查找区域

5.3.4 管理资源记录

利用向导成功创建了正向查找区域和反向查找区域后,用户还不能使用某个域名来访问站点,因为它还不能解析一个完全合格的域名。接着还需要在其基础上创建指向不同资源的记录名才能提供相应的解析服务。

1. 创建主机记录

主机地址用于将 DNS 域名映射到计算机使用的 IP 地址。在使用之前,需要在相应的正向查找区域添加记录,其步骤如下。

步骤 1:在"DNS 管理器"窗口(如图 5-8 所示)中,打开窗口左侧栏中的目录树,找到要添加记录的区域,右击该区域,在弹出菜单中选择"新建主机"命令,会出现如图 5-30 所示对话框。

步骤 2:在"名称"文本框中输入主机名,在"IP 地址"文本框中输入对应的 IP 地址。如果已经创建了反向查找区域并希望自动产生对应的反向查找主机记录指针,可选中"创建相关的指针(PTR)记录"复选框,然后单击"添加主机"按钮。

图 5-30 新建主机记录

步骤 3:继续执行上述操作添加其他主机记录,添加完毕后可关闭新建主机窗口,结果如图 5-31 所示。

图 5-31 添加主机记录后对话框的显示

2. 创建别名记录

别名也被称为规范名字。这种记录允许将多个名字映射到同一台计算机。例如,有一台计算机名为 host.mydomain.com(A 记录)。它同时提供 WWW 和 FTP 服务,为了便于用户访问服务,可以为该计算机设置两个别名(CNAME):WWW 和 FTP。这两个别名的全称就是 www.mydomain.com 和 ftp.mydomain.com。实际上它们都指向

host. mydomain. com。配置步骤如下。

步骤 1：在如图 5-31 所示的"DNS 管理器"窗口中，右击相应的区域名，在弹出的快捷菜单中选择"新建别名"命令。

步骤 2：在如图 5-32 所示的"新建资源记录"对话框中输入"别名"和"目标主机的完全合格的域名"后，单击"确定"按钮。

3. 创建邮件交换器记录

邮件交换记录是指向一个邮件服务器，用于电子邮件系统发邮件时根据收信人的地址后缀来定位邮件服务器。例如，当 Internet 上的某用户要发一封信给 user @ mydomain. com 时，该用户的邮件系统通过 DNS 查找 mydomain. com 这个域名的 MX 记录，如果 MX 记录存在，用户计算机就将邮件发送到 MX 记录所指定的邮件服务器上。创建步骤如下。

步骤 1：在如图 5-31 所示的"DNS 管理器"窗口中，右击区域，在弹出的快捷菜单中选择"新建邮件交换器"。

步骤 2：在如图 5-33 所示的"新建资源记录"对话框中的"主机或子域"和"邮件服务器的完全合格域名"两个文本框中输入相关信息后，单击"确定"按钮。

图 5-32　新建别名记录

图 5-33　"新建资源记录"对话框

4. 创建其他资源记录

如果需要解析其他资源记录，如服务位置、邮箱信息、主机信息等，可按以下步骤创建。

步骤 1：在如图 5-31 所示的"DNS 管理器"窗口中，右击区域，在弹出的快捷菜单中选择"其他新记录"命令。

步骤 2：在如图 5-34 所示的"资源记录类型"对话框中可先选择需要创建的资源，再作相应的配置即可。

5. 创建指针记录

在反向查找区域内必须有记录数据才能提供反向查询服务。添加指针记录的步骤如下。

步骤 1：在如图 5-29 所示的"DNS 管理器"窗口中，右击反向查找区域，在弹出的快捷菜单中选择"新建指针"命令。

步骤 2：在如图 5-35 所示的"新建资源记录"对话框中输入"主机 IP 地址"和"主机名"后，单击"确定"按钮即可。

图 5-34　"资源记录类型"对话框

图 5-35　创建指针

任务 4　设置 DNS 客户端

【任务描述】　在 DNS 系统中，DNS 客户机的必要设置是正常使用 DNS 服务的前提。要保证 DNS 服务器配置正确无误，必须通过测试才能确定。

【任务目标】　通过学习，管理员应能够正确判断 DNS 客户机的配置状态、熟悉配置方法及步骤。

5.4.1　设置 Windows DNS 客户端

尽管 DNS 服务器已经创建成功，并且创建了合适的域名，可是在客户机的浏览器中仍无法使用 www.mydomain.com 这样的域名访问网站。这是因为虽然已经有了 DNS 服务器，但客户机并不知道 DNS 服务器在哪里，因此不能识别用户输入的域名。用户必须在客户机手动设置 DNS 服务器的 IP 地址才行。

在安装 Windows 系统的计算机上操作大同小异。下面以 Windows XP 为例进行介绍。

步骤 1：右击 Windows XP 桌面上的"网上邻居"，在弹出的快捷菜单中选择"属性"命令。

步骤 2：在打开的"本地连接"窗口中，右击"本地连接"，在弹出的快捷菜单中选择"属性"命令。

步骤 3：在打开的"本地连接 属性"对话框中，如图 5-36 所示，选中"Internet 协议(TCP/IP)"，再单击"属性"按钮，打开 Internet 协议(TCP/IP)属性。

步骤 4：在客户机"Internet 协议(TCP/IP)属性"对话框中的"首选 DNS 服务器"编辑框中设置刚刚部署的 DNS 服务器的 IP 地址(本例为 202.206.80.33)，如图 5-37 所示，最后单击"确定"按钮。

图 5-36 "本地连接 属性"对话框

图 5-37 设置 DNS 服务器地址

5.4.2 DNS 测试

在 DNS 服务器与客户机配置完毕后，可以采用 Windows 自带的 nslookup 命令来测试，如果工作不正常，可诊断是哪一部分配置出了问题。操作步骤如下。

步骤 1：在客户机中选择"开始"→"运行"命令，在打开的"运行"窗口中输入 cmd 命令，单击"确定"按钮。

步骤 2：在打开的命令窗口中的命令提示符后输入 nslookup 命令，然后按 Enter 键。此时会看到本机所指向的 DNS 服务器的 IP 地址，如图 5-38 所示。

图 5-38 nslookup 命令窗口

步骤 3：如果 DNS 服务器的指向没有问题，在命令提示符后输入要测试的资源记录名称，如 www.sjzpt.edu.cn 等。

步骤 4：如果 DNS 服务器安装配置没有问题，则会看到相应的资源记录所对应的 IP 地址，如图 5-39 所示。

图 5-39　DNS 测试窗口

实　　训

1. 实训目的

（1）了解 DNS 的概念、功能及域名解析的方法。

（2）掌握 Windows Server 2008 下 DNS 服务器的安装和配置。

（3）理解不同类型域名服务器的作用。

（4）掌握测试 DNS 服务的方法。

2. 实训内容

（1）安装 DNS 服务器。

（2）创建正向主要区域。

（3）创建反向主要区域。

（4）创建资源记录。

（5）配置 DNS 转发器。

（6）测试 DNS 服务器。

3. 实训要求

（1）设置 DNS 服务器

在安装 Windows Server 2008 的计算机上，设置其 IP 地址为 192.168.1.200，子网掩码为 255.255.255.0，设置主机域名与 IP 地址的对应关系：host.test.edu.cn 对应 192.168.1.250/24，邮件服务器 mail.test.edu.cn 对应 192.168.1.251；文件服务器

ftp. test. edu. cn 对应 192.168.1.252；host. stu. test. edu. cn 对应 192.168.1.253。设置 host. test. edu. cn 别名为 www. test. edu. cn；设置 host. stu. test. edu. cn 别名为 www. stu. test. edu. cn。

配置域名的转发，设置转发器为 202.206.80.33。转发有全部转发和条件转发两种，用转发器或根提示都可实现转发，各 DNS 服务器之间可以用递归或迭代方式连接，请尝试用不同的方法进行转发。

（2）设置客户端

设置客户计算机的首选 DNS 服务器为 192.168.1.200。

① 启用客户端计算机的 IE，访问校园网主页服务器 www. test. edu. cn、www. stu. test. edu. cn，并访问 Internet。

② 在 DOS 环境下，通过"Ping 域名"命令可与将域名解析为 IP 地址。试用 Ping 解析 www. sina. com. cn、www. 263. net、www. yahoo. com. cn、www. test. edu. cn、mail. test. edu. cn、www. stu. test. edu. cn、www. Sohu. com 等主机对应的 IP 地址。

③ 通过 nslookup 来验证配置的正确性

注意：可根据实际实训环境合理规划 IP 和域名。

4. 实训步骤

（略）

5. 实训总结

（略）

习　题

一、填空题

1. DNS 是一个分布式数据库系统，它提供将域名转换成对应的_____信息。

2. 域名空间由_____和_____两部分组成。

3. 当本地的 DNS 服务器不能解析地址时，往往采用_____来进行转发。

4. 专门提供主机域名查询的服务器称为_____服务器。

二、选择题

1. DNS 区域不包括的类型是（　　　）。

　　A. 标准辅助区域

　　B. 逆向解析区域

　　C. Active Directory 集成区域

　　D. 标准主要区域

2. 应用层 DNS 协议主要用于实现(　　)网络服务功能。

    A. 网络设备名字到 IP 地址的映射

    B. 网络硬件地址到 IP 地址的映射

    C. 进程地址到 IP 地址的映射

    D. 用户名到进程地址的映射

3. 测试 DNS 主要使用以下(　　)命令。

    A. Ping   B. IPconfig   C. nslookup   D. Winipcfg

三、简答题

1. 简述 DNS 服务器的工作过程。

2. 什么是域名解析?

3. MX 记录有什么用?

4. 什么是 DNS 系统中的转发器?它有什么用?

项目六 DHCP 服务器

项目描述

　　某公司由于规模不断扩大,联网计算机的数量也越来越多,由原来的几十台增加到几百台,经常出现计算机的 IP 地址冲突的现象,影响正常使用网络。另外,有的公司员工需要用笔记本电脑在家与单位上网,这样要不断修改 IP 地址、网关等参数,很不方便。现需要解决上述问题。

项目目标

　　使用 Windows Server 2008 的 DHCP 服务可以实现自动为客户机指派 IP 地址、网关、DNS 等 TCP/IP 配置。解决了 IP 地址冲突、使用不方便的问题。

任务 1　认知 DHCP 服务器

　　【任务描述】　DHCP 经常应用在各种设备的配置中。在不同的设备配置管理的步骤有所区别,但其工作过程是一样的。现在首先认知 DHCP 是如何工作的。

　　【任务目标】　通过学习,掌握 DHCP 的基本概念和工作过程,以便更好地对 DHCP 进行配置、管理,并能在不同的系统中举一反三。

6.1.1　DHCP 租约生成过程

　　在常见的小型网络中(例如家庭网络和学生宿舍网),网络管理员都是采用手工分配 IP 地址的方法,而到了中、大型网络,这种方法就不太适用了。在中、大型网络,特别是大型网络中,往往有超过 100 台的客户机,手动分配 IP 地址的方法就显得非常麻烦了。因此,必须引入一种高效的 IP 地址分配方法。

　　DHCP(Dynamic Host Configuration Protocol)服务器可以解决上述难题。DHCP 服务器的主要作用便是为网络客户机分配动态的 IP 地址。这些被分配的 IP 地址都是 DHCP 服务器预先保留的一个由多个地址组成的地址集,而且,它们一般是一段连续的地址(除了管理员在配置 DHCP 服务器时排除的某些地址)。当网络客户机请求临时的 IP 地址时,DHCP 服务器便会查看地址数据库,以便为客户机分配一个仍没有被使用的 IP 地址。

1. DHCP 的分配形式

必须至少有一台 DHCP 服务器工作在网络上面,它会监听网络的 DHCP 请求,并与客户端磋商 TCP/IP 的设定环境。它提供三种 IP 定位方式。

(1) 手动分配:网络管理员为某些少数特定的主机绑定固定 IP 地址,且地址不会过期。

(2) 自动分配:其情形是,一旦 DHCP 客户端第一次成功地从 DHCP 服务器端租用到 IP 地址之后,就永远使用这个地址。

(3) 动态分配:当 DHCP 第一次从 DHCP 服务器端租用到 IP 地址之后,并非永久地使用该地址,只要租约到期,客户端就得释放(release)这个 IP 地址,以给其他工作站使用。当然,客户端可以比其他主机更优先的更新(renew)租约,或是租用其他的 IP 地址。

2. DHCP 的优缺点

DHCP 服务优点不少:网络管理员可以验证 IP 地址和其他配置参数,而不用去检查每个主机;DHCP 不会同时租借相同的 IP 地址给两台主机;DHCP 管理员可以约束特定的计算机使用特定的 IP 地址;可以为每个 DHCP 作用域设置很多选项;客户机在不同子网间移动时不需要重新设置 IP 地址等。

但同时也存在不少缺点:DHCP 不能发现网络上非 DHCP 客户机已经在使用的 IP 地址;当网络上存在多个 DHCP 服务器时,一个 DHCP 服务器不能查出已被其他服务器租出去的 IP 地址;DHCP 服务器不能跨路由器与客户机通信,除非路由器允许 BOOTP 转发。

3. DHCP 工作流程

DHCP 服务的工作过程如下。

(1) 发现阶段,即 DHCP 客户机寻找 DHCP 服务器的阶段。DHCP 客户机以广播方式(因为 DHCP 服务器的 IP 地址对于客户机来说是未知的)发送 DHCPdiscover 发现信息来寻找 DHCP 服务器,即向地址 255.255.255.255 发送特定的广播信息。网络上每一台安装了 TCP/IP 协议的主机都会接收到这种广播信息,但只有 DHCP 服务器才会做出响应。

(2) 提供阶段,即 DHCP 服务器提供 IP 地址的阶段。在网络中接收到 DHCPdiscover 发现信息的 DHCP 服务器都会做出响应,它从尚未出租的 IP 地址中挑选一个分配给 DHCP 客户机,向 DHCP 客户机发送一个包含出租的 IP 地址和其他设置的 DHCPoffer 提供信息。

(3) 选择阶段,即 DHCP 客户机选择某台 DHCP 服务器提供的 IP 地址的阶段。如果有多台 DHCP 服务器向 DHCP 客户机发来的 DHCPoffer 提供信息,则 DHCP 客户机只接受第一个收到的 DHCPoffer 提供信息,然后它就以广播方式回答一个 DHCPrequest 请求信息,该信息中包含向它所选定的 DHCP 服务器请求 IP 地址的内容。之所以要以广播方式回答,是为了通知所有的 DHCP 服务器,它将选择某台 DHCP 服务器所提供的

IP 地址。

（4）确认阶段，即 DHCP 服务器确认所提供的 IP 地址的阶段。当 DHCP 服务器收到 DHCP 客户机回答的 DHCPrequest 请求信息之后，它便向 DHCP 客户机发送一个包含它所提供的 IP 地址和其他设置的 DHCPack 确认信息，告诉 DHCP 客户机可以使用它所提供的 IP 地址。然后 DHCP 客户机便将其 TCP/IP 协议与网卡绑定，另外，除 DHCP 客户机选中的服务器外，其他的 DHCP 服务器都将收回曾提供的 IP 地址。以上 4 个阶段如图 6-1 所示。

图 6-1　DHCP 工作过程

（5）重新登录。以后 DHCP 客户机每次重新登录网络时，就不需要再发送 DHCPdiscover 发现信息了，而是直接发送包含前一次所分配的 IP 地址的 DHCPrequest 请求信息。当 DHCP 服务器收到这一信息后，它会尝试让 DHCP 客户机继续使用原来的 IP 地址，并回答一个 DHCPack 确认信息。如果此 IP 地址已无法再分配给原来的 DHCP 客户机使用时（比如此 IP 地址已分配给其他 DHCP 客户机使用），则 DHCP 服务器给 DHCP 客户机回答一个 DHCPnack 否认信息。当原来的 DHCP 客户机收到此 DHCPnack 否认信息后，它就必须重新发送 DHCPdiscover 发现信息来请求新的 IP 地址。

（6）更新租约。DHCP 服务器向 DHCP 客户机出租的 IP 地址一般都有一个租借期限，期满后 DHCP 服务器便会收回出租的 IP 地址。如果 DHCP 客户机要延长其 IP 租约，则必须更新其 IP 租约。DHCP 客户机启动时和 IP 租约期限过一半时，DHCP 客户机都会自动向 DHCP 服务器发送更新其 IP 租约的信息。

为了便于理解，可以把 DHCP 客户机比作餐馆里的客人，DHCP 服务器比作服务员（一个餐馆里也可以有多个服务员），IP 地址比作客户需要的食物。那么可以这样描述整个过程：客人走进餐馆，问："有没有服务员啊?"（DHCPdiscover），多个服务员同时回答："有，我这有鸡翅"、"有，我这有汉堡"（DHCPoffer）。客人说："好吧，我要一份汉堡"（DHCPrequest，这个客人比较死板，总是选择第一次听到的食物），端着汉堡的服务员回应了一声："来啦"（DHCPack），并把食物端到客人面前，供其享用（将网卡和 IP 地址绑定）。客人下次来的时候，就直接找上次那个服务员点自己喜欢的汉堡了（DHCPrequest），如果还有汉堡，服务员会再次确认并上菜（DHCPack），而如果已经卖完了，服务员则会告诉客人："不好意思，已经卖完了"（DHCPnack）。当然，服务员隔一段时间会来收拾一次桌子，除非客人特别说明这菜还要继续吃的，服务员会将剩菜端走。

6.1.2　DHCP 代理

伴随着局域网规模的逐步扩大,一个网络常常会被划分成多个不同的子网,以便根据不同子网的工作要求来实现个性化的管理要求。考虑到规模较大的局域网一般会使用 DHCP 服务器来为各个工作站分配 IP 地址,不过一旦局域网被划分成多个不同子网时,是不是也必须在各个不同的子网中分别创建 DHCP 服务器,来为每一子网中的工作站提供 IP 地址分配服务呢? 如果是这样,不但操作麻烦,而且还不利于局域网网络的高效管理。其实,只要启用 Windows 服务器系统内置的中继代理功能,完全可以将原先的 DHCP 服务器利用起来,分别为多个不同子网提供 IP 地址分配服务。

DHCP 客户机通过网络广播消息获得 DHCP 服务器的响应后得到 IP 地址。但广播消息是不能跨越子网的。因此,如果 DHCP 客户机和服务器在不同的子网内,客户机还能不能向服务器申请 IP 地址呢? 这就要用到 DHCP 中继代理。DHCP 中继代理实际上是一种软件技术,安装了 DHCP 中继代理的计算机称为 DHCP 中继代理服务器,它承担不同子网间的 DHCP 客户机和服务器的通信任务。

中继代理是在不同子网上的客户端和服务器之间中转 DHCP/BOOTP 消息的小程序。根据征求意见文档(RFC),DHCP/BOOTP 中继代理是 DHCP 和 BOOTP 标准和功能的一部分。

1. 路由器的 DHCP/BOOTP 中继代理支持

在 TCP/IP 网络中,路由器用于连接称作"子网"的不同物理网段上使用的硬件和软件,并在每个子网之间转发 IP 数据包。要在多个子网上支持和使用 DHCP 服务,连接每个子网的路由器应具有在 RFC1542 中描述的 DHCP/BOOTP 中继代理功能。

如果路由器不能作为 DHCP/BOOTP 中继代理运行,则每个子网都必须有在该子网上作为中继代理运行的 DHCP 服务器或另一台计算机。如果配置路由器支持 DHCP/BOOTP 中继不可行或不可能,可以通过安装 DHCP 中继代理服务来配置运行 Windows NT Server 4.0 或更高版本的计算机充当中继代理。

2. 中继代理的工作原理

中继代理将它连接的其中一个物理接口(如网卡)上广播的 DHCP/BOOTP 消息中转到其他物理接口连至的其他远程子网。图 6-2 显示了子网 2 上的客户端 C 是如何从子网 1 上的 DHCP 服务器 1 获得 DHCP 地址租约的。具体过程如下。

(1) DHCP 客户端 C 使用众所周知的 UDP 服务在子网 2 上广播 DHCP/BOOTP 查找消息(DHCPDISCOVER)。

(2) 在路由器允许 DHCP/BOOTP 中继的情况下,检测 DHCP/BOOTP 消息头中的网关 IP 地址字段。如果该字段有 IP 地址 0.0.0.0,代理文件会在其中填入中继代理或路由器的 IP 地址,然后将消息转发到"DHCP 服务器 1"所在的"远程子网 1"。

图 6-2 DHCP 中继代理

（3）"远程子网 1"上的"DHCP 服务器 1"收到此消息时，它会检查用于提供 IP 地址租约的 DHCP 作用域中网关 IP 地址。

（4）如果"DHCP 服务器 1"有多个 DHCP 作用域，网关 IP 地址字段中的地址会标识将从哪个 DHCP 作用域提供 IP 地址租约。

例如，如果网关 IP 地址字段有 10.0.0.2 的 IP 地址，DHCP 服务器会检查其可用的地址作用域集中是否有与包含作为主机的网关地址匹配的地址作用域范围。在这种情况下，DHCP 服务器将对 10.0.0.1 和 10.0.0.254 之间的地址作用域进行检查。如果存在匹配的作用域，则 DHCP 服务器从匹配的作用域中选择可用地址以便在对客户端的 IP 地址租约提供响应时使用。

（5）当"DHCP 服务器 1"收到 DHCPdiscover 消息时，它会处理 IP 地址租约（DHCPoffer）并将其直接发送给在网关 IP 地址中标识的中继代理。

（6）路由器然后将地址租约（DHCPoffer）转发给 DHCP 客户端。此时客户端的 IP 地址仍旧无人知道，所以它必须在本地子网上广播。同样，DHCPrequest 消息从客户端中转发服务器，而 DHCPack 消息从服务器转发到客户端。

任务 2　安装、管理 DHCP 服务器

【任务描述】　要实现 IP 地址的动态分配，首先要构建 DHCP 服务器。Windows 服务器是较为容易实现的一种方式，但也要防止"非法"服务器的架设，以免影响正常使用。

【任务目标】　通过学习，掌握 DHCP 服务器安装和基本管理的方法步骤。

6.2.1　安装 DHCP 服务

在安装 DHCP 服务之前，应该首先保证计算机的 IP 地址为静态 IP 地址，而且服务器的地址与要分配的地址在同一网段中，然后再安装 DHCP 服务。具体步骤如下。

步骤1：依次单击"开始"→"管理工具"→"服务器管理器"菜单，打开 Windows Server 2008 的"服务器管理器"窗口。

步骤2：单击"服务器管理器"窗口左侧的"角色"选项，在窗口右侧将出现"角色"的相关信息，单击"角色摘要"中的"添加角色"链接，将会出现"添加角色向导"。

步骤3：单击"下一步"按钮后，将出现的服务器列表，如图 6-3 所示，选中"DHCP 服务器"（打上钩）后，再单击"下一步"按钮。

图 6-3　选择服务器角色

步骤4：随后会出现 DHCP 服务器的介绍窗口，如图 6-4 所示，阅读完毕后单击"下一步"按钮。

图 6-4　DHCP 服务器简介

步骤 5：在图 6-5 所示的网络连接窗口中，如果计算机有多个网络连接，可以选择绑定的网络连接。在此只有一个默认连接，直接单击"下一步"按钮即可。

图 6-5　绑定网络连接

步骤 6：在 IPv4 DNS 服务器设置窗口中，分别输入"父域"和"首选 DNS 服务器 IPv4 地址"后单击"下一步"按钮，如图 6-6 所示。

图 6-6　指定 IPv4 DNS 服务器设置

步骤7：在指定WINS服务器的窗口中，如果在网络中没有有WINS服务器，选择"此网络上的应用程序不需要WINS"单选项。如果有WINS服务器，则选择"此网络上的应用程序需要WINS"单选项后输入WINS服务器的IP地址，然后单击"下一步"按钮，如图6-7所示。

图6-7　指定IPv4 WINS服务器

步骤8：在"添加或编辑DHCP作用域"的窗口中（如图6-8所示）单击"添加"按钮。

图6-8　添加DHCP作用域

步骤 9：在弹出的对话框中分别输入"作用域名称"、"起始 IP 地址"、"结束 IP 地址"、"子网掩码"、"默认网关"等参数后单击"确定"按钮，如图 6-9 所示。

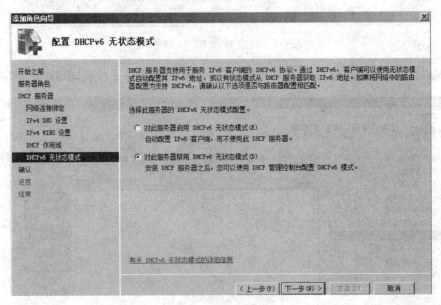

图 6-9　输入作用域参数

步骤 10：确定作用域后，单击图 6-8 中的"下一步"按钮，进入 DHCPv6 的配置向导窗口，如果不需分配 IPv6 的地址，则选择"对此服务器禁用 DHCPv6 无状态模式"单选项后单击"下一步"按钮，如图 6-10 所示。

图 6-10　配置 DHCPv6

步骤 11：在"确认安装选择"对话框中，如果设置的 DHCP 服务参数符合要求，则单击"安装"按钮开始正式安装，如图 6-11 所示。

步骤 12：经过 DHCP 服务安装进度和安装结果显示后，单击"关闭"按钮结束 DHCP 服务的安装。

图 6-11 确认安装

6.2.2 维护 DHCP 服务器

DHCP 服务器的维护主要是对 DHCP 数据库的维护。DHCP 数据库位于"％systemroot％\system32\DHCP"文件夹中，文件名为 dhcp.mdb，用户不要随意删除该文件。为防止出现故障时，能够及时地恢复正确的配置信息，保障网络正常运转。在 Windows Server 2008 中提供了备份和还原 DHCP 服务器配置的功能。

1. DHCP 服务器数据库的备份

DHCP 服务器数据库是一个动态数据库，在向客户端提供租约或客户端释放租约时它会自动更新。而 DHCP 服务器的配置信息会备份在"％systemroot％\system32\dhcp\backup"目录中，供修复使用。默认情况下系统每隔 60 分钟自动备份一次，要手工备份 DHCP 服务器数据库可执行如下操作。

步骤 1：依次单击"开始"→"管理工具"→"DHCP"菜单，打开 DHCP 控制台窗口，如图 6-12 所示

图 6-12 DHCP 控制台

步骤 2：右击窗口左侧栏中的服务器名称，在弹出的快捷菜单中选择"备份"命令，如图 6-13 所示。

图 6-13　备份 DHCP 服务器

步骤 3：在打开的"选择 DHCP 服务器备份文件夹"窗口中，选择放置备份文件的位置。单击"确定"按钮，完成了对 DHCP 服务器配置文件的备份工作。

2. DHCP 服务器数据库的还原

DHCP 服务器在启动时会自动检查 DHCP 数据库是否损坏，并自动恢复故障，还原损坏的数据库。也可以手工还原 DHCP 服务器的配置信息，在 DHCP 控制台窗口中，右击 DHCP 服务器，从弹出的快捷菜单中选择"还原"命令，同样会有一个确定还原位置的选项，选择备份时使用的文件夹，单击"确定"按钮，这时会有一个停止和重新启动服务的过程。之后，DHCP 服务器就会自动恢复到备份时的配置。

6.2.3　授权 DHCP 服务器

出于网络安全管理的考虑，并不一定在 Windows Server 2008 中安装了 DHCP 服务后就能直接使用，还必须进行授权操作。如果部署了 Active Directory，那么所有作为 DHCP 服务器运行的计算机必须是域控制器或域成员服务器，才能获得授权并为客户端提供 DHCP 服务。也可以将独立服务器作为 DHCP 服务器，前提是它不在任何已授权的 DHCP 服务器的子网中，一般不推荐使用该方法。如果独立服务器检测到同一子网中有已授权的服务器，它将自动停止向 DHCP 客户端出租 IP 地址。对 DHCP 服务器授权操作的过程如下。

步骤 1：依次单击"开始"→"管理工具"→"DHCP"菜单，打开 DHCP 控制台窗口。

步骤 2：在控制台窗口中，右击窗口左侧栏中的服务名称 DHCP，在弹出的快捷菜单中选中"管理授权的服务器"命令。

步骤 3：在弹出的"管理授权的服务器"的对话框中，单击"授权"按钮。

步骤 4：在"授权 DHCP 服务器"对话框中输入被授权 DHCP 服务器的"名称或 IP 地址"后，单击"确定"按钮，此时需要几分钟的等待时间，如图 6-14 所示。

图 6-14 授权 DHCP 服务器

注意：如果系统长时间没有反应，可以按 F5 键或选择菜单工具中的"操作"下的"刷新"进行屏幕刷新，或先关闭 DHCP 控制台，在服务器名上右击。如果快捷菜单中的"授权"已经变为"撤销授权"，则表示对 DHCP 服务器授权成功。此时，最明显的标记是服务器名前面红色向上的箭头变成了绿色向下的箭头。这样，这台被授权的 DHCP 服务器就有分配 IP 的权利了。

任务 3 配置 DHCP 服务

【任务描述】 在大中型网络中，通常采用 DHCP 服务器实现网络的 TCP/IP 动态配置与管理。这是网络管理任务中应用最多、最为普遍的一项管理技术。

【任务目标】 通过学习，能够熟练掌握 DHCP 服务器的设置及管理技术，并能够正确选择配置过程中的各项参数。

6.3.1 创建作用域

作用域是指 DHCP 服务器可以提供给网络上使用的连续的 IP 地址的范围，如 192.168.1.1～192.168.1.254。当 DHCP 客户端请求 IP 地址时，DHCP 服务器将从此范围提取一个尚未使用的 IP 地址分配给 DHCP 客户端。

在安装 DHCP 服务向导中虽已创建了作用域，若需再建立一个新的 DHCP 作用域的步骤如下。

步骤 1：单击"开始"→"管理工具"→"DHCP"菜单，打开 DHCP 管理控制台，如图 6-12 所示。

步骤 2：展开窗口左侧栏中的 DHCP 选项，右击 Ipv4，在弹出的快捷菜单中选择"新建作用域"命令。

步骤 3：系统启动新建作用域向导，单击"下一步"按钮。

步骤 4：在"作用域名称"页面中，在"名称"文本对话框中输入适当的作用域名称后，单击"下一步"按钮，如图 6-15 所示。

图 6-15　"作用域名称"页面

步骤 5：在"IP 地址范围"页面中，输入"起始 IP 地址"和"结束 IP 地址"，单击"下一步"按钮，如图 6-16 所示。

图 6-16　"IP 地址范围"页面

步骤 6：如果局域网中有一些专用的 IP 地址，诸如 FTP、WWW 等服务器，则需要固定 IP 地址，这些 IP 地址要禁止提供给 DHCP 客户端使用。要禁止这些地址被自动分配，要在 IP 地址范围内添加排除的地址。单击"下一步"按钮后，在"添加排除"对话框中，如图 6-17 所示，在"起始 IP 地址"和"结束 IP 地址"文本框中添加可排除的地址，可以是连续地址,也可以是多个单地址。

图 6-17　"添加排除"页面

步骤 7:单击"下一步"按钮后,打开"租约期限"页面,这里可根据实际情况自行设定,一般可使用默认租约为 8 天,如图 6-18 所示。

图 6-18　"租用期限"页面

步骤 8:单击"下一步"按钮,在配置 DHCP 选项对话框中,选择"是,我想现在配置这些选项",如图 6-19 所示。

步骤 9:单击"下一步"按钮,在"路由器(默认网关)"页面中,输入默认网关的"IP 地址",如图 6-20 所示。

注意:默认网关的 IP 地址对于局域网用户而言十分重要,它将作为局域网内各主机访问 Internet 的一个出口。如果目前网络中没有路由器,则不必输入任何数据。

图 6-19 "配置 DHCP 选项"页面

图 6-20 "路由器(默认网关)"页面

步骤 10：单击"下一步"按钮，在"域名称和 DNS 服务器"页面中，输入 DNS 客户端的"父域"、DNS 服务器的"服务器名城"和"IP 地址"，或者输入 DNS 服务器的"服务器名城"，单击"解析"按钮让其自动查询这台 DNS 服务器的 IP 地址，或直接输入这台服务器的"IP 地址"，如图 6-21 所示。

步骤 11：单击"下一步"按钮，在"WINS 服务器"页面中，输入 WINS 服务器"服务器名称"和"IP 地址"。如果没有可以不用输入，如图 6-22 所示。

步骤 12：单击"下一步"按钮，在激活作用域对话框中，选择"是，我想现在激活此作用域"，单击"下一步"按钮，在"完成新建作用域向导"页面中，单击"完成"按钮。这时在 DHCP 控制台中出现新添加的作用域。

图 6-21　"域名称和 DNS 服务器"页面

图 6-22　"WINS 服务器"页面

6.3.2　管理作用域

作用域创建了之后可以根据需要对其进行进一步的管理。

1. 修改设置

这是一种经常需要的操作,建成之后的作用域因为使用需要,很可能面临着更改名称、更改 IP 地址范围或者改变租用期限的情况。对此只需要在 DHCP 服务中右击作用域名称,在弹出的快捷菜单中选择"属性"命令,在打开的作用域"属性"窗口的"常规"选项卡中就可以对其进行修改了。如果将 DHCP 客户的租用期限设为"无限制",那么客户获得一个 IP 地址后将可以无限期的使用该 IP 地址,如图 6-23 所示。

图 6-23　作用域属性

2. 查看使用信息

作为一个管理员,需要随时查看 DHCP 的使用状态。对此只需要在 DHCP 管理控制台中打开作用域目录树中的"地址租约",就可以在右侧窗口看到已经被租用的 IP 地址情况了,如图 6-24 所示。

图 6-24　地址租用

如果要做出统计,只需要右击作用域名称,在弹出的快捷菜单中选择"显示统计信息"命令,这样就会弹出一个窗口,显示地址被使用的百分比,如图 6-25 所示。

不仅可以查看作用域的使用情况,还可以直接在服务器名称上右击,在弹出的菜单中选择"显示统计信息"命令,这样就可以查看所有作用域的 IP 地址使用情况了,不过如果只有一个作用域,那么两者显示的数据则是相同的。

注意：这一点与 DHCP 管理窗口中的作用域选项和服务器选项是一致的，前者作用域选项只针对当前作用域，而服务器选项则是针对所有的作用域而言的，对此在设置时不要混淆。

3. 协调服务器数据库

为了保持 DHCP 服务器中的数据库里面的信息与注册表中的数据一致，可以右击作用域，在弹出的菜单中选择"协调"命令，在打开的窗口中单击"验证"按钮，如图 6-26 所示，当弹出一个"此数据库是一致的"的信息窗口时，就表示数据库中的信息与注册表中的信息是一致的。

图 6-25　统计信息

图 6-26　验证一致性

4. 停用和删除

对于已经建成的作用域如果不需要了，那么则可以将其停用或删除。其方法是在作用域上右击，在弹出的菜单中选择"停用"或者"删除"命令即可。需要注意的是停用的作用域，可以通过右键菜单中的"启用"命令来重新令其发挥作用，而删除的作用域是无法恢复的。

5. 保留地址

可以保留特定的 IP 地址给特定的客户端使用，以便该客户端每次申请 IP 地址时都拥有相同的 IP 地址。这在实际应用中很常见，例如可以使用这一功能将某一 IP 地址固定地分配给某一服务器，实现了 IP-MAC 绑定，减少了维护工作量。

设置保留 IP 地址的操作步骤如下。

步骤 1：依次单击"开始"→"管理工具"→"DHCP"菜单，打开 DHCP 管理控制台，展开窗口左侧栏中的作用域目录树。

步骤 2：右击左侧目录树中的"保留"，在弹出的快捷菜单中选择"新建保留"命令。

步骤 3：在新建保留的对话框中输入"保留名称"、"IP 地址"和与 IP 地址对应的客户机的网卡"MAC 地址"，如图 6-27 所示。单击"添加"按

图 6-27　添加保留

钮,再单击"关闭"按钮,完成一个地址的保留。

6. 作用域选项

DHCP 服务器既可以把 IP 地址提供给客户机,也可以同时向客户机提供 TCP/IP 配置信息,例如 DHCP 服务器在为 DHCP 客户端分配 IP 地址的同时,可以设置其 DNS 服务器、默认网关、WINS 服务器等配置,统称为"选项",选项分为以下 4 个级别。

(1) 服务器选项:用于从该 DHCP 服务器获取 IP 地址的所有客户机,此处配置的选项值可以被其他值覆盖,但前提是在作用域、选项类别或保留客户端级别上设置这些值。

(2) 作用域选项:仅应用于从选定的适当作用域获取 IP 地址的所有客户机。此处配置值可以被其他值覆盖,但前提是在选项类别或保留客户端级别上设置这些值。

(3) 保留选项:仅应用于某个特定的 DHCP 服务器获取保留地址的客户机。只有在客户端上手动配置的属性才能替代在该级别指派的选项。

(4) 类别选项:用于某些类标识的客户机,使用任何选项配置(包括服务器选项、作用域选项或保留选项)对话框时,单击"高级"选项卡来配置和启用标识为指定用户或供应商类别的客户端的指派选项。根据所处环境,只有那些根据所选类别标识自己的 DHCP 客户端才能分配到为该类别明确配置的选项数据。

在创建作用域的同时可以配置作用的选项,当然也可以在管理过程中进行配置。常用的选项有路由器、DNS 服务器、DNS 域及 WINS 服务器等。下面以设置"作用域选项"中的"003 路由器"为例说明 DHCP 选项的步骤。

步骤 1:单击"开始"→"管理工具"→"DHCP"菜单,打开 DHCP 管理控制台,在控制台中打开窗口左侧栏中的目录树。

步骤 2:右击"服务器选项",在弹出的快捷菜单中选择"配置选项"命令,如图 6-28 所示。

图 6-28　配置选项

步骤 3：在"服务器 选项"对话框中，如图 6-29 所示，选择"常规"标签，在选项列表中选中"003 路由器"复选框，在下面"数据项"选项区域中"IP 地址"文本框中直接输入路由器的地址，单击"添加"按钮。也可以在"服务器名称"文本框中输入路由器的名称，单击"解析"按钮，让系统自动寻找相应的 IP 地址。完成后单击"确定"按钮。

图 6-29 "服务器 选项"对话框

6.3.3 超级作用域及其创建

在多网段的 IP 地址配置中，有时需要配置多个作用域，多个作用域其配置方法和单作用域相同。然后可以使用 DHCP 超级作用域来组合并激活网络上使用的 IP 地址的单独作用域范围。通过这种方式，DHCP 服务器计算机可为单个物理网络上的客户端激活并提供来自多个作用域的租约。这样在客户端登录网络时获取的 IP 地址可能是其中某一个作用域中的 IP 地址及其他选项的配置。

超级作用域可以解决多网络结构中的某种 DHCP 部署问题，包括以下情形。

（1）当前活动作用域的可用地址池几乎已耗尽，而且需要向网络添加更多的计算机。最初的作用域包括指定地址类的单个 IP 网络的一段完全可寻址范围。需要使用另一个 IP 网络地址范围以扩展同一物理网段的地址空间。

（2）在一段时间后客户端必须迁移到新作用域（例如，需要对当前 IP 网络进行重新编号，使其从现有的活动作用域中使用的地址范围迁移到包含另一 IP 网络地址范围的新作用域）。

（3）希望在同一物理网段上使用两个 DHCP 服务器以管理分离的逻辑 IP 网络。

超级作用域的模型如图 6-30 所示。创建超级作用域的步骤如下。

图 6-30 超级作用域的模型

步骤 1：在如图 6-12 所示的 DHCP 控制台窗口中，右击要创建超级作用域的服务器目录下的 IPv4，在弹出的快捷菜单中选择"新建超级作用域"命令。

步骤 2：在打开的新建超级作用域向导对话框中，单击"下一步"按钮，打开"超级作用域名"页面，在"名称"文本框中输入超级作用域的名称，如图 6-31 所示。

图 6-31 "超级作用域名"页面

步骤 3：单击"下一步"按钮，打开"选择作用域"页面，在"可用作用域"列表框中选择作用域，如图 6-32 所示。

步骤 4：单击"下一步"按钮，在"完成创建超级作用域"页面中单击"完成"按钮。此时在 DHCP 控制台出现了新添加的超级作用域。

图 6-32　"选择作用域"页面

任务 4　配置 DHCP 客户端

【任务描述】　在 DHCP 系统中,DHCP 客户机的必要设置是正常使用 DHCP 服务的前提。要保证 DHCP 服务器配置正确无误,必须通过测试才能确定。

【任务目标】　通过学习,管理员应能够正确配置 DHCP 客户机;熟悉通过 DHCP 客户机测试 DHCP 服务器的方法和步骤。

6.4.1　Windows 客户端的配置

当 DHCP 服务器配置完成后,客户机就可以使用 DHCP 功能。可以通过设置网络属性的 TCP/IP 通信协议属性,设定采用"DHCP 自动分配"或"自动获取 IP 地址"方式获取 IP 地址,设定"自动获取 DNS 服务器地址"获取 DNS 服务器地址。这样就无须为每台客户机设置 IP 地址、网关地址和子网掩码等属性了。

以 Windows XP 为例,设置 DHCP 客户机的方法如下。

步骤 1:在桌面上,右击"网上邻居",在快捷菜单中选择"属性"命令,在弹出的窗口中右击"本地连接",在快捷菜单中选择"属性"命令,打开"本地连接属性"窗口。

步骤 2:在"本地连接属性"窗口中,双击"Internet 协议",打开"Internet 协议(TCP/IP)属性"窗口。

步骤 3:选择"自动获得 IP 地址"和"自动获得 DNS 服务器地址"单选项,单击"确定"按钮,如图 6-33 所示。

153

图 6-33　自动获得 IP 地址

6.4.2　DHCP 测试

配置完 DHCP 的客户端之后，将不能在 TCP/IP 的属性中看到本机的 IP 地址，为了验证客户端是否正确租用到地址，需作相应的测试。

1. 查看分配的 IP 地址

在客户端的命令提示符中输入 ipconfig /all 命令，可以看到申请到的 IP 地址及其他相关配置，如图 6-34 所示。

图 6-34　查看 IP 地址

154

2. 立即刷新 DHCP 客户端

在客户端的命令提示符中输入 ipconfig /renew 命令,可以更新现有客户端的配置或者获得新配置,如图 6-35 所示。

图 6-35　刷新 IP 地址

3. 释放 DHCP 配置

在客户端的命令提示符中输入 ipconfig /release 命令,可以立即释放主机当前的DHCP 配置,客户端的 IP 地址及子网掩码均变为"0.0.0.0",其他的配置如网关等都将释放掉,如图 6-36 所示。

图 6-36　释放 IP 地址

实　　训

1. 实训目的

(1) 理解 DHCP 服务的基本知识。

（2）掌握安装和配置 DHCP 服务器的方法；掌握配置作用域选项的方法。

（3）掌握 DHCP 客户端的配置方法。

（4）掌握测试 DHCP 服务的方法。

2. 实训内容

（1）安装 DHCP 服务器角色。

（2）创建 DHCP 作用域。

（3）配置 DHCP 作用域选项。

（4）配置 DHCP 保留。

（5）配置 DHCP 客户端。

（6）查看 DHCP 统计信息。

（7）配置 DHCP 中继代理。

3. 实训要求

任务 1：配置 DHCP 服务器

在一个网络中，安装一台 Windows Server 2008，IP 地址为 192.168.1.200，将它配置为 DHCP 服务器，创建一个作用域，名称为"子网 1"，开始地址为 192.168.1.2，结束地址为 192.168.1.90，默认租约期限。DHCP 服务器配置实训环境如图 6-37 所示。

图 6-37　DNS 服务器配置环境图

任务 2：在一台 DHCP 服务器上建立多个作用域

按照如图 6-38 所示和表 6-1 所列在 DHCP 服务器上建立 5 个 IP 作用域并进行配置 DHCP 服务器。在图 6-38 中的 DHCP 服务器有 5 个作用域：分别是"子网 1"、"子网 2"、"子网 3"、"子网 4"和"子网 5"，通过 DHCP 服务器为这 5 个子网的 DHCP 客户端分配 IP 地址。

图 6-38　多个作用域示意图

156

表 6-1　DHCP 服务器作用域

作用域名称	开始地址	结束地址	网　关	DHCP 中继代理
子网 1	192.168.1.2	192.168.1.90	192.168.1.1	
子网 2	192.168.2.2	192.168.2.80	192.168.2.1	192.168.2.200
子网 3	192.168.3.2	192.168.3.110	192.168.3.1	192.168.3.200
子网 4	192.168.4.2	192.168.4.90	192.168.4.1	192.168.4.200
子网 5	192.168.5.2	192.168.5.100	192.168.5.1	192.168.5.200
服务器选项	DNS:192.168.1.244			
DHCP 服务器	192.168.1.200			

4. 实训步骤

(略)

5. 实训总结

(略)

习　　题

一、填空题

1. DHCP 服务器的主要功能是：动态分配_____。

2. DHCP 服务器安装好后并不是立即就可以给 DHCP 客户端提供服务，它必须经过一个_____步骤。未经此步骤的 DHCP 服务器在接收到 DHCP 客户端索取 IP 地址的要求时，并不会给 DHCP 客户端分派 IP 地址。

3. 设置 DHCP 中保留 IP 地址时必须知道客户机的_____地址和准备保留的 IP 地址。

4. 在 DHCP 客户机上，如果需要重新获得 IP 地址，应当先使用_____命令释放租用的动态 IP 地址，然后再使用了_____命令重新获得动态 IP 地址。

二、选择题

1. 使用"DHCP 服务器"功能的好处是(　　　)。

　　A. 降低 TCP/IP 网络的配置工作量

　　B. 增加系统安全与依赖性

　　C. 对那些经常变动位置的工作站 DHCP 能迅速更新位置信息

　　D. 以上都是

2. 要实现动态 IP 地址分配,网络中至少要求有一台计算机的网络操作系统中安装( )。

    A. DNS 服务器

    B. DHCP 服务器

    C. IIS 服务器

    D. PDC 主域控制器

三、简答题

1. 如何安装 DHCP 服务器?

2. 简述 DHCP 的工作过程。

3. 中继代理有什么作用?

4. 什么是动态 IP 地址?

项目七 Web 服务器

项目描述

　　某公司在进行了网络的综合布线、设备调试等一期工程后,要进行二期工程网络平台的建设。现在公司需要通过网络对外宣传,包括企业文化介绍、产品发布、售前与售后服务等。

项目目标

　　基于 B/S 模式的技术成为网络的主流技术,Web 服务自然成为 Internet 和 Intranet 的核心。可以利用 Windows Server 2008 来构建、管理信息网络系统平台,以网页方式来发布信息资源。

任务 1 认知 IIS

　　【任务描述】　IIS(Internet Information Server)是 Windows Server 2008 功能强大的组件之一,利用它可以很方便地建立安全的 Internet 和 Intranet 站点,使得在网络上发布信息成了一件很简单的事情。

　　【任务目标】　认识以 B/S 结构为基础的各种信息网络,掌握与信息网站密切相关的基本知识;掌握 Internet 信息服务器的功能,以及 IIS 中能够管理的各种网站类型;明确 IIS 7.0 可以实现的主要服务类型,了解 IIS 7.0 的特点;掌握 Intranet 的规划流程,能够熟悉各种应用服务器的作用;掌握应用服务器的安装方法。

7.1.1 IIS 7.0 的特点

　　Windows Server 2008 是一个集互联网信息服务 7.0(IIS 7.0)、ASP. NET、Windows Communication Foundation 以及微软 Windows SharePoint Services 于一身的平台。IIS 7.0 是对现有的 IIS Web 服务器的重大改进,并在集成网络平台技术方面发挥着重要作用。IIS 7.0 的主要特征包括更加有效的管理工具、提高的安全性能以及减少的支持费用。这些特征使集成式的平台能够为网络解决方案提供集中式的,连贯性的开发与管理模型。

1. 模块化设计

IIS 7.0 核心 Web 服务器包含了对 IIS 6.0 所做的一些基本变更。在 IIS 以前的版本当中，所有的功能都是内置式的功能。IIS 7.0 则由 40 多个独立的模块组成。其中只有一半的模块是默认设置，并且管理员可以选择安装或移除任何模块。这种模块化的设计方法可以使管理者只安装他们所需要的选项，因而减少了需要进行管理及更新的内容并节省了时间。

2. 增强的扩展性

在之前的版本中，对核心 Web 服务器内置功能进行扩展或替代会带来一些问题。而在 IIS 7.0 当中，开发人员可以创建托管代码模块，使功能获得扩展。例如在 .net 中进行自定义的认证设置。IIS 7.0 采用了新的 Win 32 应用编程接口用于建立核心服务器模块，使新的更强大的核心服务器模块能够替代互联网服务器应用编程接口（ISAPI）过滤器及其扩展功能。

3. 分布式配置

IIS 7.0 对配置数据的存储以及通过 IIS 的分布式配置读取配置数据的方式进行了较大改进，使管理员能够根据带有代码和内容的存储文件了解到详细的 IIS 配置信息。并通过了解文件中的配置信息，选择网站或 Web 应用的某些功能，将它们向其他的管理员分配，并允许他们使用简单的 Xcopy 配置。

4. 使分布式配置得以实现的改进

IIS 7.0 的另一个新特征是基于分布式的 XML 配置文件层级的分步式配置系统。这个层级由包含了服务器默认配置的通用 applicationHost. config 文件，以及应用的目录中所包含的分布式文件 web. config 所组成。web. config 文件也是为 ASP. NET 应用架构所采用的，用于存储移动应用设置的文件。通过使用整齐的，结构清晰的 XML 命令，IIS 和 ASP. NET 的配置能够得到平行存储。这种改进使所有通过常见的应用编程接口读取的网络平台配置，以及所有以同样的格式存储的网络平台配置有了统一的配置存储。

5. Xcopy 配置

分布式配置使 IIS 配置能够存储在 web. config 文件当中，从而使 Xcopy 更加易于在多个网络服务器之间进行应用复制，并减少了复制的错误产生几率以及避免了高水平的支出，并免去了手动的同步化操作，以及额外的配置任务。站点或应用配置更加容易从一台计算机复制到另一台计算机，应用也更容易从开发步入到测试，并最终步入到生产阶段。Xcopy 配置意味着应用开发人员无须机器管理员的参与便能够对他们的应用配置进行修改，这样便减少了整个 TCO。轻松的 Xcopy 配置还意味着机器管理员可以方便地在机器之间移动站点。

6. 管理工具

IIS 7.0 为 IIS 管理工具进行了以下更新与修改：

- 使 IIS 管理器具备了新的图形管理界面。
- 命令行脚本被新的强大的命令行管理工具——appcmd.exe 所取代。
- 配置存储基于 .NET Framework 2.0 的配置存储，支持直接对设置进行修改。
- WMI Provider 是在 CIM 对象管理器和托管对象之间进行调节的软件。它能够使 Visual Basic 脚本编辑（VBScript）以及 Jscript 的编写者获得配置与服务器状态的信息。
- Microsoft.Web.Administration 是一个托管界面，能够将 WMI provider 所展示的信息以更加简单明了的应用编程接口方式展现。开发人员可使用它来控制并使用获取所有 IIS 7.0 的功能。

7. 新的 IIS 管理器

IIS 7.0 所具备的新的管理工具——IIS 管理器是用于管理网络服务器的更加有效的工具。它支持 IIS 以及 ASP.NET 配置，支持用户数据以及运行时间诊断信息。新的 IIS 管理器界面无须在防火墙上打开 DCOM 或其他管理工具端口便支持远程的 HTTP 管理并允许本地和远程管理的集成。

IIS 管理器还允许管理员将管理权限分配给开发人员或内容拥有者。IIS 管理器的其他特点包括：

- 通过使用 .NET Framework 插入新的用户界面功能，使框架得到充分扩展。
- 支持经过 Windows 认证或未经过 Windows 认证的分配管理任务。
- 自动下载并安装新的用户界面到客户端。
- 通过 HTTP/SSL 进行远程管理。

8. 分配的管理

IIS 7.0 的分布式配置使托管或管理网站的管理员能够将不同级别的管理任务分配给开发人员或内容拥有者，从而减少了版权费用的支出以及管理员的工作量。例如，管理网站的任务可以分配给应用开发人员，使他们能够配置并维护默认的文档及其他网站所使用的功能。管理员可以锁定某些配置设置，使其他人员无法对其做出修改，这样便可保证脚本的安全政策不被分配了网站管理任务的内容开发人员所违反。分配的任务还可以非常具体到每个细节，例如管理员可以决定具体分配哪些功能。

9. Microsoft.Web 管理

IIS 7.0 还包含了一个针对 Web 服务器的新的管理应用编程接口 Microsoft.Web.Administration。它可以通过使用 XML 配置文件进行配置。它还提供了管理服务器，服务器属性以及服务器状态的对象。该应用编程接口可以使编程人员读取并编写属于 IIS

配置文件范围内的属性并读取在之前的 IIS 版本中的 WMI 脚本可读取的数据。

10. 诊断与解决问题

IIS 7.0 通过内置的诊断与跟踪功能,允许管理员查看详细的,实时的关于网络服务器的诊断信息,使网络服务器的问题解决更加轻松。诊断与问题解决功能可使开发人员或管理员查看正在服务器上运行的请求,进行难于解决的问题的过滤,并通过详细的跟踪日志自动捕捉错误信息。

11. 详细的错误信息

IIS 7.0 通过提供详细的,可修复的错误信息简化了问题解决流程。新的自定义的错误模块允许将详细的错误信息发回浏览器。默认的浏览器为 localhost,但也可以配置为将错误信息发送到其他的远程客户端。管理员能够查看的不是冗长的错误代码,而是关于请求的详细信息,导致错误产生的可能原因,以及修复建议。

12. 运行时间状态及控制应用编程接口(RSCA)

改进了 IIS 7.0 的问题解决功能的最重要的特征之一便是运行时间状态及控制应用编程接口(RSCA),它的设计目的是提供详细的关于 IIS 7.0 服务器运行时间的信息。

13. 跟踪失败的请求

IIS 7.0 还包含通过请求和回复路径的详细跟踪事件,使开发人员和管理员能够跟踪请求进入 IIS 请求处理队列中的路径,进入到任何现有的页面代码,并返回到回复的过程。这些详细的跟踪事件不仅能够使开发人员了解请求的路径以及任何由于请求而产生的错误信息,还能够了解请求使用的时间及其他调试信息来帮助解决所有类型的错误。

7.1.2 安装 Web 服务器

Web 服务器(IIS)在 Windows Server 2008 中具体安装步骤如下。

步骤 1:依次单击"开始"→"管理工具"→"服务器管理器"菜单,打开 Windows Server 2008 的"服务器管理器"窗口。

步骤 2:单击"服务器管理器"窗口左侧的"角色"选项,在窗口右侧将出现"角色"的相关信息,单击"角色摘要"中的"添加角色"链接,将会出现"添加角色向导"。

步骤 3:单击"下一步"按钮后,将出现的服务器列表,如图 7-1 所示,选中"Web 服务器"选项(打上钩)后,将会出现添加角色的向导。

步骤 4:随后会出现 Web 服务器的介绍窗口,如图 7-2 所示,阅读完毕后单击"下一步"按钮。

图 7-1　选择服务器角色

图 7-2　服务器简介

步骤 5：在角色服务列表的窗口中，可以根据网站所采用的技术选择其支持的功能，然后单击"下一步"按钮，如图 7-3 所示。

步骤 6：在确认安装对话框中，如果设置的 Web 服务参数符合要求，则单击"安装"按钮开始安装，如图 7-4 所示。

图 7-3　选择角色服务

图 7-4　确认安装选择

步骤 7：经过服务安装进度后将显示安装结果，如图 7-5 所示，最后单击"关闭"按钮结束 Web 服务的安装。

图 7-5　安装结果

7.1.3　测试 Web 服务器

在创建自己的 Web 服务器之前，首先应测试一下安装完毕的 IIS 是否能正常工作。Web 服务器是响应来自 Web 浏览器的请求以提供 Web 页的软件，Web 服务器有时也称为 HTTP 服务器。

使用 IIS 开发 Web 应用程序，Web 服务器的默认名称是计算机的名称。用户可以通过更改计算机名来更改服务器名称。如果不知道计算机的名称，则做本机测试时可使用 localhost 来代替。

服务器名称对应于服务器的根文件夹，根文件夹（在 Windows 计算机上）通常是"C:\Inetpub\wwwroot"。通过在计算机上运行的浏览器中输入以下 URL 可以打开存储在根文件夹中的任何 Web 页，例如，http://your_Server_name/your_file_name。

例如，如果服务器名称是 web 并且 C:\Inetpub\wwwroot\ 中保存有名为 index.html

的 Web 页,则用户可以通过在本地计算机上运行的浏览器中输入 http://web/home. html 打开该页。

注意:在 URL 中使用正斜杠而不是反斜杠。

用户还可以通过在 URL 中指定子文件夹来打开存储在根文件夹的任何子文件夹中的任何 Web 页。假设 index. html 文件存储在名为 game 的子文件夹中,例如,C:\Inetpub\wwwroot\game\index. html。

用户可以通过在计算机上运行的浏览器中输入 http://web/game/index. html 打开该页。

如果 Web 服务器运行在本地计算机上,用户可以用 localhost 来代替服务器名称。例如,http://web/index. html 和 http://localhost/index. html 是在浏览器中打开同一页。

注意:除服务器名称或 localhost 之外,还可以使用另一种表示方式:127.0.0.1(例如 http://127.0.0.1/index. html)。

在任务中,可在本机运行的浏览器地址栏中输入 http://计算机名或输入 http://locahost 或 http://127.0.0.1,出现如图 7-6 所示的内容,证明 IIS 服务器安装、运行正常。

图 7-6 测试结果

任务 2　创建和管理 Web 服务器

【任务描述】　在 Intranet 或 Internet 中，可以很方便地利用 Windows Server 2008 来发布网页信息。在网站的日常管理中，经常会在一个应用程序服务器中，创建多个网站、虚拟目录。当管理员在一台计算机上创建和管理多个 Web 站点时，根据环境不同，需要采用不同的管理技术。

【任务目标】　通过学习，首先掌握 Web 站点的创建、配置和删除等基本技能。并能按照实际应用要求，在一台计算机上创建、管理多个 Web 站点。

7.2.1　概述

为了更好地创建和管理 Web 站点和 FTP 站点，应首先熟悉 IIS 中相关的基本概念。

1. 目录结构

任何一个 Web 站点或 FTP 站点都是通过树形目录结构的方式来存储信息的，每个站点可以包括一个主目录和若干个真实子目录或虚拟目录。

2. 物理路径

物理路径是 Web 站点或 FTP 站点发布的具体物理位置，也是用户访问站点的起点。因此，它不仅包括网站的首页及指向其他网页的链接，还包括该网站的所有文件和目录。

当用户需要通过物理路径发布信息时，应当将信息文件保存在相应的物理路径中，以及与其相关联的子目录中。其中目录及其子目录中的所有文件将自动对站点访问者开放，当访问者知道被访问文件的确切路径时，即使主页中没有指向这些文件的链接，访问者也能够访问到这些文件。

每个 Web 站点或 FTP 站点必须对应一个物理路径，对该站点的访问，实际上就是对 Web 站点物理路径的访问，而且由于物理路径已经被映射为"计算机名"或"域名"，因此访问者能够使用计算机名或域名的方式进行访问。

例如，当某 Web 站点的 Internet 域名是 www. sjzpt. edu. cn。物理路径是"C:\inetput\wwwroot"时，用户在浏览器地址栏中输入"http://www. sjzpt. edu. cn"后，实际访问的就是物理路径"C:\inetput\wwwroot\"中的文件。为此，通过设置的物理路径，用户就可以快速、便捷、轻松地发布自己的网页。当用户的主页位于其他目录下的时候，并不需要移动自己的网页文件到系统的默认目录下，而只需将默认的物理路径设置为文件所在的目录即可。

3. 虚拟站点和虚拟目录

(1) 虚拟站点：虚拟站点又称为虚拟主机，即在一台服务器上运行多个站点。每一个虚拟站点都可以像独立网站一样,拥有独立的 IP 地址或域名。虚拟站点的物理路径既可以定位于本机,也可以位于不同的计算机上。应用时,各类 Web 站点(服务器)的应用特性都是相同的。由于在一个物理站点中,可以对多个 Web 站点进行集中管理,因此,可以使网站的管理更便利,配置更简化、成本更低廉。

(2) 虚拟目录:在某一个 Web 站点或 FTP 站点之下,管理员可以根据需要创建任意数量的虚拟目录。虚拟目录是站点管理员为服务器中的任何一个物理目录创建的一个别名。这样,用户就可以将其信息、程序或文件等保存到真实的物理目录中。而其他用户是通过其别名来访问这个虚拟目录的。访问时,感觉与站点无异。通过这样的方法,可以将真实的目录隐藏起来。这样可以有效地防止黑客的攻击,提高站点的安全性。

在实际网站的管理中,当用户需要通过物理路径以外的目录发布信息时,就应当在网站中创建它的虚拟目录。

在客户端浏览器中,虚拟目录就像物理路径的一个真实子目录一样被访问。但是,它在物理位置上并不一定处于所在网站的物理路径中。这也是"虚拟目录"中的"虚拟"的由来。

虚拟目录既可以是本地的真实目录,也可以是非本机的已共享目录。虚拟目录下还可以创建子目录。与物理目录结构不同的是,它既可以是物理路径下面的真实物理子目录,也可以是一个虚拟的目录,子目录和虚拟目录对于访问者来说没有什么区别。

4. 系统默认的物理路径

在 Windows Server 2008 中,IIS 默认的 Web 站点的物理路径是"X:\inetput\wwwroot",默认的 FTP 站点的物理路径是"X:\inetput\ftproot",其中的 X 是 Windows Server 2008 所在系统分区的盘符。当用户将自己所要发布的信息文件复制到上述的默认目录时,即可使用默认的 IP、端口号和域名进行访问。

7.2.2 新建 Web 站点

用户要在 Web 服务器上发布自己的网页,既可以对默认 Web 站点进行配置,也可以新建自己的站点。在新建 Web 站点之前,用户应知道自己的网页存在哪里以及主页的文件名是什么。现假设保存在"E:\myweb"目录下,主页文件名为 homepage.htm。创建 Web 站点的具体步骤如下。

步骤 1:单击"开始"→"管理工具"→"Internet 信息服务(IIS)管理器"菜单(或使用 inetmgr 命令),打开 Internet 信息服务管理窗口,展开左侧窗口中的服务器目录树,如图 7-7 所示。

步骤 2:右击目录树中的服务器名,从弹出的快捷菜单中选择"添加网站"命令,打开"添加网站"的对话框。

注意:为了不发生冲突,最好先把默认站点停止再添加新站点。

步骤 3:在"添加网站"的对话框中,需要分别在"网站名称"和"物理路径"文本框中输入相应的内容,单击"确定"按钮,如图 7-8 所示。

图 7-7　Internet 信息服务(IIS)管理器

图 7-8　"添加网站"对话框

步骤 4：打开 Internet 信息服务管理器左侧窗口的网站目录树，单击新建的网站名称（如 web1），在中间窗口中显示新建网站的功能视图。如图 7-9 所示。

步骤 5：双击中间栏的视图功能窗口中"默认文档"，在右侧操作窗口中单击"添加"链接，如图 7-10 所示。

步骤 6：在弹出的添加默认文档的窗口中输入网站主页的文件"名称"（如 homepage. htm），单击"确定"按钮。在功能视图中将出现主页文件名。

图 7-9　新建网站功能视图

图 7-10　添加默认文档

步骤 7：可在运行的浏览器地址栏中输入 URL，测试是否创建成功。

7.2.3　多站点共存技术

在实际应用当中，为了充分利用硬件资源，降低运行成本，经常会碰到在一台服务器上发布多个 Web 站点。管理员可以采用以下 5 种方案来实现。

1. 唯一站点法

（1）特点：当一台服务器只有一个 IP 地址且服务器性能不是很高时，可以采用这种方法。此办法不能同时发布多个站点，只允许多个站点中的一个站点在工作。

（2）实现方法：在创建的多个站点中只启动要发布的站点，停止其他 Web 站点。

2. 不同 IP 地址法

（1）特点：此方法使多个站点可以同时运行，但需要每个站点对应一个不同的 IP 地址，比较浪费 IP 地址，而且用户只能采用不容易记忆的 IP 地址来访问。

（2）实现方法：首先在服务器的 TCP/IP 属性中设置多个 IP 地址，然后在创建不同的网站时选择不同的 IP 地址，如图 7-11 所示。

图 7-11　改变 IP 地址

3. 不同端口号法

（1）特点：此方法也能使多个站点同时运行，但需要每个站点对应一个不同的端口号，由于不是默认端口 80，用户在客户端访问站点时必须输入端口号，会感觉不方便。此方法不利于站点的推广。

（2）实现方法：一台服务器可以只使用一个 IP 地址，在创建站点时，必须针对不同站点设置不同的端口号，如图 7-12 所示。

4. 不同主机头法

（1）特点：此方法也可以使多个站点同时工作，服务器只需要设置一个 IP 地址，但必须有 DNS 的支持，用户访问时用域名来访问，感觉跟单个站点没有什么区别，因此这种方法大量应用在 Internet 当中。

图 7-12　改变端口号

（2）实现方法：首先在 DNS 中建立多个不同的主机记录，这些记录使用不同的主机名，但都对应一个相同的 IP 地址。因此这种方法可以使服务器使用一个 IP 地址、默认的端口号 80 而发布多个站点。现假设服务器的 IP 地址为 202.206.83.68，使用默认端口号为 80，需要发布的两个网站的主机头分别为 web1.sjzpt.edu.cn 和 web2.sjzpt.edu.cn。具体实现方法如下。

步骤 1：在 DNS 管理器窗口中创建正向查找区域 sjzpt.edu.cn，并添加两条主机记录 web1.sjzpt.edu.cn 和 web2.sjzpt.edu.cn，其对应的 IP 地址均为 202.206.83.68，如图 7-13 所示。

图 7-13　添加主机记录

步骤 2：针对要发布的网站 web1 所对应的主机头为 web1.sjzpt.edu.cn，如图 7-14 所示。

步骤 3：针对要发布的网站 web2 所对应的主机头为 web2.sjzpt.edu.cn，如图 7-15 所示。

步骤 4：可在运行的浏览器地址栏中输入两个网站的 URL，测试是否创建成功。

图 7-14　发布 web1 网站

图 7-15　发布 web2 网站

5. 不同虚拟目录法

（1）特点：此方法跟第 4 种方法一样，也可以使多个站点同时工作，服务器只需要设置一个 IP 地址，并且必须有 DNS 的支持，用户访问时用域名加目录别名来访问。虚拟目录主要是随着各种网站的不断发展，内容也越来越多，但一个站点只能指向一个主目录，由于站点磁盘的空间是有限的，因此可能造成单台服务器的容量不足。为了解决这类问题，管理员可以使用任意数量的虚拟目录来发布信息资源。

（2）实现方法：首先在 DNS 中创建好主机记录，在创建站点时使用规划好的 IP 地址、端口号(默认即可)、主机头等,不同的站点使用不同的虚拟目录。具体实现步骤如下。

步骤 1:单击"开始"→"管理工具"→"Internet 信息服务(IIS)管理器"菜单,打开"Internet 信息服务管理器"窗口,展开左侧窗口中的服务器目录树。

步骤 2:在"Internet 信息服务(IIS)管理器"窗口中,右击已建立的"web1"站点,在弹出的快捷菜单中选择"添加虚拟目录"命令,如图 7-16 所示。

图 7-16　添加虚拟目录

步骤 3:在弹出的"添加虚拟目录"的窗口中分别输入"别名"和"物理路径",单击"确定"按钮,如图 7-17 所示。

步骤 4:重复上述步骤,添加第二个虚拟目录,使其发布第二个网站,如图 7-18 所示。添加完毕后在"Internet 信息服务(IIS)管理器"窗口中的效果如图 7-19 所示。

图 7-17　输入别名和路径

图 7-18　添加多个虚拟目录

步骤 5:在客户端运行的浏览器中分别输入正确的 URL,测试是否能够发布多个站点。如图 7-20 所示。

图 7-19　"Internet 信息服务(IIS)管理器"窗口

图 7-20　测试结果

7.2.4　管理 Web 站点

为了使网站有效地运行和提供最新的页面内容,管理员在创建 Web 网站之后,还必须对 Web 网站及其相关内容进行管理,Web 服务的管理是一个经常而繁杂的工作,管理员需要在实践中逐步地应用和掌握。在"Internet 信息服务(IIS)管理器"控制台中,管理员可以对当前站点进行浏览、删除、重命名、编辑权限等各种管理。

1. 浏览

管理员可以查看站点所在物理路径下的文件夹和文件。具体方法是在"Internet 信息服务(IIS)管理器"控制台中右击网站,在快捷菜单中选择"浏览"命令,或选择网站后单击窗口右侧"操作"功能中的"浏览"选项。将出现网站物理路径下的内容。如图 7-21 所示。

图 7-21 浏览

2. 编辑权限

管理员可以在"Internet 信息服务(IIS)管理器"控制台中直接管理物理路径根的共享权限和 NTFS 权限。具体方法是选择网站后,单击窗口右侧"操作"功能中的"编辑权限"选项。在图 7-22 所示的窗口内即可管理。

图 7-22 编辑权限

176

3. 停止、启动和重启站点服务

在网站的管理工作中启动、停止或重启站点服务是经常性的工作。例如，当管理员需要对某个 Web 站点的内容和设置进行调整的时候，应当先停止该站点的服务，然后再实施调整工作。调整完成之后，管理员还需要启动这个站点的服务。具体方法是在"Internet 信息服务(IIS)管理器"控制台中，选择要管理的网站后，根据需要单击右侧窗口"管理站点"功能中的"重新启动"或"停止"或"启动"即可。

4. 网站绑定

为了提高站点的安全性，管理员可以将网站的协议、IP 地址、端口号及主机头绑定在

一起。具体方法是在"Internet 信息服务(IIS)管理器"控制台中选择要管理的网站后，单击右侧窗口中的"绑定"选项，在弹出的网站绑定对话框中单击"添加"按钮，在添加网站绑定的对话框中可输入如图 7-23所示内容。

图 7-23 添加网站绑定

5. 高级设置

在"Internet 信息服务(IIS)管理器"控制台中可以对站点进行高级设置，如图 7-24 所示，可以在高级设置窗口中修改其"物理路径"、"应用程序池"、"最大并发连接数"、"最大带宽"等各项参数值。

图 7-24 高级设置

实　　训

1. 实训目的

(1) 理解 WWW 服务原理。

(2) 掌握统一资源定位符 URL 的格式和使用。

(3) 理解默认网站网页发布的方法。

(4) 掌握 Web 站点的创建和配置方法。

2. 实训内容

(1) 安装 Web 服务器的角色，并在指定目录发布网站。

(2) 进行 Web 安全选项的相关配置，如禁用匿名访问、限制使用带宽、限制客户端计算机等。

(3) 使用不同端口号在一台服务器上创建两个 Web 站点。

(4) 使用不同主机名在一台服务器上创建两个 Web 站点。

(5) 使用不同 IP 地址在一台服务器上创建两个 Web 站点。

(6) 使用不同虚拟目录在一台服务器上创建两个 Web 站点。

3. 实训要求

任务 1：WWW 服务器的配置

(1) 服务器端

在上一台安装 Windows Server 2008 操作系统的计算机(IP 地址为 192.168.1.250，子网掩码为 255.255.255.0，网关为 192.168.1.16)上设置 1 个 Web 站点，要求端口为 80，Web 站点标识为"默认网站"；连接限制到 200 个，连接超时 600s；日志采用 W3C 扩展日志文件格式，新日志时间间隔为每天；启用带宽限制，最大网络使用 1024KB/s；主目录为 D:\xpcWeb，允许用户读取和下载文件访问，默认文档为 default.asp。

(2) 客户端

在 IE 浏览器的地址栏中输入"http://192.168.1.250"来访问刚才创建的 Web 站点。配合 DNS 服务器的配置，将 IP 地址 192.168.11.250 与域名 www.test.edu.cn 对应起来，在 IE 浏览器的地址栏中输入"http://www.test.edu.cn"来访问刚才创建的 Web 站点。

任务 2：创建虚拟目录

下面按照表 7-1 中的设置，来练习建立实际目录和虚拟目录。

表 7-1 创建 Web 站点

实际存储位置	别 名	URL 路径
C：\inetpub\wwwroot\linux	Linux	http://www.test.cn/linux
D：\xunilinux	Xunilinux	http://www.test.cn/xunilinux

任务 3：利用主机头名称建立新网站

利用主机头名称分别架设三个网站 www.test.cn、ftp.test.cn、bbs.test.cn。

任务 4：利用 IP 地址建立新网站

利用 IP 地址分别架设三个网站 www.test.cn、www.test.net、www.test.com。

任务 5：利用 TCP 端口号建立新网站

利用 TCP 端口号分别架设三个网站 www.test.cn、www.test.net、www.test.com。

4. 实训步骤

（略）

5. 实训总结

（略）

习　　题

一、填空题

1. IIS 也称为"Internet 信息服务"，它包括_____、_____ 和_____虚拟服务器三个方面的基本功能。

2. 通常创建网站时，用户首先要考虑_____系统默认的 Web 主目录。

3. Internet 信息服务提供了三种登录认证发式，分别是 _____、_____ 和_____。

二、选择题

1. 关于因特网中的 WWW 服务，以下哪种说法是错误的(　　)。
    A. WWW 服务器中存储的通常是符合 HTML 规范的结构化文档
    B. WWW 服务器必须具有创建和编辑 Web 页面的功能
    C. WWW 客户端程序也被称为 WWW 浏览器
    D. WWW 服务器也被称为 Web 站点

2. 在 Windows NT Server 上安装 Web 服务器需要安装下列内容(　　)。
    A. IIS 　　　　　　　　　　　　B. TCP/IP 协议

C. 建立 DNS 服务器 　　　　D. 相应的服务器名称和域名地址

3. 创建虚拟目录的用途是(　　　)。

A. 一个模拟主目录的假文件夹

B. 以一个假的目录来避免染毒

C. 以一个固定的别名来指向实际的路径,这样当主目录变动时,相对用户而言是不变的

D. 以上皆非

三、简答题

1. 如何建立一个 Web 服务器?

2. 人们采用统一资源定位器(URL)来在全世界唯一标识某个网络资源,请描述其格式。

3. 如何实现在一台服务器上发布多个网站?

项目八　FTP 服务器

项目描述

某公司搭建了网络平台后,在使用过程中需要利用网络解决以下问题:①在公司内部网上可以轻松地得到需要的一些工具软件、常用资料等。②员工能够把自己的一些数据、资料很方便地存储和传递。③员工出差或回家后能方便地使用这些软件、资料等。

项目目标

要解决上述问题,需要考虑以下情况:①解决较大文件的传输;②解决不同系统之间文件的共享;③解决远程文件共享;④考虑用户使用的简单性、方便性。基于以上考虑,可以采用基于 B/S 模式的 FTP 服务,它也是 Internet 和 Intranet 的核心应用技术。而 Windows Server 2008 中的 IIS 组件即可满足要求。

任务 1　创建 FTP 站点

【任务描述】　利用 Web 站点下载文件极为麻烦,网页也需经常更新,而 FTP 服务可用于提供文件资料下载、Web 站点更新及不同类型的计算机之间文件的传输。FTP 服务也是 IIS 的重要组成部分,安装较为简单,但并不是意味着安装好 IIS 工具后,就可以直接建设 FTP 服务器了。FTP 服务并不是 IIS 应用程序默认的组件,在搭建 Web 服务时,并不会自动安装,需要单独安装并配置。

【任务目标】　能够在同一计算机上,启用 FTP 服务并搭建单个或多个 FTP 站点的技术,实现文件的上传和下载。

8.1.1　安装 FTP 服务器

如果用户要上传或下载文件,可以使用 FTP 站点来实现。管理员在发布了 FTP 站点的地址后,用户可以使用 FTP 协议和适当的客户端软件与 FTP 服务器建立连接。若要建立 FTP 站点,必须首先安装 FTP 服务和管理单元(默认 IIS7 安装不含 FTP 安装)。具体安装方法如下。

步骤 1:单击"开始"→"管理工具"→"服务器管理器"菜单。打开"服务器管理器"控制台窗口。

步骤 2：如果已经安装了 Web 服务，可单击窗口左侧栏中的"角色"选项后，在服务器管理器控制台中的"角色摘要"功能栏中，单击"Web 服务器(IIS)"链接，如图 8-1 所示。如果还没有安装 Web 服务，则在安装 Web 服务时一并安装。

图 8-1　单击"Web 服务器(IIS)"链接

步骤 3：在打开的窗口右侧"Web 服务器(IIS)"的功能栏中，单击"角色服务"部分的"添加角色服务"链接，如图 8-2 所示。

图 8-2　添加角色

步骤 4：在打开的"选择角色服务"新窗口中的"角色服务"功能中，勾选"FTP 服务器"复选框。这将安装 FTP 服务和 FTP 管理控制台，如图 8-3 所示。

步骤 5：单击"下一步"按钮，在"确认安装选择"窗口中单击"安装"按钮。经过安装进度后，最后出现"安装结果"窗口，单击"关闭"按钮完成安装。

图 8-3 选择角色

8.1.2 新建 FTP 站点

完成 FTP 服务的安装后,接下来就可以按要求创建 FTP 站点了。具体步骤如下。

步骤 1:单击"开始"→"管理工具"→"Internet 信息服务(IIS)管理器"菜单,打开 "Internet 信息服务(IIS)管理器"窗口。

步骤 2:在"Internet 信息服务(IIS)管理器"窗口中,打开控制台窗口左侧的目录树, 右击服务器名称,在弹出的快捷菜单中单击"添加 FTP 站点"命令,如图 8-4 所示。

图 8-4 新建 FTP 站点

步骤 3：在弹出的"添加 FTP 站点"的窗口中，分别输入"FTP 站点名称"和"物理路径"的内容，如图 8-5 所示。

图 8-5　站点信息

步骤 4：单击"下一步"按钮，在"绑定和 SSL 设置"窗口中确定"IP 地址"、"端口"的内容及是否使用 SSL（如没有 SSL 证书须选择"无"），如图 8-6 所示。

图 8-6　IP 地址和端口设置

步骤 5：单击"下一步"按钮，在"身份验证和授权信息"窗口中可确定"身份验证"和"授权"的访问方式（在此设置为允许匿名访问且所有用户具有读取的权限），如图 8-7 所示。单击"完成"按钮后，一个基本的 FTP 站点就创建完毕。

图 8-7　身份验证和授权信息

8.1.3　添加 FTP 虚拟目录

在 IIS 下建立的 FTP 服务器也可以使用虚拟目录,达到的效果和 IIS 网站虚拟目录是一样的。如果想建立一个 FTP 虚拟目录,操作步骤如下。

步骤 1:在"Internet 信息服务(IIS)管理器"控制台中,右击添加的 FTP 站点(如工具软件),从弹出的快捷菜单中选择"添加虚拟目录"命令,在弹出的窗口中输入"别名"和"物理路径"的内容,如图 8-8 所示。单击"确定"按钮后,即完成虚拟目录的添加。

步骤 2:可以在客户端运行的浏览器地址栏中输入"ftp://服务器名(或 IP 地址)/别名"形式访问创建的 FTP 虚拟目录。

图 8-8　虚拟目录添加

任务 2　管理 FTP 服务器

【任务描述】　在 Intranet 的基本管理中,文件服务是一项基本和经常性的管理,因此文件服务器属性的修改也是网络管理员的基本职责。为了方便网络客户的使用,管理员可能还需要对访问 FTP 站点的账户类型、用户数目、访问权限、上传和下载的速度进行管理。

【任务目标】 通过学习,应能够进行单个或多个FTP站点的安全、性能及个性化方面的管理。

8.2.1 FTP站点的基本设置

当用户使用URL来连接FTP网站时,将被定向到FTP站点的主目录,也就是说,用户所看到的文件是存储在主目录中的文件。本地目录既可以是本地计算机的文件夹,也可以是网络上其他计算机的共享文件夹。要查看或修改FTP网站的主目录,其操作步骤如下。

步骤1:在Internet信息服务管理器窗口中,展开控制台窗口左侧的目录树,选中FTP站点,在控制台右侧的操作栏中将出现"基本设置"链接项,如图8-9所示。

图8-9 FTP网站基本设置

步骤2:单击"基本设置"链接,在打开的窗口中看到的"物理路径"即为此站点的主目录,如果要改变,则只需重新修改即可,如图8-10所示。

图8-10 设置主目录

步骤3：如果要将主目录设置为网络上其他计算机的共享文件夹，则需要在图8-10中将"物理路径"设置为"\\机器名\共享文件夹名"形式的网络路径，且可以通过"连接为"按钮设置具有访问权限的用户及密码。

8.2.2 FTP站点的高级设置

如果要修改FTP站点的是否自动启动、并发连接数、连接超时时间及文件传输处理等属性，可是使用FTP站点的高级设置功能。操作方法是在Internet信息服务管理器窗口中，选中窗口左侧栏FTP站点后，单击控制台窗口右侧操作栏中"高级设置"链接项，将打开"高级设置"的窗口，如图8-11所示，在此窗口中可以对FTP站点的"常规"、"行为"、"连接"及"文件处理"属性进行设置。

图8-11 "高级设置"对话框

8.2.3 设置目录列表样式

用户在查看FTP站点上的文件时，显示界面中的文件列表可以分为MS-DOS与UNIX两种格式。其设置步骤如下。

步骤1：在"Internet信息服务(IIS)管理器"窗口中，展开控制台窗口左侧的目录树，选中FTP站点，双击控制台中间的功能栏中的"FTP目录浏览"图标。

步骤2：在如图8-12所示窗口中间的功能栏中，可以在"目录列表样式"区域设置选择文件列表显示格式，可以在"目录列表选项"区域设置是否要显示虚拟目录、FTP网站的磁盘剩余可用空间(可用字节)与是否用4个字符来显示公元年(四位数年份)。

图 8-12　目录列表设置

8.2.4　设置 FTP 站点绑定

用户可以在一台服务器上添加多个 FTP 网站,不过为了能够正确区分这些 FTP 站点,必须给予每一个网站唯一的标识信息,而用来识别网站的标识信息有虚拟主机名、IP 地址与 TCP 端口号,同一台服务器中 FTP 站点的这 3 个标识信息不能完全相同。查看或更改 FTP 站点标识信息的步骤如下。

步骤 1:在"Internet 信息服务(IIS)管理器"窗口中,展开控制台窗口左侧的目录树,选中 FTP 站点,在控制台右侧的操作栏中将出现"绑定"链接项。

步骤 2:单击"绑定"链接,在打开的窗口中即可以看到的主机名、端口及 IP 地址信息,如图 8-13 所示。

图 8-13　查看标识信息

步骤 3:若要修改相关信息,选中此行后单击"编辑"按钮,在弹出的编辑窗口中即可对 3 个标识信息分别修改,如图 8-14 所示。

图 8-14 修改标识信息

8.2.5 FTP 站点消息设置

管理员可以设置 FTP 站点的显示信息,用户连接 FTP 网站时就能看到这些信息,以方便使用与管理。其设置步骤如下。

步骤 1:在 Internet 信息服务管理器窗口中,展开控制台窗口左侧的目录树,选中 FTP 站点,双击控制台中间的功能栏中的"FTP 消息"图标。

步骤 2:在如图 8-15 所示窗口中间的功能栏中,可以设置"消息行为"和"消息文本"。常见的消息如下。

图 8-15 设置站点消息

- 横幅:用户连接 FTP 站点时,会首先看到设置在"横幅"文本框内的文字。
- 欢迎使用:用户登录到 FTP 站点后,会看到"欢迎使用"文本框内的文字。
- 退出:用户注销连接后会看到"退出"文本框内的文字。

• 最大连接数：如果 FTP 网站有连接数量限制，而且当前的连接数目已经达到了限制值，此时若用户连接 FTP 网站，将会看到"最大连接数"文本框内的文字。

步骤 3：设置完毕后，可以使用 FTP 命令进行测试。如果使用 IE 之类的浏览器连接此 FTP 站点是看不到以上消息的。

8.2.6 FTP 站点用户隔离设置

用户连接 FTP 站点时，不论利用匿名账户还是利用普通账户登录，都将默认被定向到 FTP 站点的主目录。不过管理员可以利用 FTP 用户隔离功能让用户拥有其专属的主目录，此时用户登录 FTP 站点后会被定向到其专属的主目录，而且会被限制在其主目录中，无法查看或修改其他用户主目录内的文件，提高了网站的安全性。其设置步骤如下。

步骤 1：在"Internet 信息服务(IIS)管理器"窗口中，展开控制台窗口左侧的目录树，选中 FTP 站点，双击控制台中间的功能栏中的"FTP 用户隔离"图标。

步骤 2：在如图 8-16 所示窗口中间的功能栏中，可以设置不同类型用户隔离。常见的选项如下。

图 8-16 FTP 用户隔离

（1）不隔离用户：它不会隔离用户，不过用户登录后的主目录可以设定。

① FTP 根目录：所有的用户都会被定向到 FTP 站点的主目录。

② 用户名目录：用户拥有自己的主目录，不过并不隔离用户，也就是只要拥有适当的权限，用户便可以切换到其他用户的主目录，可以查看、修改其中的文件。

（2）隔离用户：用户拥有其专属的主目录，而且会被限制在其主目录中，因此无法查看或修改其他用户的主目录与其中的文件。

① 用户名目录：在 FTP 网站中新建目录名称与用户名相同的物理目录或虚拟目录，用户连接到 FTP 网站后，便会被定向到目录名称与用户名相同的目录。用户无法访问 FTP 站点中的全局虚拟目录。

② 用户名物理目录：在 FTP 网站中新建目录名称与用户名相同的物理目录，用户连接到 FTP 网站后，便会被定向到目录名称与用户名相同的目录。用户可以访问 FTP 网站中的全局虚拟目录。

③ 在 Active Directory 中配置的 FTP 目录：实现此功能，首先要求管理员在 Active Directory 中为每一个用户指定其专用的主目录（这个目录可以位于 FTP 站点内，也可以位于网络上的其他计算机中）。用户必须用域用户账号登录此 FTP 站点，登录后只能访问自己主目录中的内容，不能访问其他用户的主目录。

步骤 3：在 FTP 站点的主目录中创建 LocalUser 子文件夹，然后在 LocalUser 文件夹下创建与用户账户名称相一致的文件夹和一个名为 Public 的文件夹（Public 文件夹的用于匿名用户访问）。

步骤 4：根据设置的隔离用户的类型进行测试。

8.2.7 FTP 身份验证

在很多情况下，FTP 站点只允许合法的用户来上传或下载资源，这就需要进行身份验证。FTP 站点支持匿名身份验证和基本身份验证两种形式。在创建 FTP 站点时已经做过选择，如果要修改选用的验证方式，其操作步骤如下。

步骤 1：在 Internet 信息服务管理器窗口中，选中窗口左侧栏 FTP 站点后，双击控制台窗口中间栏中的"FTP 身份验证"图标，打开"FTP 身份验证"窗口，如图 8-17 所示。

图 8-17 "FTP 身份验证"窗口

191

步骤 2：在 FTP 身份验证窗口中选中需要修改的验证方法后，在窗口的操作栏中将出现"启动/禁用"、"编辑"等功能链接。单击相应链接即可修改验证状态。

任务 3　访问 FTP 站点

【任务描述】 客户端访问 FTP 站点的方式很多，其应用的环境也不尽相同。客户端在访问 Web 站点或 FTP 站点之前，必须要对其作必要的设置，否则将会影响正常使用。

【任务目标】 通过学习，应当掌握各种客户机的基本设置内容和方法，以及利用 FTP 客户端检测、诊断和访问 FTP 站点的方法。

8.3.1　创建 FTP 用户

当用户登录 FTP 站点时，很多情况下需要一个合法的用户名和密码，这就需要创建 FTP 用户。用户的创建是在"计算机管理"中的"本地用户和组"中创建的，如果安装了 Active Directory，则是在"Active Directory 用户和计算机"中创建的。本地用户的创建如图 8-18 所示。

图 8-18　本地用户的创建

8.3.2　测试 FTP 站点

建立完成 FTP 站点，需要检测 FTP 服务是否工作正常，性能是否满足网络用户的要求。此外用户所处的环境不同，其访问 FTP 站点的方式也不一样。在 Windows 系统中，有以下三种方法来使用 FTP 服务。

1. 利用浏览器

在网络客户机上打开运行的浏览器，在地址栏中输入"ftp://服务器名"（或 IP 地址），查看是否打开了 FTP 主目录，如图 8-19 所示。

图 8-19　利用浏览器查看 FTP

如果需要用合法用户登录，在浏览器窗口中右击，在弹出的快捷菜单中选择"登录"命令，在"登录身份"对话框中输入正确的"用户名"和"密码"，如图 8-20 所示。单击"登录"按钮即打开相应主目录。

图 8-20　"登录身份"对话框

2. 利用命令

单击"开始"→"运行"命令，在运行对话框中输入 cmd，单击"确定"按钮，打开命令提示窗口。在提示符后输入 ftp 服务器名或 IP 地址,按 Enter 键后输入正确的用户名和密码后,即进入 FTP 主目录。然后就可以使用 ftp 命令进行操作,如图 8-21 所示。

图 8-21　FTP 命令

注意:如果利用命令测试拥有虚拟主机名的 FTP 站点时,必须在登录的账户前加上主机名与"|"符号,如图 8-22 所示。

图 8-22　访问虚拟主机名

3. 利用第三方软件

如果利用专用的第三方 FTP 客户登录工具软件,使用或测试 FTP 将更加方便。类似的软件很多,操作大同小异,例如在 Cuteftp 软件中输入"主机"地址、"用户名"和"密码"后,单击"连接"按钮,即显示 FTP 主目录,如图 8-23 所示。

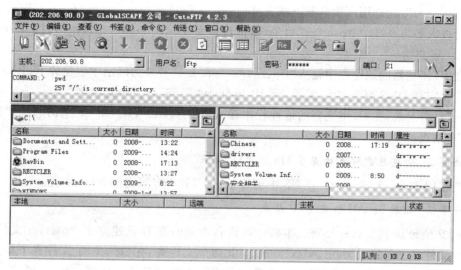

图 8-23　Cuteftp

实　　　　训

1．实训目的

（1）理解文件传输协议的工作原理。

（2）掌握在 Windows Server 2008 系统中利用 IIS 和 Serv-U 架设 FTP 站点。

（3）掌握如何在 FTP 站点中实现上传和下载。

2．实训内容

（1）安装 FTP 发布服务角色服务。

（2）创建 FTP 站点。

（3）在客户机上访问 FTP 站点。

（4）管理 FTP 站点服务器站点消息。

（5）FTP 站点安全管理，如限制匿名访问、站点连接数限制等。

3．实训要求

任务 1：利用 IIS 组建 FTP 站点

（1）服务器端

在一台安装 Windows Server 2008 的计算机（IP 地址为 192.168.1.250，子网掩码为 255.255.255.0，网关为 202.206.80.33;）上设置 1 个 FTP 站点，端口为 21，FTP 站点标识为"FTP 站点训练"；连接限制为 100 000 个，连接超时 120s；日志采用 W3C 扩展日志文件格式，新日志时间间隔为每天；启用带宽限制，最大网络使用 1024Kb/s；主目录为

"D:\ftpserver",允许用户读取和下载文件访问。允许匿名访问(Anonymous),匿名用户登录后进入的将是"D:\ftpserver"目录;虚拟目录为"D:\ftpxuni",允许用户浏览和下载。

(2) 客户端

在 IE 浏览器的地址栏中输入"ftp://192.168.1.250"来访问刚才创建的 FTP 站点。

配合实训 DNS 服务器的配置,将 IP 地址 192.168.1.250 与域名"ftp://ftp.test.edu.cn"对应起来,在 IE 浏览器的地址栏中输入"ftp://ftp.test.ed.cn"来访问刚才创建的 FTP 站点。

任务 2:创建用户隔离的基于 IIS 的 FTP 站点

创建用户 user1 和 user2,在 IIS 中创建基于 FTP 用户隔离的 FTP 站点。

任务 3:利用 Serv-U 组建 FTP 站点

FTP 地址是 192.168.1.250,本机计算机名为 stu,在 D 盘建立了 ftpserver 文件夹,并在此文件夹下创建了 anon、wlzx、sxzx、pub 四个文件夹,在 ftpserver 文件夹下创建两个文本文件,名称分别为"登录消息.txt"和"用户注销.txt"。允许匿名访问(Anonymous),匿名用户登录后进入的将是"D:\ftpserver\anon"目录;创建用户 chujl 和 liuyf,其中 chujl 的文件夹为"D:/ftpserver/wlzx",liuyf 的用户文件夹为"D:/ftpserver/xxzx"。文件夹 pub 可以让所有的用户访问。

4. 实训步骤

(略)

5. 实训总结

(略)

习　　题

一、填空题

1. Internet 网络中,FTP 用于实现_____功能。
2. FTP 服务器分为匿名和非匿名两种,其中可以上传文件是_____。
3. FTP 系统是一个通过 Internet 传输_____的系统。
4. FTP 服务器默认使用 TCP 协议的_____号端口。
5. 建立 FTP 站点最快的方法,是直接利用 IIS 默认建立 FTP 站点,把可供下载的相关文件分门别类地放在该站点默认的 FTP 根目录_____下。

二、选择题

1. 匿名 FTP 服务使用的登录账户名为(　　)。
   A. Anonymous　　　B. Guest　　　　C. E-mail　　　　D. Hello

2. 以下对 FTP 服务叙述正确的是(　　)。

    A. FTP 只能传送文本文件　　　　　　　B. FTP 只能传送二进制文件

    C. FTP 不能传送非二进制文件　　　　　D. 以上述说都不正确

3. 在 Windows Server 2008 操作系统中可以通过安装(　　)组件来创建 FTP 站点。

    A. IIS　　　　　　　　B. IE　　　　　　　　C. POP3　　　　　　　　D. DNS

4. FTP 服务使用的端口是(　　)。

    A. 23　　　　　　　　B. 21　　　　　　　　C. 25　　　　　　　　D. 53

三、简答题

1. FTP 是什么协议？

2. 什么叫"上传"、"下载"？

项目九 WINS 服务器

项目描述

伴随着局域网规模的不断扩大，新联网的计算机和以前联网的计算机不在同一个子网中，而不同子网之间尽管能借助 Windows 2003 或 Windows 2008 系统内置的软路由功能来实现互相通信，但这种通信方式仍然无法让位于不同子网的计算机之间使用网上邻居窗口来直接传输数据。现在需要让位于不同子网的计算机，借助网上邻居窗口快速传输信息。

项目目标

局域网中的两台计算机通过网上邻居窗口相互通信时，系统往往是通过各自主机的 NetBIOS 名称来相互识别的，但由于 NetBIOS 名称是不支持路由功能的，所以即使两个不同子网之间使用了软路由，也不能实现通过网上邻居窗口直接互通。但如果能将参与通信的位于不同子网的计算机主机名称，自动转换成 IP 地址，就能借助路由功能来达到直接互通；而 Windows Server 2008 系统内置的 WINS 服务恰好就能满足这一要求，它可以轻松将计算机的主机名转换成 IP 地址，这样，位于不同子网的两台计算机就能通过"网上邻居"窗口直接传输数据了。

任务 1 WINS 服务概述

【任务描述】 在使用 TCP/IP 协议的局域网络和 Internet 中，主要依靠 IP 地址来代表不同的计算机。但是 TCP/IP 协议无法辨别计算机名称，不能使某台计算机的名称直接代表该 IP 地址。WINS(Windows Internet Name Service)是一种互联网络名称服务，它提供了动态复制数据库的服务，可以将 NetBIOS 名称注册并解析为网络上使用的 IP 地址，解决了网络用户无法通过计算机的友好名称访问计算机的问题。

【任务目标】 要让不同子网中的计算机通过"网上邻居"窗口实现直接互通目的，需要在局域网中安装有 Windows Server 2008 服务器系统的主机中搭建好 WINS 服务器。为更好地实现这一目的，应掌握 WINS 服务的基本概念。

9.1.1　NetBIOS 名称解析

NetBIOS(Network Base Input/Output System)是为 IBM 开发的,允许应用程序基于网络进行接口通信,NetBIOS 向网络协议层发出网络 I/O 及控制指令的 API,NetBIOS 不仅需要 IP 地址,而且需要 NetBIOS 名来唯一确定网上的主机。

NetBIOS 名是唯一的用于标识网络上的 NetBIOS 资源的 16 位字符,该名字由计算机名(15 个字符)加上服务类型(1 个字符)组成。比如,当网络中某台服务器启动时,该服务根据它配置的 NetBIOS 计算机名,在网络上注册一个唯一的 NetBIOS 名称。所注册的名称是指派给该 NetBIOS 计算机名的字符与第 16 个字符的组合。

当网络上的其他计算机使用该服务器的名称连接到该服务器时,系统将使用一个名称查询请求来搜索该 NetBIOS 名称。该查询通过与 WINS 服务器直接联系,或到本地网络的广播来处理查询。当找到名称匹配的服务器进程时,该名称记录中包含的 IP 地址将被返回给请求计算机,然后,就可以使用下层网络传输协议服务来建立通信。

WINS 客户端在启动时,会向 WINS 服务器发送 NBT(在 TCP/IP 上运行的 NetBIOS)广播信息,WINS 服务器在监听到 NBT 广播信息后就会自动将该 WINS 客户端的计算机名称,即 NetBIOS 名与对应的 IP 地址等信息添加到数据库中,这便是 WINS 服务器的注册过程。因为 WINS 客户端在每次启动时都要在 WINS 服务器中注册一次,所以 WINS 服务器的数据库总是在不断更新,以确保客户端能够使用 WINS 服务器提供的正确的解析服务。

NetBIOS 名称主要使用 4 种不同的工作模式进行名称解析。

1. B 节点方式(Broadcast node)

这种方式下,客户端之间不通过 WINS 服务器,只会以广播方式查询 IP 地址,网络上每台计算机都会收到此广播信息,符合查询条件的计算机会返回其 IP 地址。

使用这种方式,广播消息在网络上频繁出现会增加网络的负担,消耗带宽,网络通信效率低下。此外,广播不能跨越路由器传送,广播方式只能找到同一个子网络的计算机。

2. P 节点方式(Point to point)

这种方式下,客户端只会以点对点的方式向 WINS 服务器查询 IP 地址。

使用这种方式,所有的 WINS 客户端都要进行配置,每个 WINS 客户端都必须知道 WINS 服务器的地址。WINS 服务器的可靠性非常重要,如果 WINS 服务器发生故障,网络中的客户端将不能进行通信。

3. M 节点方式(Mixed node)

这是一种 B 节点方式和 P 节点方式的混合查询方式,首先利用 B 节点,如果失败,则利用 P 节点来解析名称。M 节点是把 B 节点和 P 节点结合起来使用。在 M 节点环境中,系统首先要尝试使用 B 节点,利用广播来解析名称,如果 B 节点失败,将自动切换到 P 节点,利用名称服务器的点对点通信解析名称。很明显,使用 M 节点将增加信息流量。但是这种方法允许用户在广域网中通过路由器进行通信,其创建不必要的网络信息流量的选择,使得它不能成为一种优秀的方法。

4. H 节点方式(Hybrid node)

也是一种 B 节点方式和 P 节点方式的混合查询方式,首先利用 P 节点进行名称查询,如果不能获得名称服务或者在 WINS 数据库中没有该名称,则使用 B 节点。但它先使用 P 节点,将减少整个网络的信息流量,因而更具有意义。

在 IP 解析时,如果 P 节点失败,H 节点将在利用 B 节点的同时继续轮询 WINS 服务器,直到联机返回。此时 H 节点将切换回 P 节点以重新解析地址。

9.1.2 WINS 服务的结构

WINS 服务由 WINS 服务器、WINS 客户端、WINS 代理和 WINS 数据库组成,如图 9-1 所示。

图 9-1　WINS 服务的结构

1. WINS 服务器

WINS 服务器处理来自 WINS 客户端的名称注册请求,注册其名称和 IP 地址,并响应客户提交的 NetBIOS 名称查询,如果该名称在服务器数据库中,则返回该查询名称的 IP 地址。

在网络中可以设置多个 WINS 服务器,WINS 客户端首先注册的服务器称为主 WINS 服务器,将 WINS 服务器的 WINS 记录数据库复制到其他 WINS 服务器上,其他的 WINS 服务器称为辅助 WINS 服务器。

2. WINS 客户端

WINS 的客户端是指那些能够配置成直接使用 WINS 服务器的计算机。WINS 客户端的 NetBIOS 名称必须注册在 WINS 服务器上才能在网络上使用。这些名称被用来发布各种网络服务,如"信使"或"工作站"服务,每台计算机都能以各种方式使用这些服务与网络上其他的计算机进行通信。

WINS 客户端在启动或加入网络时,将尝试使用 WINS 服务器注册其名称。注册以后,客户端之间就可以通过 WINS 服务器来查询对方的 IP 地址,这样就可以通过 NetBIOS 名称来开展服务了。

3. WINS 数据库

WINS 服务器上存储 WINS 客户端注册信息的数据库称为 WINS 数据库。WINS 数据库支持对注册信息的压缩存储、备份和还原操作。

4. WINS 代理

WINS 服务是在 Windows 网络环境下使用的,如果要在一些非 Windows 网络客户端和没有安装 WINS 客户端软件的计算机上使用 WINS 服务。则需要将其中的一台 WINS 客户端设置为 WINS 代理,由 WINS 代理来代理其他客户端向 WINS 服务器发出请求,WINS 代理再将返回的结果"翻译"给其他客户端使用。

9.1.3 WINS 的解析过程

WINS 客户端向 WINS 服务器注册后,在 WINS 服务器的数据库中就存储了该客户端的 NetBIOS 名称和 IP 地址的对照。这样 WINS 客户端之间就可以通过查询 WINS 服务器获得对方的 IP 地址进行通信,如图 9-2 所示。

图 9-2　WINS 服务的原理

默认情况下,Windows Server 2008 配置为使用 WINS 进行名称解析时,将支持 H 模式。使用 H 模式的解析过程如下。

(1) 客户端首先检查本级的 NetBIOS 名称缓存。NetBIOS 名称缓存是用来记录已经解析过和 NetBIOS 名称。如果 NetBIOS 名称缓存中有目标计算机的 IP 地址,客户端不必向 WINS 服务器查询。

(2) 如果 NetBIOS 名称缓存中没有目标计算机的 IP 地址,则客户端询问主要 WINS 服务器。如果主 WINS 服务器没有响应时,则转向查询辅助 WINS 服务器。因此在网络中最好建立多台 WINS 服务器,避免因为单个服务器使整个名称解析系统都不能发挥作用。

(3) 如果主要、辅助 WINS 服务器都没有响应,那么客户端会以广播的方式查询目标计算机的 IP 地址。这样,在同一个子网中的每一台计算机都将收到客户端发出的广播,一旦发现自己的 NetBIOS 名称符合要求则返回其 IP 地址。

如果目标计算机和客户端不在同一个子网内,则客户端不能以广播的方式得知 IP 地址,此时客户端就会检查 LMHOSTS 文件(该文件是一个用来记录 NetBIOS 名称与 IP 地址的文本文件),搜索是否有目标计算机的 IP 地址。

9.1.4 WINS 服务的工作过程

在一个 WINS 客户端启动时,都可以在指定的 WINS 服务器中进行注册。在实际应用中,一个 WINS 客户端可以指定两个 WINS 服务器,一个为主 WINS 服务器;另一个为辅助 WINS 服务器。如果主 WINS 服务器不能为 WINS 客户端提供服务,可以由辅助 WINS 服务器继续提供服务。WINS 的工作原理可以分为 4 个阶段:名称注册、名称续租、名称释放和名称解析。

1. 名称注册

在 WINS 系统中,当一个 WINS 客户端启动时,就可以利用点对点(Peer-to-Peer)的方式直接与 WINS 服务器建立联系,以便将其计算机名和 IP 地址等信息注册到 WINS 服务器中。而当 WINS 服务器在收到一个注册请求时,还要根据数据库中是否存在该数据来判断是否要接受该 WINS 客户端的注册请求。具体地讲,当 WINS 服务器接收到 WINS 客户端的请求后,还需要做以下的两件事:判断名称是否唯一、判断名称是否有效。

2. 名称续租

在 WINS 中,WINS 客户端同样要像 DHCP 的租期和续租一样,向服务器续租已注册的名称,WINS 客户端要不断地告诉 WINS 服务器需要继续使用已注册的名称,这样服务器才会更新 WINS 客户端的名称租期,重新复位 TTL。

3. 名称释放

WINS 客户端可以在任何时候通过向 WINS 服务器发送一个名称释放信息来放弃其名称拥有权。该释放信息包含 IP 地址和计算机名。但这种情况主要在 WINS 客户端关机时进行。当 WINS 服务器收到一个释放信息后,将从数据库中删除该 WINS 客户端的注册信息,并返回一个确认释放信息和一个值为 0 的 TTL。此时,该 WINS 客户端在 WINS 服务器中便没有任何注册信息了。

4. 名称解析

在微软网络中,两个 WINS 客户端建立相互间的通信除了使用 WINS 外,还可以利用广播或 LMHOSTS 文件两种方式,或三种方式同时使用,解决名称解析的问题。其实,这 3 种方法可有四种模式来配合:B 节点(b-node)、P 节点(p-node)、M 节点(m-node)、H 节点(h-node)。

9.1.5 Windows Server 2008 中 WINS

在 Windows Server 2008 系统中,最主要的特点就是将 WINS 和 DNS 集成在一起,这就意味着一个支持 DNS 功能的客户端(如 Web 浏览器)可以透明地使用 WINS 解析功能,允许从一个仅知道其计算机名(NetBIOS 名)的计算机上获取 Web 浏览或其他的资源。当一个客户端提出 DNS 查询请求,而 DNS 服务器在其本地区域查寻失败后,会自动转向 WINS 服务器查询 IP 地址。

在 Windows Server 2008 中,WINS 服务器除了具备将 NetBIOS 计算机名称转换为对应的 IP 位置的功能,新的 WINS 服务器又增加了一些新的功能与特性,其中主要的新增特性有以下几项。

1. 高级 WINS 数据库搜索和筛选功能

增强的筛选和新搜索功能有助于通过只显示查找那些满足指定条件的记录来对其定位。这些功能在分析大型 WINS 数据库方面特别有用。可以使用多个条件对 WINS 数据库记录进行高级搜索。这种改进的筛选功能可以将筛选器组合起来,以获得自定义的和精确的查询结果。可用的筛选器包括:记录所有者、记录类型、NetBIOS 名称和 IP 地址(有或者没有子网掩码)。

由于现在可以将查询结果存储在本地计算机的随机存取存储器(RAM)的缓存中,因此后续查询的性能会得到提高,网络通信流量也会减少。

2. 接受复制伙伴

在网络组织中确定复制策略时,可定义一个列表,以便在 Windows Internet 名称服务(WINS)服务器之间的“拉”复制期间对传入的名称记录资源进行控制。

除了阻止来自特定复制伙伴的名称记录外,还可以选择在复制期间只接受特定的 WINS 服务器所拥有的名称记录,将不在列表上的所有服务器的名称记录排除。

3. 使用 Netsh 对 WINS 服务器进行命令行管理

除了用于管理 WINS 服务器的完整图形用户界面外,Windows Server 2008 家族还提供了完全等价的基于命令行的 WINS 工具,名为 Netsh。

4. 持续连接

可以配置每个 WINS 服务器并使用一个或多个复制伙伴来维护一个持续连接。这提高了复制速度并消除了打开和终止连接的时间开销。

5. 手动逻辑删除

可以手动为最终删除的记录作标记(逻辑删除)。记录的逻辑删除状态将被复制到其他 WINS 服务器中,防止已删除记录的任何已复制副本重新出现在它们原来已被删除的相同服务器上。

6. 增强的管理实用程序

WINS 控制台已与 Microsoft 管理控制台(MMC)完全集成,Microsoft 管理控制台提供了功能强大而且用户友好的环境,用户可在其中进行自定义从而提高工作效率。由于 Windows Server 2008 家族中使用的所有服务器管理实用程序都是 MMC 的一部分,基于 MMC 的新实用程序将更容易使用,因为它们操作起来更富预见性,并遵循常见的设计模式。

7. 使用和管理高级 WINS 特性更加容易

WINS 现在包括按特定的所有者或 WINS 复制伙伴(以前被称为 Persona Non Grata)阻止记录的能力,以及使用功能"改写服务器上的唯一静态映射"(以前被称为"启用迁移")。

8. 动态记录删除和多选

这些特性有助于更容易地管理 WINS 数据库。使用 WINS 管理单元,可以简单地指向、单击和删除一个或多个 WINS 静态或动态类型项。在以前,该功能只有当使用基于命令的实用程序时才可用,例如 Winscl.exe,它设计用于 WINS 的早期版本。现在删除那些使用基于非字母数字的字符名称的记录也是可能的。

9. 记录验证和版本号有效性

这些特性迅速检查存储和复制在 WINS 服务器上名称的一致性。记录验证比较由不同 WINS 服务器的 NetBIOS 名称查询所返回的 IP 地址。版本号有效性检查所有者地址到版本号的映射表。

10. 导出功能

当导出时,会将 WINS 数据放入逗号分隔的文本文件中。可以将该文件导出到 Microsoft Excel、报告工具、脚本程序或用于分析和报告的类似程序。

11. 对客户增强的容错能力

运行 Windows 98/2000/XP 和 Windows Server 2008 等操作系统的客户可以在每个接口指定两个以上 WINS 服务器(最多 12 个地址),使用 NetBIOS 名称注册的列表中开头两个服务器。额外的 WINS 服务器地址只有在主/辅助 WINS 服务器都响应失败时才会使用。WINS 客户也得益于使用爆发处理,在默认情况下会启用该处理。

12. 客户端名称的动态重新插入

在使用 WINS 强制重新插入和更新本地 NetBIOS 名称后不必重新启动 WINS 客户。Nbstat 命令包含一个新选项"-RR"，它提供该功能。如果 WINS 客户正在运行 Windows NT 4.0，并被更新到 Service Pack 4 或更高版本，则"-RR"选项也可以对那些客户使用。

13. 对 WINS 控制台的只读控制台访问权限

该功能提供专用的本地用户组，即 WINS 用户组，它在安装 WINS 时会自动添加。通过将成员添加到该组，可以为非管理员的用户提供在 WINS 控制台上只读访问服务器计算机上相关的 WINS 信息。可以允许该组中的用户查看存储在特定 WINS 服务器中的信息和属性，但不能进行修改。

14. 增强的数据库引擎

WINS 使用了增强性能的数据库引擎技术，该技术也用于 Active Directory。

任务 2　WINS 服务器的安装

【任务描述】　当在局域网内需要使用 NetBIOS 名字来实现计算机间的通信时，需要安装 WINS 服务器，以便在 TCP/IP 网络中解决计算机名称与 IP 地址的对应问题。

【任务目标】　能够在 Windows Server 2008 系统中熟练安装 WINS 服务器。

WINS 服务不是 Windows Server 2008 的默认安装发服务，需要管理员在安装完操作系统后再手动安装。一个完整的 WINS 服务器系统的安装要包括 WINS 服务器组件的安装和 WINS 客户端的设置。WINS 服务器的安装方法如下。

步骤 1：单击"开始"→"管理工具"→"服务器管理器"菜单，打开"服务器管理器"窗口，在窗口左侧栏中选择"功能"一项，并单击右侧栏中的"添加功能"链接，如图 9-3 所示。

图 9-3　添加功能

步骤 2：在如图 9-4 所示的对话框中勾选"WINS 服务器"复选框，并单击"下一步"按钮继续。

图 9-4　勾选"WINS 服务器"

步骤 3：在如图 9-5 所示的信息框中提供了需要安装的功能信息，确认之后单击"安装"按钮并开始安装 WINS 服务。

图 9-5　WINS 服务安装信息

步骤 4：经过安装进度的显示过程后，在安装结果中显示安装完成，在如图 9-6 所示的信息框中可以查到安装成功的信息，此时单击"关闭"按钮结束安装向导。

图 9-6　WINS 服务器安装完成

任务 3　配置 WINS 服务

【任务描述】　WINS 服务器安装之后，为更好地应用与管理，还要进行相关的配置。

【任务目标】　能够熟练利用 WINS、DNS 管理控制台，将 WINS 移植到 DNS 服务器，并能正确设置 WINS 的客户端，完成不同环境下的相互通信。

9.3.1　设置 WINS 客户端计算机

客户机如果要使用 WINS 服务，必须对客户机上的 WINS 客户机软件进行设置，对于常用的 Windows XP 客户机来说，可以通过以下步骤完成配置。

步骤 1：在桌面上右击"网上邻居"图标，并在弹出快捷菜单中选择"属性"命令。

步骤 2：在"网络连接"窗口中右击"本地连接"图标，并在弹出快捷菜单中选择"属性"命令。

步骤 3：在如图 9-7 所示的"本地连接 属性"对话框中双击"Internet 协议（TCP/IP）"。

步骤 4：在"Internet 协议（TCP/IP）属性"对话框中，单击下部的"高级"按钮，打开如图 9-8 所示的"高级 TCP/IP 设置"对话框。

步骤 5：单击"添加"按钮，在如图 9-9 所示的对话框中输入要添加的 WINS 服务器的 IP 地址。

图 9-7 "本地连接 属性"对话框

图 9-8 "高级 TCP/IP 设置"对话框

图 9-9 添加 WINS 服务器 IP 地址

步骤 6：单击"添加"按钮，将 WINS 服务器添加到服务器清单，添加所有的 WINS 服务器以后，单击"确定"按钮，完成客户机的设置。

9.3.2 设置支持非 WINS 客户端

如果网络中的非 WINS 客户机要实现与 WINS 客户机以 NetBIOS 名称进行通信，必须为非 WINS 客户机进行相应的设置。

WINS 客户机在开机的时候，会自动向服务器注册 NetBIOS 名称和 IP 地址，但是对于非 WINS 客户机，它们不会自动注册名称与地址，如果希望服务器中也注册它们的数据，则需要手动设置静态映射，设置静态映射的步骤如下。

步骤 1：依次选择"开始"→"管理工具"→"WINS"命令，打开"WINS"控制台窗口。

步骤 2：展开"WINS"控制台窗口左侧的目录树，右击"活动注册"一项，并在弹出的快捷菜单中选择"新建静态映射"命令，如图 9-10 所示。

步骤 3：在如图 9-11 所示的对话框中，可以在"计算机名称"文本框中输入计算机的 NetBIOS 名称，在"IP 地址"文本框中输入 IP 地址，在"NetBIOS 作用域（可选）"文本框中输入所属域，在"类型"下拉列表框中选择计算机名称的类型，完成设置后单击"确定"按钮，将向数据库中手工添加记录。

图 9-10　新建静态映射

图 9-11　静态映射设置

9.3.3　WINS 和 DNS 的交互操作

由于 DNS 是静态的配置,而 WINS 是完全动态的;DNS 能用于非微软公司操作系统客户,而 WINS 不可以,因此将 DNS 和 WINS 集成起来,充分利用各自的优越性,能使得域名解析过程更完美。通过 DNS 和 WINS 的集成能实现动态的 DNS,其基本原理为由 DNS 解析较高层的域名,而将解析的结果传给 WINS,并由 WINS 得到最终的 IP 地址。WINS 将解析结果传给客户机,就如同是 DNS 服务器处理了整个解析过程一样。

1. 在 DNS 中配置正向 WINS 搜索

在 DNS 中配置正向 WINS 搜索的步骤如下。

步骤 1：依次选择"开始"→"管理工具"→"DNS"命令，打开"DNS 管理器"窗口。

步骤 2：在左侧目录树中依次展开"正向查找区域/sjzpt.edu.cn"，右击"sjzpt.edu.cn"之后从弹出的快捷菜单中选择"属性"命令，如图 9-12 所示，此时可以打开"属性"对话框。

图 9-12　配置正向 WINS 搜索

步骤 3：选择"名称服务器"选项卡，其中将显示所有完全合格域名的地址记录。

步骤 4：选择"WINS"选项卡，勾选"使用 WINS 正向查找"复选框，并输入网络 WINS 服务器的 IP 地址，如图 9-13 所示。

图 9-13　设置 WINS 服务器 IP 地址

步骤 5：单击"确定"按钮完成配置。

2. 在 DNS 中配置反向 WINS 搜索

在 DNS 中配置反向 WINS 搜索可以参照如下步骤。

步骤 1：依次选择"开始"→"管理工具"→"DNS"命令，打开"DNS 管理器"窗口。

步骤 2：在左侧目录树中依次展开"反向查找区域/83.206.202.in-addr"，右击 "83.206.202.in-addr.arpa"之后从弹出的快捷菜单中选择"属性"命令，如图 9-14 所示， 此时可以打开"属性"对话框。

图 9-14　配置反向 WINS 搜索

步骤 3：选择"WINS-R"选项卡，在如图 9-15 所示的对话框中勾选"使用 WINS-R 搜 索"复选框，并在"附加到返回的名称域"输入主域信息，该域将附加到 WINS 返回的计算 机名中。例如，如果输入 sjzpt.edu.cn 并且 WINS 返回 NetBIOS 计算机名 liang，则 DNS 服务器会将这两个值组合在一起，返回 liang.sjzpt.edu.cn。

通过在 DNS 中配置正反两个方向的 WINS 搜索，可以使用 WINS 解析完全合格域 名把主机 IP 地址解析为 NetBIOS 计算机名，集成 DNS 和 WINS 协同工作，能使 WINS 的解析过程更为顺畅。

3. 为 DNS 中的 WINS 设置缓存值和超时值

集成 WINS 与 DNS 应设置 WINS 缓存值和超时值。缓存值确定在多长时间内从 WINS 返回的记录有效；超时值确定了 DNS 在等待 WINS 响应时，应在等待多长时间后 才断定 WINS 超时并向它返回错误信息。这些值同时为正向和反向 WINS 搜索设置。

在 DNS 中设置 WINS 的缓存值和超时值，可以在如图 9-15 所示对话框中，单击"高级"按钮,并在如图 9-16 所示的对话框中进行设置。DNS 默认缓存 WINS 记录 15 分钟,超时 2 秒。对于大多数网络来说,均应增加这些值。60 分钟的缓存值和 3 秒的超时值可能更为适当。

图 9-15　使用 WINS-R 搜索　　　　图 9-16　设置缓存值和超时值

4. 配置完全的 WINS 和 DNS 集成

配置完全的 WINS 和 DNS 集成可使用 NetBIOS 计算机名和 NetBIOS 作用域来解析搜索。当 DNS 服务器查找完全合格域名的地址记录的时候,如果找到记录服务器利用该记录仅通过 DNS 来解析域名;如果未找到记录,服务器则会将域名的最左端部分抽取为 NetBIOS 计算机名,将其余部分抽取为 NetBIOS 作用域。这些值接着会传递给 WINS 进行解析。

配置 WINS 和 DNS 的完全集成,可以在如图 9-16 所示的对话框中勾选"把 DNS 域作为 NetBIOS 作用域提交"复选框,确认之后即可。

完全集成 WINS 和 DNS 之前,应确保 NetBIOS 作用域在网络上配置适当,还应确保为所有网络计算机使用一致的命名方案。由于 NetBIOS 区分大小写,所以仅在大小写完全匹配的情况下才会解析查询。另应注意,如果有子域,则必须给子域委派名称服务权限,这样才能使 WINS 和 DNS 集成正常工作。

9.3.4　配置 WINS 代理服务器

WINS 代理是一个 WINS 客户端计算机,该计算机配置为代表其他不能直接使用 WINS 的主计算机执行所需操作。WINS 代理帮助解析路由 TCP/IP 网络上的计算机的 NetBIOS 名称查询。默认情况下,大多数计算机都不能使用 WINS 名称来解析 NetBIOS 名称查询,以及在网络上注册其 NetBIOS 名称。用户可以配置一个 WINS 代理来代表这些计算机进行监听,并向 WINS 查询广播未解析的名称。WINS 代理仅对于只包括

NetBIOS 广播（或 B 节点）客户端的网络有用或必要。对于大多数网络，一般都是启用 WINS 的客户端，因此不需要 WINS 代理。WINS 代理是启用 WINS 的计算机，它监听 B 节点 NetBIOS 名称服务功能（名称注册、名称释放和名称查询），并且能对本地网络不适用的远程名称进行响应。代理直接与 WINS 服务器进行通信，以检索响应这些本地广播所需的信息。

WINS 代理用于一些非 Windows 网络客户机和没有安装 WINS 客户机软件的计算机使用 WINS 服务。当 B 节点客户端注册其名称时，代理将对照 WINS 服务器数据库检查该名称。如果 WINS 数据库中已经有该名称，则该代理可能会试图注册该名称的 B 节点客户端发回一个否定的注册响应。当 B 节点客户端释放其名称时，代理将从其远程名称缓存中删除该客户端名称。当 B 节点客户端发送一个名称查询时，代理将适用其远程名称缓存中的本地信息，或通过它从 WINS 服务器获得的信息来解析该名称。

那么，WINS 代理如何解析名称呢？图 9-17 显示了将一台 WINS 代理（HOST-B）用于包含一个 B 节点客户端（HOST-A）的子网。

WINS 代理使用以下步骤来解析该 B 节点计算机的名称。

HOST-A 向本地子网广播一个 NetBIOS 名称查询，HOST-B 接受该广播，并在其缓存中检查合适的该 NetBIOS 计算机名到 IP 地址的映射，HOST-B 处理该请求。如果 HOST-B 的

图 9-17　WINS 代理示意图

缓存中有一个名称到 IP 地址的映射与 HOST-A 请求的映射相匹配，它就会将该信息返回给 HOST-A，如果没有，HOST-B 就会向 WINS 服务器查询 HOST-A 所请求的映射。当 HOST-B 从它配置的 WINS 服务器（此例中的 WINS-A）接收到所请求的名称到 IP 地址的映射时，就会立即将该信息缓存起来。默认情况下，WINS 代理会将它在 WINS 中查询到的远程名称映射缓存 6 分钟，但该时间可以设置，最短为 1 分钟。然后，HOST-B 可以使用该映射信息，来应答随后来自 HOST-A 或子网上其他 B 节点计算机的 NetBIOS 名称查询广播。

注意：因为 WINS 服务器不对广播进行响应，所以对于包含必须使用广播来解析 NetBIOS 名称的非 WINS 计算机的每个子网，都应该配置一台计算机充当 WINS 代理。

当 WINS 代理用来响应对多宿主客户端或包含 IP 地址列表的一组记录的查询时，只有第一个列出的地址返回到 B 节点客户端。

任何一个 WINS 客户机都可以配置成代理，WINS 代理的配置很简单，具体过程如下。单击"开始"→"运行"命令，在"运行"的文本框中输入 regedit。启动"注册表编辑器"找到"HEKEY_LOCAL_MACHINE\SYSTEM\CurrentControlSet\Services\NetBT\Parameters"，修改右侧窗口中 EnableProxy 的键值为"1"，如图 9-18 所示。

图 9-18　修改 WINS 代理的键值

任务 4　WINS 数据库

【任务描述】　为了避免在网络中单台 WINS 服务器发生故障时导致无法提供服务的危险,在网络中最好设置两台(或以上)WINS 服务器(主 WINS 服务器、辅助 WINS 服务器),这两台服务器的数据库互为备份,也就是相互复制数据库,以保持两台服务器上的数据库中的数据是相同的,提高了可靠性和容错性。WINS 数据库的复制采用的是一种增量型的复制,即在复制过程中只复制数据库中变化的记录,并不是复制整个数据库。

【任务目标】　能够对 WINS 服务器中的有关 WINS 数据库进行查看、存储、备份等操作。

9.4.1　WINS 数据库复制

1. 建立复制伙伴

如果网络中有多台 WINS 服务器,可以相互设置为复制伙伴来复制对方的 WINS 数据库。这样做可以分流 WINS 客户机的查询请求、相互备份。当复制伙伴的 WINS 数据库信息改变时,将自动通知主 WINS 服务器,完成数据的更新。建立复制伙伴的操作如下。

步骤 1:单击“开始”→“管理工具”→“WINS”命令,打开 WINS 管理控制台。

步骤 2:在 WINS 控制台中右击 WINS 服务器下的“复制伙伴”,在出现的快捷菜单中选择“新建复制伙伴”命令,如图 9-19 所示。

图 9-19 新建复制伙伴

步骤 3：出现"新的复制伙伴"界面，如图 9-20 所示，在"WINS 服务器"文本框中为 WINS 服务器添加复制伙伴的 IP 地址或名称，完成后单击"确定"按钮。

2. 数据库复制

设置完复制伙伴后，就可以在 WINS 服务器之间完成数据库的复制操作。WINS 服务器之间的复制有两种方法："推"复制和"拉"复制。

图 9-20 添加服务器

（1）"推"复制

WINS 服务器将其数据中更改过的数据（而不是全部数据）复制给其接收伙伴，发送伙伴在发送数据时，通知其接收伙伴接收数据的方式有两种：到达系统管理员所设置的数据"更新计数"时执行复制，或者由系统管理员执行立即复制操作。执行推复制操作步骤如下。

步骤 1：在 WINS 控制台中右击右侧窗口中的复制伙伴，在弹出的快捷菜单中选择"开始'推'复制"命令，如图 9-21 所示。

图 9-21 数据库复制

步骤 2：打开"启动推复制"窗口，在该窗口中可以选择推复制的方法："仅为此伙伴启动"或"传播到所有伙伴"。

（2）"拉"复制

"拉"复制是指 WINS 服务器向其他伙伴服务器发出复制请求，将其他 WINS 服务器的数据库复制到自己的数据库中。复制伙伴传来数据的方式也有两种：到达系统管理员所设置的复制时间，或由系统管理员执行立即复制操作。执行拉复制操作如下：

在 WINS 控制台右击右侧窗口的复制伙伴，在弹出的快捷菜单中选择"开始'拉'复制"命令。系统出现"确认启动拉复制"对话框，单击"是"按钮后，开始执行拉复制操作。

9.4.2　维护 WINS 服务器数据库

WINS 数据库保存了网络中 NetBIOS 名称到 IP 地址的映射，用户可以对数据库进行备份、还原及设置数据库的验证间隔时间。

1. 备份 WINS 数据库

为了防止突发事件造成 WINS 服务器数据的丢失，用户可以采用系统自动备份或手动备份的方法来对 WINS 数据库进行备份。自动备份的方法如下。

步骤 1：在 WINS 控制台中，右击 WINS 服务器，从弹出的快捷菜单中选择"属性"命令，打开 WINS 服务器"属性"对话框，选择"常规"选项卡，如图 9-22 所示。

图 9-22　"常规"选项卡

步骤 2：在"数据库备份"的"默认备份路径"文本框中输入数据库德备份路径，也可以单击"浏览"按钮，选择用来存入备份文件的文件夹。选中"服务器关闭期间备份数据库"，这样当关闭 WINS 服务器时,将自动执行 WINS 数据库的备份。默认情况下系统不进行数据库备份。设置了数据库备份路径后,默认情况下系统不进行数据库备份。设置了数据库备份路径后,默认情况下每 24 小时进行一次备份。通过输入一个路径或者使用"浏览"按钮选择备份文件夹位置之后,WINS 会自动在该路径中添加子文件夹 Wins_bak\new。备份的数据库就存储在该子文件夹中。

用户还可以选择手动立即备份数据库,操作步骤如下。

步骤 1:在 WINS 控制台中,右击 WINS 服务器,从弹出的快捷菜单中选择"备份数据库"。

步骤 2:出现如图 9-23 所示的"浏览文件夹"对话框,在该对话框中选择用来存放备份数据的文件夹,单击"确定"按钮。

步骤 3:单击"确定"按钮后,系统会弹出如图 9-24 所示的"数据备份顺利完成"消息框,表示已经成功地对服务器的数据库做了一次备份。

图 9-23　浏览文件夹

图 9-24　备份成功

2. 还原 WINS 数据库

如果 WINS 服务器的数据库出现了问题,则可以用已经备份过的数据来进行还原操作,其步骤如下。

步骤 1:还原 WINS 数据库之前,必须先停止 WINS 服务器,右击 WINS 服务器,从弹出的快捷菜单中执行"所有任务/停止"命令,如图 9-25 所示。系统会出现"停止WINS"对话框,系统停止 WINS 服务器的工作。

步骤 2:停止 WINS 服务后,开始还原数据库,右击 WINS 服务器,从弹出的快捷菜单中选择"还原数据库"命令。

步骤 3:在弹出的"浏览文件夹"对话框中选择先前备份的数据存放的文件夹,单击"确定"按钮。

步骤 4:在执行还原数据库时,WINS 服务会自动启动。还原完毕后,系统会弹出"数据库还原成功完成"的消息框,单击"确定"按钮,WINS 服务器就可以正常运行了。

图 9-25　停止 WINS 服务器

3. 设置数据库验证间隔

WINS 服务器如果曾经和其他计算机相互复制数据,则经过验证间隔后,会主动向复制来源计算机要求验证复制来的数据是否需要更新或者应该消失。用户通过设置 WINS 数据库德验证间隔,就可以使 WINS 服务器定时检查数据库,确认当前数据是否和网络上的其他服务器保持一致。在定时检查数据库的时候,WINS 服务器会复制所有其他服务器的数据进行每笔记录的新旧识别(通过版本号),如果其他服务器上有比本机更新的数据则覆盖本机的记录,设置步骤如下。

步骤 1:在 WINS 控制台中,右击 WINS 服务器,在弹出的快捷菜单中选择"属性"命令,打开"属性"对话框,选择"数据库验证"选项卡,如图 9-26 所示。

图 9-26　数据库验证

步骤 2：在"验证数据库"选项卡中可以设置数据库验证间隔时间，即 WINS 服务器定期检查数据库的周期；可以设置检查开始的时间、一周验证的最大记录数量以及选择是检查"所有者服务器"还是"随机选择的伙伴"两种检查根据。

4. 查看数据库信息

WINS 服务器上的数据库记录了 WINS 客户机的注册情况。通过数据库查看注册信息的操作如下。

步骤 1：在 WINS 控制台中右击 WINS 服务器下的"活动注册"，在弹出的快捷菜单中选择"显示记录"命令。

步骤 2：出现"显示记录"对话框的"记录映射"选项卡，如图 9-27 所示。若选中"筛选与此名称样式匹配的记录"复选框，将按照在文本框中输入的名称进行显示；若选中"筛选与此 IP 地址匹配的记录"复选框，将按照输入的 IP 地址显示匹配的记录；若选中"启用结果缓存"复选框，将为显示的结果开辟内存区缓存结果，缓存可以类似查询的速率。

图 9-27　记录映射

步骤 3：打开"记录所有者"选项卡。在"为这些所有者显示记录"列表框中显示了 WINS 服务器上所有的数据库所有者。如果有多个服务器，这里将显示多个所有者，可以选择显示具体的那些所有者（服务器）上的记录，如图 9-28 所示。

步骤 4：单击"记录类型"选项卡。用于选择显示数据库中的记录类型，WINS 记录类型包括：工作站、信使、RAS 服务器、域控制器、正常组名、NetsDDE、文件服务器、网络监视器代理程序、网络监视器名称等，如图 9-29 所示。

5. 设置数据库记录的保存期限

在 WINS 服务器数据库中的每笔记录都是有保存期限的，客户端在经过保存期限的 1/2 时间以后，就会尝试重新传送名称和地址来更新数据，否则保存期到了以后，服务器

图 9-28　记录所有者　　　　　　　　　　　　　　图 9-29　记录类型

就会删除这笔记录。用户根据网络的需要设置记录的保存期限,客户端会自动在期限到期以前更新数据。设置步骤如下。

步骤 1：在 WINS 控制台中,右击服务器,从弹出的快捷菜单中选择"属性"命令,在"属性"对话框中选择"间隔"选项卡,如图 9-30 所示。

图 9-30　设置保存期限

步骤 2：设置如下参数。

① "更新间隔"：是用于设置 WINS 工作站必须重新登记其名字的时间间隔(即 TTL 时间),默认是 6 天(144 小时)。在此期间,如果 WINS 工作站未进行重新登记,则此名字便会被设置为"已释放"。该"更新间隔"不宜设置得过短,那样会增加网络负担。一般情

况下,只要 WINS 工作站正常注销,WINS 服务器便会自动将此名字设置为"已释放"。但是,如果 WINS 工作站非正常关机(如直接关掉电源),则 WINS 服务器要等到"更新间隔"期满后再将此名字设置为"已释放"。

② "废弃间隔":在 WINS 服务器上,已经被设置为"已释放"的名字,经过此"废弃间隔"时间后,便会被设置为"废弃不用"。

③ "废弃超时":在 WINS 服务器上,已经被设置为"废弃不用"的名字,经过此"废弃超时"时间后,便会被从 WINS 服务器的数据库中清除。

④ "验证间隔":经过此时间后,必须验证那些不属于此 WINS 服务器的名称是否仍然活动,对未活动的名字将进行清除处理。

实　　训

1. 实训目的

掌握 Windows Server 2003 WINS 服务器的安装、配置与管理的方法,主要包括客户端和服务器的设置、数据库的维护等。

2. 实训内容

(1) 安装 WINS 服务。
(2) 维护 WINS 数据库。
(3) 数据库的复制。
(4) 设置静态映射。
(5) 配置 WINS 客户机。

3. 实训要求

(1) WINS 服务器:计算机名为 WINS1,IP 地址为 192.168.1.11,采用 Windows Server 2008 操作系统。

(2) WINS 客户机 1:计算机名为 WINS2,IP 地址为 192.168.1.12,采用 Windows Server 2008 操作系统。

(3) WINS 客户机 2:计算机名为 WINS3,IP 地址为 192.168.1.13,采用 Windows XP 操作系统。

4. 实训步骤

(略)

5. 实训总结

(略)

习　题

一、填空题

1. WINS 的全称为_____。

2. WINS 提供了_____名字到_____地址映射。

3. WINS 数据库默认的保存路径为_____。

二、选择题

1. 启用客户机 WINS 功能的方式为命令(　　)。
   A. 选择"开始"→"设置"→"管理工具"→WINS
   B. 在 TCP/IP 属性中的"默认网关"里添入 WINS 服务器的 IP 地址
   C. 在 TCP/IP 属性中的"首选 DNS 服务器"里添入 WINS 服务器的 IP 地址
   D. 在 TCP/IP 属性页中的"高级"设置里的"WINS"选项卡中,添入 WINS 服务器的 IP 地址

2. 实现将 WINS 迁移到 DNS 的方法是(　　)。
   A. 客户端删除网络属性中的 WINS,重新为用户配置基于 DNS 名称服务的属性
   B. 为用户配置基于 DNS 名称服务的属性,然后删除客户端网络属性中的 WINS
   C. 把 WINS 数据库的数据复制到 DNS 的数据库中
   D. 以上操作都可实现

三、简答题

1. 简述 WINS 在网络中的作用。

2. 简述 WINS 具有的优点。

3. WINS 服务器属性页的"间隔"选项卡中的"更新间隔"、"废弃间隔"、"废弃超时"的含义是什么?

4. 描述如何利用广播解析 NetBIOS 名称。

项目十　活动目录

项目描述

　　某公司是一个规模较大 IT 公司,其员工较多,可共享使用的网络资源也较多,原来这些资源分别由不同的服务器管理,不仅管理较为琐碎,使用也不方便。现在此公司欲实现所有账户、共享资源由服务器集中管理,并可以用一个账户在公司的任何一台计算机上登录、查询、使用公司任何的共享资源,兼顾方便性与安全性。

项目目标

　　利用 Windows Server 2008 的 AD(活动目录)网络构架,可以实现网络资源的集中管理。活动目录存储整个网络上的资源信息,例如,用户、组和计算机账户、共享资源和打印机等,便于用户的查找、管理和使用这些资源。

任务 1　认知活动目录

　　【任务描述】　在域树、单域、森林等多种域网络的组织结构中,企业只有规划一个合理的网络结构,才能很好地管理与使用网络。活动目录是域的核心,通过活动目录可以将网络中各种完全不同的对象以相同的方式组织到一起。活动目录不但更有利网络管理员对网络的管理,方便用户查找对象,也使得网络的安全性大大增强。

　　【任务目标】　了解域、活动目录与活动目录服务之间的关系于基本知识;熟知“域”网络可以构架的各种组织结构;熟悉活动目录的特征与结构;能够利用利用组织单元来构建企业“单域”的网络,可以合理、有效地管理与组织活动目录中的各种对象。

　　活动目录是 Windows Server 2008 操作系统完全实现的目录服务,是 Windows Server 2008 网络体系的基本结构模型,也是 Windows Server 2008 网络操作系统的核心支柱。

10.1.1　目录和活动目录

　　目录服务是网络管理的重要内容。活动目录(Active Directory)是 Windows Server 2008 系统中提供的目录服务,用于存储网络上各种对象的相关信息,以便于管理员查找和使用。

1. 目录

以前所指的目录是代表文件存储在磁盘上的位置和层次关系,目录的属性是相对固定的,所以它是静态的。由于目录之间没有相互关联,在不同应用程序中同一对象要进行多次配置,管理起来相当烦锁,影响了系统资源的使用效率。因此使用效率较低,管理较为复杂。

2. 活动目录

活动目录是一个全面的目录服务管理方案,也是一个企业级的目录服务,具有很好的可伸缩性。活动目录采用了 Internet 的标准协议,它与操作系统紧密地集成在一起。活动目录可以管理诸如计算机对象、用户账户、打印机之类的网络资源。几乎所有的应用都可以直接利用系统提供的目录服务结构,而且活动目录也具有很好的扩充能力,允许应用程序定制目录中对象的属性或者添加新的对象类型。

活动目录是活动的,所以它是动态的,它是一种包含服务功能的目录,如找到了一个用户名,就可联想到它的账号、电子邮件地址等所有基本信息。同时不同应用程序之间还可以对这些信息进行共享,减少了系统开发资源的浪费,提高了系统资源的利用率。

3. 目录与活动目录区别

活动目录包括两个方面:目录和与目录相关的服务。目录是存储各种对象的一个物理上的容器,从静态的角度来理解活动目录与以前所结识的"目录"和"文件夹"没有本质区别,仅仅是一个对象,是一实体;而目录服务是使目录中所有信息和资源发挥作用的服务,活动目录是一个分布式的目录服务,信息可以分散在多台不同的计算机上,保证用户能够快速访问,因为多台机上有相同的信息,所以在信息容氏方面具有很强的控制能力,正因为如此,不管用户从何处访问或信息处在何处,都对用户提供统一的视图。

4. 活动目录的作用

安装了活动目录的计算机称为"域控制器",对于用户而言,只要加入并接受域控制器的管理就可以在一次登录之后全网使用,方便地访问活动目录提供的资源。对于管理员,则可以通过活动目录的集中管理就能管理全网的资源。

如果把网络看作一本书,活动目录就好比是书的目录,用户查询活动目录就类似查询书的目录,通过目录就可以访问相应的网络资源。但这种活动目录是活动的、动态的。当网络上的资源变化时,其对应的目录项就会动态更新。

10.1.2 Active Directory 的组织结构

活动目录的逻辑结构非常灵活,它提供了完全树状层次结构视图,系统通过使用域组织和 Active Directory 域服务来加强通信功能,从而满足企业对于简化用户与网络连接的要求。活动目录中的逻辑单元包括:名字空间、对象、容器、域、组织单元、域树、域林、站点、域控制器等。

（1）名字空间：从本质上讲，活动目录就是一个名字空间，可以把名字空间理解为任何给定名字的解析边界，这个边界就是指这个名字所能提供或关联、映射的所有信息范围。通俗地说就是在服务器上通过查找一个对象可以查到的所有关联信息总和，如一个用户，如果在服务器已给这个用户定义了用户名、用户密码、工作单位、联系电话、家庭住址等，那上面所说的总和广义上理解就是"用户"这个名字的名字空间，因为只输入一个用户名即可找到上面所列的一切信息。名字解析是把一个名字翻译成该名字所代表的对象或者信息的处理过程。例如，在一个电话目录形成一个名字空间中，可以从每一个电话户头的名字可以被解析到相应的电话号码。

（2）对象：是活动目录中的信息实体，也即通常所见的"属性"，但它是一组属性的集合，往往代表了有形的实体，比如用户账户、文件名等。对象通过属性描述它的基本特征，比如，一个用户账号的属性中可能包括用户姓名、电话号码、电子邮件地址和家庭住址等。

（3）容器：是活动目录名字空间的一部分，与目录对象一样，它也有属性，但与目录对象不同的是，它不代表有形的实体，而是代表存放对象的空间，因为它仅代表存放一个对象的空间，所以它比名字空间小。比如一个用户，它是一个对象，但这个对象的容器就仅限于从这个对象本身所能提供的信息空间，如它仅能提供用户名、用户密码。其他的如工作单位、联系电话、家庭住址等就不属于这个对象的容器范围了。

（4）目录树：在任何一个名字空间中，目录树是指由容器和对象构成的层次结构。树的叶子、节点往往是对象，树的非叶子节点是容器。目录树表达了对象的连接方式，也显示了从一个对象到另一个对象的路径。在活动目录中，目录树是基本的结构，从每一个容器作为起点，层层深入，都可以构成一棵子树。一个简单的目录可以构成一棵树，一个计算机网络或者一个域也可以构成一棵树。

（5）域：是 Windows 网络系统的安全性边界。一个计算机网最基本的单元就是"域"，活动目录可以贯穿一个或多个域。在独立的计算机上，域即指计算机本身，一个域可以分布在多个物理位置上，同时一个物理位置又可以划分不同网段为不同的域，每个域都有自己的安全策略以及它与其他域的信任关系。当多个域通过信任关系连接起来之后，活动目录可以被多个信任域共享。

（6）组织单元：是用户、组、计算机和其他单元在活动目录中的逻辑管理单位，组织单元不能包括来自其他域的对象。组织单元是可以指派组策略设置或委派管理权限的最小作用单位。使用组织单元，可在组织单元中代表逻辑层次结构的域中创建容器，这样就可以根据组织模型管理账户、资源的配置和使用，可使用组织单元创建可缩放到任意规模的管理模型。可授予用户对域中所有组织单元或对单个组织单元的管理权限，组织单元的管理员不需要具有域中任何其他组织单元的管理权。

（7）域树：由多个域组成，这些域共享同一表结构和配置，形成一个连续的名字空间。树中的域通过信任关系连接起来，活动目录包含一个或多个域树。域树中的域层次越深级别越低，一个"."代表一个层次，如域 child.microsoft.com 就比 microsoft.com 这个域级别低，因为它有两个层次关系，而 microsoft.com 只有一个层次。而域 grandchild.child.microsoft.com 就比 child.microsoft.com 级别低，道理一样。

域树中的域是通过双向可传递信任关系连接在一起。由于这些信任关系是双向的而且是可传递的，因此在域树或树林中新创建的域可以立即与域树或树林中每个其他的域建立信任关系。这些信任关系允许单一登录过程，在域树或树林中的所有域上对用户进行身份验证，但这不一定意味着经过身份验证的用户在域树的所有域中都拥有相同的权利和权限。因为域是安全界限，所以必须在每个域的基础上为用户指派相应的权利和权限。

(8) 域林：指由一个或多个没有形成连续名字空间的域树组成，它与上面所讲的域树最明显的区别就在于这些域树之间没有形成连续的名字空间，而域树则是由一些具有连续名字空间的域组成。但域林中的所有域树仍共享同一个表结构、配置和全局目录。域林中的所有域树通过 Kerberos 信任关系建立起来，所以每个域树都知道 Kerberos 信任关系，不同域树可以交叉引用其他域树中的对象。域林都有根域，域林的根域是域林中创建的第一个域，域林中所有域树的根域与域林的根域建立可传递的信任关系。

(9) 站点：站点是指包括活动目录域服务器的一个网络位置，通常是一个或多个通过 TCP/IP 连接起来的子网。站点内部的子网通过可靠、快速的网络连接起来。站点的划分使得管理员可以很方便地配置活动目录的复杂结构，更好地利用物理网络特性，使网络通信处于最优状态。当用户登录到网络时，活动目录客户机在同一个站点内找到活动目录域服务器，由于同一个站点内的网络通信是可靠、快速和高效的，所以对于用户来说，可以在最短的时间内登录到网络系统中。因为站点是以子网为边界的，所以活动目录在登录时很容易找到用户所在的站点，进而找到活动目录域服务器完成登录工作。

(10) 域控制器：域控制器是使用活动目录安装向导配置的 Windows Server 2008 的计算机。活动目录安装向导安装和配置为网络用户和计算机提供活动目录服务的组件供用户选择使用。域控制器存储着目录数据并管理用户域的交互关系，其中包括用户登录过程、身份验证和目录搜索，一个域可有一个或多个域控制器。为了获得高可用性和容错能力，使用单个局域网(LAN)的小单位可能只需要一个具有两个域控制器的域。具有多个网络位置的大公司在每个位置都需要一个或多个域控制器以提供高可用性和容错能力。

10.1.3 规划活动目录

活动目录是整个 Windows Server 2008 操作系统中的一个关键服务，它不是孤立的，它与许多协议和服务有着非常紧密和关系，还涉及整个系统的系统结构和安全。安装"活动目录"不是安装一般 Windows 组件那么简单，在安装前要进行一系列的规划和准备。

(1) 在安装活动目录之前，必须保证已经有一台机器安装了 Windows Server 2008、至少有一个 NTFS 分区，而且已经在 TCP/IP 中配置了静态 IP 地址和 DNS 协议，并且 DNS 服务支持 SRV 记录和动态更新协议。

（2）要规划好整个系统的域结构,活动目录它可包含一个或多个域,如果整个系统的目录结构规划得不好、层次不清,就不能很好地发挥活动目录的优越性。在这里选择根域(就是一个系统的基本域)是一个关键,根域名字的选择可以有以下几种方案。

① 可以使用一个已经注册的 DNS 名作为活动目的根域名,这样的好处在于企业的公共网络和私有网络使用同样的 DNS 名字。

② 还可使用一个已经注册的 DNS 域名的子域名作为活动目录的根域名。

③ 为活动目录选择一个与已经注册的 DNS 域名完全不同的域名。这样可以使企业网络在内部和互联网上呈现出两种完全不同的命名结构。

④ 把企业网络的公共部分用一个已经注册的 DNS 域名进行命名,而私有网络用另一个内部域名,从名字空间上把两部分分开,这样做就使得某一部分要访问另一部分时必须使用对方的名字空间来标志对象。

（3）要进行域和账户命名规划,因为使用活动目录的意义之一就在于使内、外部网络使用统一的目录服务,采用统一的命名方案,以方便网络管理和商务往来。活动目录域名通常是该域的完整 DNS 名称,但是为确保向下兼容,每个域最好还有一个 Windows Server 2008 以前版本的名称,以便在运行以前版本的操作系统的计算机上使用。用户账户在活动目录中,每个用户账户都有一个用户登录名、一个以前版本的用户登录名(安全账户管理器的账户名)和一个用户主要名称后缀。在创建用户账户时,管理员输入其登录名并选择用户主要名称,活动目录建议以前版本的用户登录名使用此用户登录名的前20个字节。活动目录命名策略是企业规划网络系统的第一个步骤,命名策略直接影响到网络的基本结构,甚至影响网络的性能和可扩展性。活动目录为现代企业提供了很好的参考模型,既考虑到了企业的多层次结构,也考虑到了企业的分布式特性,甚至为直接接入 Internet 提供完全一致的命名模型。

（4）要注意设置规划好域间的信任关系,对于 Windows Server 2008 计算机,通过基于 Kerberos V5 安全协议的双向、可传递信任关系启用域之间的账户验证。在域树中创建域时,相邻域(父域和子域)之间自动建立信任关系。在域林中,在树林根域和添加到树林的每个域树的根域之间自动建立信任关系。如果这些信任关系是可传递的,则可以在域树或域林中的任何域之间进行用户和计算机的身份验证。

如果将以前版本的 Windows 域升级为 Windows Server 2008 域时,2008 域将自动保留域和任何其他域之间现有的单向信任关系。包括以前版本的 Windows 域的所有信任关系。如果用户要安装新的 2008 域并且希望与任何以前版本的域建立信任关系,则必须创建与那些域的外部信任关系。

任务 2　创建和管理域控制器

【任务描述】 企业网络采用域的组织结构,可以使得局域网的管理工作变得更集中、更容易、更方便。虽然活动目录具有强大的功能,但是安装 Windows Server 2008 操作系统时并未自动生成活动目录。现在,管理员必须通过安装活动目录来建立域控制器,并通过活动目录的管理来实现针对各种对象的动态管理与服务。

【任务目标】 作为网络管理员,只有明确安装域控制器的条件和准备工作,掌握域网络的组建流程和操作技术,才能在服务器上安装好 Windows Server 2008 操作系统。为此,可以启用网络操作系统内置的活动目录安装向导,成功安装并激活"Active Directory 域服务",将使得一个独立服务器升级为域控制器。

10.2.1 安装 Active Directory

在 Windows Server 2008 中安装活动目录的步骤如下。

步骤 1:单击"开始"→"程序"→"管理工具"→"服务器管理器"命令,打开"服务器管理器"控制台,在左侧选择"角色",单击右部区域"角色摘要"中的"添加角色",打开"添加角色向导"。

步骤 2:单击"下一步"按钮,在选择服务器角色窗口中勾选"Active Directory 域服务"复选框,如图 10-1 所示。

图 10-1　选择服务器角色

步骤 3:单击"下一步"按钮,出现"Active Directory 域服务"页面,再单击"下一步"按钮继续安装,如图 10-2 所示。

步骤 4:在"确认安装信息"页面中显示了安装域服务的相关信息,单击"安装"按钮开始安装,如图 10-3 所示。

图 10-2　域服务简介

图 10-3　确认安装

步骤 5：经过安装进度的显示之后，将显示安装结果对话框，在此可以看到当前计算机已经安装为 Active Directory 域控制器，单击"关闭"按钮退出"添加角色向导"，如图 10-4 所示。

229

图 10-4　安装结果

步骤 6：返回"服务器管理器"窗口，在控制台目录树中看到 Active Directory 域服务已经安装，但是还没有将当前服务器作为域控制器运行，如图 10-5 所示。

图 10-5　"服务器管理器"窗口

步骤 7：单击"角色摘要"中的"Active Directory 域服务"链接。再单击服务器管理器窗口右侧栏中 Active Directory 域服务下的"运行 Active Directory 域服务安装向导（dcpromo.exe）"链接来继续安装域服务，如图 10-6 所示。

步骤 8：在域服务安装向导欢迎界面中可以勾选"使用高级模式安装"复选框，可以针对域控制器的更多细节部分进行设置，使新用户对配置选项更加熟悉，如图 10-7 所示。

步骤 9：单击"下一步"按钮，出现操作系统兼容性简介，再单击"下一步"按钮继续安装，如图 10-8 所示。

图 10-6　查看域服务

图 10-7　安装向导欢迎界面

图 10-8　操作系统兼容性介绍

步骤 10：单击域控制器部署配置窗口中的"在新林中新建域"单选按钮，单击"下一步"按钮，如图 10-9 所示。

图 10-9　部署域控制器

步骤 11：在"目录林根级域的 FQDN"文本框中输入一个完整的域名，如图 10-10 所示。

图 10-10　输入域名

步骤 12：单击"下一步"按钮，在"域 NetBIOS 名称"的文本框中会出现系统默认的 NetBIOS 名称，也可以输入一个新名称，如图 10-11 所示。

步骤 13：单击"下一步"按钮，在"林功能级别"下拉列表框中可以选择不同的 Windows 版本，考虑到网络中有低版本的 Windows 系统域控制器，可以选择较低的版本项，如图 10-12 所示。

步骤 14：单击"下一步"按钮，在"域功能级别"下拉列表框中选择相应的 Windows 版本，如图 10-13 所示。

图 10-11 输入 NetBIOS 名称

图 10-12 选择林功能级别

图 10-13 选择域功能级别

步骤15：单击"下一步"按钮，将检查是否安装了DNS服务，之后可以选择对域控制器其他方面的选项设置，如果服务器已经安装了DNS服务，则在此就不能被勾选，如图10-14所示。

图10-14　其他域控制器选项

步骤16：单击"下一步"按钮，在检查DNS配置后，可以设置数据库、日志文件和SYSVOL文件夹的位置。这里要求必须是NTFS分区，至少有250MB剩余磁盘空间。在Windows Server 2008的活动目录中，共享系统卷是一个名为SYSVOL的文件夹，在默认情况下，位于C:\Windows\SYSVOL安装目录下，如图10-15所示。

图10-15　设置文件夹位置

步骤17：单击"下一步"按钮，输入目录服务还原模式时的Administrator账户密码，如图10-16所示。当启动Windows Server 2008时，在键盘上按F8键，在出现的启动选择菜单中选择菜单中选择"目录还原模式"命令，启动计算机就要输入该密码。

步骤18：单击"下一步"按钮，在摘要界面中可以查看上述配置的信息，确认后单击"下一步"按钮，如图10-17所示。

234

图 10-16　输入密码 1

图 10-17　摘要 1

步骤 19：安装向导将会自动进行活动目录的安装和配置,此过程依据计算机的性能不同花费的时间长短差别较大,如图 10-18 所示。如果勾选"完成后重新启动"复选框,则计算机会在域服务安装完成之后自动重新启动计算机。

步骤 20：配置完成后,在完成安装向导窗口中单击"完成"按钮,并重启计算机后,完成活动目录的安装配置。

活动目录安装好之后,Windows Server 2008 的管理工具菜单中会出现变化,如图 10-19 所示。增加了有关活动目录的几个管理工具,其中"Active Director 用户和计算机"用于管理活动目录的对象、组策略和权限等;"Active Directory 域和信任关系"用户管理活动目录的域和域之间的信任关系;"Active Directory 站点和服务"用于管理活动目录的物理结构。

图 10-18　活动目录配置过程

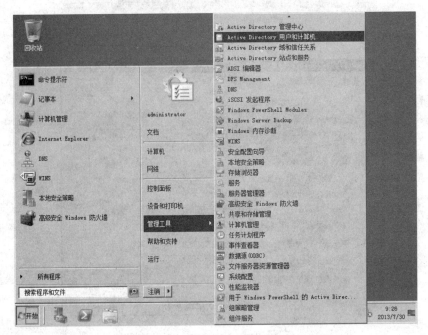

图 10-19　活动目录菜单

10.2.2　删除 Active Directory

也可以将域控制器降级为独立的服务器或成员服务器,删除活动目录的具体方法
如下。

步骤 1:打开"服务器管理器"控制台,选择左侧窗口"角色"中的"Active Directory 域
服务",单击右侧窗口"高级工具"中的"Dcpromo.exe"链接,如图 10-20 所示。启动
"Active Directory 安装向导"以执行降级操作。

步骤 2:在"欢迎使用 Active Directory 域服务安装向导"对话框中单击"下一步"
按钮。

236

图 10-20　服务器管理器

步骤 3：若出现如图 10-21 所示的对话框，表示该域控制器是一台全局编录服务器；若将其降级为一般的 Windows 服务器，则其不再扮演全局编录服务器的角色，因此先确定网络上是否还有其他的全局编录服务器。

图 10-21　确定是否还有全局编录服务器

步骤 4：单击"确定"按钮后，在"删除域"窗口中若勾选"删除该域，因为此服务器是该域中的最后一个域控制器"复选框，则此域控制器降级为独立的服务器，如图 10-22 所示。

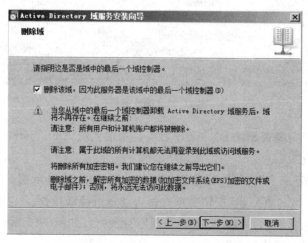

图 10-22　确定是否还有其他域控制器

步骤5：单击"下一步"按钮后，确认应用程序目录分区，如图 10-23 所示。再单击"下一步"按钮，将删除所有应用程序目录分区。

图 10-23　应用程序目录分区

步骤6：勾选上"删除该 Active Directory 域控制器上的所有应用程序目录分区"复选框后，单击"下一步"按钮，如图 10-24 所示。

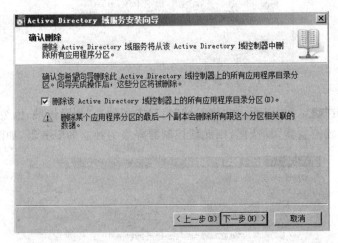

图 10-24　确认删除

步骤7：在检查完是否删除 DNS 委派后将提示输入新 Administrator 账户的密码，如图 10-25 所示。

步骤8：单击"下一步"按钮。在显示"摘要"对话框中，将显示前面确定的一些信息，如图 10-26 所示。单击"下一步"按钮后系统将自动进行降级操作。

步骤9：计算机重启后，返回"服务器管理器"控制台，如图 10-5 所示。单击窗口右侧栏中"角色摘要"下的"删除角色"。启动"删除角色向导"。

图 10-25　输入密码 2

图 10-26　摘要 2

步骤 10：单击"下一步"按钮，在"删除服务器角色"窗口中取消勾选"Active Directory 域服务"复选框。再单击"下一步"按钮后，按照向导提示操作即可。

10.2.3　用户和计算机账户的管理

在 Active Directory 中存在许多对象，在实际应用中要对这些对象进行相应的管理。可以管理的对象有：用户账户、组、共享文件夹、打印机、计算机账户、域控制器、组织单位等。

在网络操作系统中，用户账户的管理是网络管理工作的起点，因此，管理员应十分熟悉用户账户的类型、数量和权限等。

1. 管理用户账户的策略

根据组的规划设计原则,先设计好拟建立账户的名称、组、访问级别、使用资源的类型与权限,再管理用户账户,例如建立用户账户,对账户进行复制、修改或删除等项工作。

2. 用户账户管理的内容

管理用户账户的主要工作包括添加用户账户、复制用户账户、禁用用户账户、启用已禁用的用户账户、删除用户账户、查找用户账户、查找联系人、修改用户账户属性、移动用户账户、重命名用户账户、重置用户密码、更改用户的主要组等多项内容。这些操作都不复杂,下面重点介绍新建账户和复制账户的操作。其他管理工作可参考操作。

3. 新建域账户

具有管理域用户账户权限的账户均可新建和管理域账户,具体操作步骤如下。

步骤 1:单击"开始"→"管理工具"→"Active Directory 用户和计算机"命令,打开"Active Directory 用户和计算机"管理控制台,如图 10-27 所示。

图 10-27　"Active Directory 用户和计算机"管理控制台

步骤 2:选中窗口左侧列表中的"Users",右击,在弹出的快捷菜单中选择"新建"→"用户"命令,打开如图 10-28 所示的"新建对象 - 用户"对话框,在相应的文本框中输入必要的信息。

步骤 3:单击"下一步"按钮,输入用户登录时使用的密码,并确定密码管理选项,如图 10-29 所示。

注意:在 Windows Server 2008 中,密码是区分大小写的,而且必须符合复杂度要求。如果选中"用户不能更改密码"复选框,可以防止多用户共用一个账户时某一用户私自修改密码。

步骤 4:单击"下一步"按钮,可看到用户的信息摘要,如图 10-30 所示。在单击"完成"按钮,完成新用户的创建。在如图 10-27 所示的右侧窗口会看到新创建的用户。

图 10-28　新建用户

图 10-29　输入密码

图 10-30　完成创建

4. 域账户的常规管理

网络管理员为了使管理工作变得有效、快捷,应掌握一定的方法和工具。在活动目录管理控制台中,可对各种目录对象进行管理。无论管理对象是什么,主要操作步骤可以采用以下四步。

步骤 1:选中对象。

步骤 2:右击,打开对所选对象可操作的快捷菜单。

步骤 3:选择需要进行的管理操作。

步骤 4:按照提示或向导确定设置内容。

(1)修改账户属性

修改域账户属性的操作步骤如下。

步骤 1:单击"开始"→"管理工具"→"Active Directory 用户和计算机"命令,打开"Active Directory 用户和计算机"管理控制台,如图 10-27 所示。

步骤 2:选中窗口左侧列表中的"Users",在窗口右侧选中要管理的用户,右击,在弹出的快捷菜单中选择"属性"命令,打开如图 10-31 所示的"用户属性"对话框。

图 10-31 "用户属性"对话框

步骤 3:在"用户属性"对话框中,可以修改该账户的各个选项的内容。例如,可以单击"账户"选项卡,再单击"登录时间"按钮,打开如图 10-32 所示对话框,可设定允许该用户账户什么时间登录到域中。

步骤 4:修改完各项内容后,单击"确定"按钮完成账户属性的修改。

242

图 10-32　设定登录时间

（2）复制用户账户

如果网络上拥有许多性质相同的账户，可先建立一个用户账户，再使用复制账户的功能复制和建立账户，以提高工作效率。

操作方法是：只需先建立一个用户账户作为模版，然后选中该账户后，右击，在快捷菜单中选择"复制"命令。之后，跟随向导即可完成本项操作。如此反复多次，即可完成多个账户的建立工作。

注意：账户模板复制时可以自动复制的项目有：描述、隶属的组关系、可登录的时间、允许登录的工作站、账号有效期限与账号类型、配置文件、登录到和登录时间等。其余的项目需要由管理员手工输入。

（3）用户账户的管理策略

由上述操作可见，使用用户账户的复制功能建立具有多个具有相同类型的新账户，可节约大量时间。因此，在进行大量用户账户创建时，应依据一定的策略。

① 应当为每一类用户建立一个模板账户，例如，企业的经理、销售人员、财务人员等。

② 如果需要管理一批使用性质相近的临时网络用户，也可以创建一个用于管理的模板。例如，为登录时间、登录地点和要访问的资源受限条件相同或相近的用户账户创建模版。

（4）一次修改多个账户

如果网络上拥有多个性质相同的账户都需要修改某一参数，可使用多用户账户的修改办法。对多个账户可同时修改的参数有：添加到组、禁用账户、启用账户、移动、发送邮件、剪切和删除等。例如，禁用多个账户的操作步骤如下。

步骤 1：在如图 10-27 所示的窗口右侧的用户账户列表清单中选中要修改的多个账户。

步骤 2：右击，在弹出的快捷菜单中选择"属性"命令，打开多个项目属性对话框。

步骤 3：单击"账户"选项卡，在"账户选项"中勾选"账户已禁用"复选框，如图 10-33 所示。

修改账户其他参数的步骤与上类似，在此不再赘述。

243

图 10-33　多个项目属性

10.2.4　域和域控制器的管理

在 Active Directory 中,目录存储只有一种形式,即域控制器,它包含了完整地域目录信息。因此,每一个域中必须有一个域控制器,否则域也就不存在了。对于网络管理员来说,域控制器管理是最重要的工作,因为域控制器的运行状态直接关系到网络是否正常运行。

1. 设置域控制器属性

步骤 1:单击"开始"→"管理工具"→"Active Directory 用户和计算机"命令,打开"Active Directory 用户和计算机"管理控制台,如图 10-27 所示。展开窗口左侧的目录树,单击 Domain Controllers 子节点。

步骤 2:在窗口右侧详细资料列表中,右击要设置属性的域控制器,从弹出的快捷菜单中选择"属性"命令,打开如图 10-34 所示的"属性"对话框。

步骤 3:单击"常规"选项卡,其中显示了该域控制器的常规信息,在"描述"文本框中可以输入该域控制器的一般描述;如果不希望域控制器的可受信任用来委派,可禁用"信任计算机作为委派"。

步骤 4:单击"操作系统"选项卡,显示出操作系统的名称、版本以及 Service Pack 等信息,管理员只能查看但不能更改这些信息。

步骤 5:单击"隶属于"选项卡,可以添加、更改或删除域控制器所属的组,如图 10-35所示。要添加组,单击"添加"按钮,打开"选择组"对话框,可为域控制器选择一个要添加的组。

步骤 6:单击"位置"选项卡,可以设置域控制器的位置。

图 10-34　域控制器属性的设置

图 10-35　设置"隶属于"属性

步骤 7：单击"管理者"选项卡，可以更改域控制器的管理者。

步骤 8：单击"拨入"选项卡，可以设置网络访问权限以及是否允许管理者进行回拨等。

步骤 9：设置完毕后，可以单击"确定"按钮，退出域控制器属性的管理。

2. 查找域控制器对象

在 Windows Server 2008 中，Active Directory 实际上是一个网络资源清单，包括网络中的域控制器、用户、计算机、联系人、组、组织单位、打印机及其他网络资源等各个方面的信息，使管理员可以方便地管理这些内容。要查找目录对象，可参照如下步骤。

步骤 1：在"Active Directory 用户和计算机"管理控制台中，右击目录树中的域节点，选择弹出的快捷菜单中选择"查找"命令，打开"查找用户、联系人及组"的对话框，如图 10-36 所示。

图 10-36　"查找 用户、联系人及组"对话框

步骤 2：在"查找"下拉列表框中选择要查找的目录内容，包括用户、联系人及组、计算机、打印机、共享文件及、组织单位、自定义搜索等。在"范围"下拉列表框中选择查找范围，如整个目录。

步骤 3：在相应的查找内容选项卡中设置查找的条件，如用户的名称、描述等。

步骤 4：单击"高级"选项卡，设置高级查找条件，可单击"字段"按钮，从弹出的快捷菜单中选择设置条件的选项，然后在"条件"下拉列表框和"值"文本框中设置条件。

步骤 5：高级条件设置后，单击"添加"按钮，将条件添加到下面的文本框中。

步骤 6：所有条件设置完毕，单击"开始查找"按钮即开始查找，并将查找结果列出。

3. 管理不同的域

在一个多域的网络中，管理员要经常在一台机器上管理不同的域，这就需要将当前域连接到其他域，这样可以使当前域中的用户和计算机访问其他域中的资源，也可将当前域控制器的部分主机操作功能传送给其他域控制器，甚至可将当前域控制器更改为其他域中的域控制器。操作步骤如下。

步骤 1：打开"Active Directory 用户和计算机"管理控制台，在控制台树中，右击"Active Directory 用户和计算机"，然后从弹出菜单中单击"更改域"命令。

步骤 2：输入域名，或者单击"浏览"按钮，然后从列表中选择一个域，如图 10-37 所示。

图 10-37　更改域

步骤 3：单击"确定"按钮，即查找并连接到相应域。

4. 使用另一个域控制器管理域

一个域的域控制器是域网络的中心，一旦出现故障，将导致网络不能正常运行，此时管理员必须及时更改域控制器，以保证网络正常运行。更改域控制器的步骤如下。

步骤 1：打开"Active Directory 用户和计算机"管理控制台，在控制台树中，右击"Active Directory 用户和计算机"，然后单击"更改域控制器"命令。

步骤 2：单击列表中的域控制器。或者单击＜在此处输入域控制器名称或 IP 地址＞字段，然后输入域控制器的名称，如图 10-38 所示。

图 10-38 更改域控制器

步骤 3：单击"确定"按钮完成连接。

任务 3　域 的 应 用

【任务描述】　在域模式结构的网络中，系统管理分为服务器和客户机两部分。域中众多的资源对象，如共享文件夹和打印机，一般分布在客户机上。虽然可以通过前面搜索共享资源的方法访问这些资源，但需要提供资源的共享名和计算机名。使用活动目录发布资源对象，可以不必知道资源所在的计算机名和共享名，可方便、快捷地访问和使用它们。

【任务目标】　管理员应能够正确区分登录窗口，例如，登录域还是登录本机。登录后，应当具有将各种类型的客户机加入域的操作能力。在设置过程中，应当正确理解登录账户身份验证的位置。为了通过活动目录服务集中管理或使用共享资源，还应掌握在活动目录中发布客户机资源对象的方法，以及通过活动目录服务进行各种目录对象的搜索和使用方法。

10.3.1　登录域

域中的客户机既可以是安装了 Windows 2000/XP 专业版操作系统的计算机，也可以是安装了 Windows Server 2000/2003/2008 操作系统的独立服务器，前者称为普通的域工作站，后者将成为域的成员服务器。

安装 Microsoft 公司操作系统的各类客户机加入域的操作过程十分相似。下面以安装了 Windows XP 专业版操作系统的客户机为例，介绍加入域的过程。

步骤 1：由于 Windows Server 2008 的活动目录使用 DNS 服务器来解析活动目录管理的域名，因此首先在客户机上设置使用的 DNS 服务器的 IP 地址。

步骤 2：右击客户机桌面上的"我的电脑"图标，选择弹出的快捷菜单中的"属性"命令，打开"系统属性"对话框，再单击"计算机名"选项卡，如图 10-39 所示。

步骤 3：单击"更改"按钮，在"计算机名称更改"对话框中，单击"隶属于"选项区中的"域"单选按钮，并在文本框中输入要加入的域名，如图 10-40 所示。

图 10-39　"系统属性"对话框

图 10-40　加入域

步骤 4：单击"确定"按钮，客户机将通过 DNS 服务器查询域控制器，解析成功后将出现如图 10-41 所示的"计算机名更改"对话框。

步骤 5：输入正确的"用户名"和"密码"后，单击"确定"按钮。域控制器将对账号进行验证。如果验证成功，则将出现如图 10-42 所示的提示信息。

图 10-41　"计算机名更改"对话框

图 10-42　验证成功

步骤 6：单击"确定"按钮，将提示重新启动计算机。计算机重新启动后将出现如图 10-43 所示的登录窗口，输入正确的"用户名"、"密码"和"登录到"的域名后，单击"确定"按钮。

248

图 10-43 登录对话框

10.3.2 用户配置文件管理

用户配置文件是使计算机符合所需的外观和工作方式的设置的集合。其中包括桌面背景、屏幕保护程序、指针首选项、声音设置及其他功能的设置。用户配置文件可以确保只要登录到 Windows 便会使用个人首选项。用户配置文件与用于登录到 Windows 的用户账户不同。每个用户账户至少有一个与其关联的用户配置文件。

用户第一次登录到某台计算机上时，Windows Server 2008 即为该用户创建一个用户配置文件。该文件保存在"C:\用户\User name"文件夹中，其中 User name 为该用户的用户名。用户在登录的计算机上对工作环境所作的修改将被保存到该文件夹下的配置文件中，并在下次登录到系统时应用修改后的配置。用户配置文件包括多种类型，分别用于不同的工作环境。

1. 默认用户配置文件（Default User Profile）

默认的用户配置文件用于生成一个新用户的工作环境，所有对用户配置文件的修改都是在默认用户配置文件上进行的。默认的用户配置文件在所有基于 Windows Server 2008 的计算机上都存在，该文件保存在"C:\用户\Default"隐藏文件夹中。当用户第一次登录到计算机上的时候其用户配置文件的内容就是由 Default 文件夹中的内容和"C:\programdata"文件夹中的内容组成的。

（1）本地用户配置文件（Local User Profile）

当一个用户第一次登录到一台计算机上时创建的用户配置文件就是本地用户配置文件。一台计算机上可以有多个本地用户配置文件，分别对应于每一个曾经登录过该计算机的用户。域用户的配置文件夹的名字的形式为"用户名.域名"，而本地用户的配置文件的名字直接就是以用户命名。用户配置文件不能直接被编辑。要想修改配置文件的内容需要以该用户登录，然后手动修改用户的工作环境如桌面、"开始"菜单、鼠标等，系统会自动地将修改后的配置保存到用户配置文件中去。

查看目前的计算机上的本地用户配置文件的操作如下。

249

步骤1：右击桌面上的"计算机"图标，在弹出的快捷菜单中选择"属性"命令，打开"系统属性"对话框，如图2-1所示。

步骤2：单击"高级系统属性设置"，在"系统属性"对话框中单击"高级"标签，如图10-44所示。

步骤3：单击"用户配置文件"项中的"设置"按钮，打开"用户配置文件"对话框，如图10-45所示。

图 10-44　"系统属性"对话框

图 10-45　"用户配置文件"对话框

（2）漫游用户配置文件（Roaming User Profile）

当一个用户需要经常在其他计算机上登录，并且每次都希望使用相同的工作环境时，就需要使用漫游用户配置文件。该配置文件被保存在网络中的某台服务器上，并且当用户更改了其工作环境后，新的设置也将自动保存到服务器上的配置文件中，以保证其在任何地点登录都能使用相同的新的工作环境。所有的域用户账户默认使用的是该类型的用户配置文件。该文件是在用户第一次登录时由系统自动创建的。要创建漫游配置文件，请按照下列步骤操作。

① 给用户指定一个空的漫游用户配置文件

步骤1：先在服务器创建一个共享文件夹，并确定用户对该文件夹的共享权限至少要有"更改"的 NTFS 权限。

步骤2：单击"开始"→"管理工具"→"Active Directory 用户和计算机"命令。

步骤3：右击用户账户，在弹出的快捷菜单中选择"属性"命令，在"用户属性"对话框中选择"配置文件"标签。

步骤4：在配置文件路径处，指定存储漫游用户配置文件的位置，格式为"\\服务器名\共享名\用户名"，如图10-46所示。

上述步骤完成后，当用户在网络任何一台计算机上登录域时，系统就会自动在 UNC

图 10-46 用户配置文件

路径所指处建立一个空的漫游用户配置文件,此时用户的桌面设置是以"本地用户配置文件"或 Default 为准;而当用户注销时,其桌面设置以及所做的任何更改(例如更改背景图形)就会被存储到此漫游用户配置文件内。以后该用户无论是到网络上的任何一台计算机登录域时,都会读取此漫游用户配置文件,并以此用户配置文件的内容来设置桌面环境。而当用户注销时,其环境的更改又被自动回存到此用户配置文件内。

② 给用户指定一个预先设置好的漫游用户配置文件

前面所建立的是一个空的漫游用户配置文件,其内容是由用户登录后再自行决定的,但是也可以利用以下步骤先设置好漫游用户配置文件的内容,然后指定给用户使用。

步骤 1:先在服务器创建一个共享文件夹,并确定用户对该文件夹的共享权限至少要有"更改"的 NTFS 权限。

步骤 2:在域内任何一台计算机上利用一个临时的用户账户登录。

步骤 3:改变桌面环境,例如外观、快捷方式和开始菜单选项等。

步骤 4:将这些设置存储在此临时账户的本地用户配置文件中(用注销方式)。

步骤 5:用管理员身份登录到域。

步骤 6:依次选择"计算机"→"属性"→"高级系统属性设置"→"高级"选项,单击"用户配置文件"右方的"设置"按钮。

步骤 7:在"用户配置文件"对话框中选定用户配置文件,然后单击"复制到"按钮,在将配置文件复制到对话框中,输入该文件夹的网络路径,如图 10-47 所示。

注意:在图 10-47 中"将配置文件复制到"处输入 UNC 路径,其中 test 为服务器的名称;userfile 为共享文件夹名称;zhang 为自行选定的文件夹名称(不需事先建立)。

步骤 8:在"允许使用"选项区单击"更改"按钮,添加要用到这个配置文件的用户。

图 10-47 复制配置文件

251

注意,在此设置的是 NTFS 权限而非共享权限。

步骤 9:在服务器中,对用户属性中的"配置文件"进行设置,指定用户配置文件路径,如图 10-46 所示。

上述步骤完成后,当用户在网络上的任何一台计算机上登录域时,就会自动读取此用户配置文件,并以此用户配置文件的内容来设置桌面环境。而当用户注销时,其所做的任何更改(例如更改桌面设置)就会被存储到此用户配置文件内。

注意:使用漫游用户配置文件的用户,当其第一次登录域时,这个存储在服务器端的漫游用户配置文件会自动复制到本地用户配置文件内。而当用户注销时,其环境的更改除了会被存储到服务器端的漫游用户配置文件的文件夹外,还会被存储到本地用户配置文件的文件夹内。用户下次再利用此计算机登录时,系统会比较服务器上的漫游用户配置文件与本机内的本地用户配置文件的新旧,哪个较新就使用哪一个,如果一样,则直接使用本地用户配置文件,以提高效率。

(3) 更改配置文件类型

当用户利用慢速媒介来连接网络时(例如电话拨入),则其在登录时,可能会浪费很多的时间读取位于服务器上的漫游用户配置文件(或强制用户配置文件),因此若能够让用户直接读取位于本地用户配置文件,则能加快用户登录的速度。因此可以更改配置文件类型,步骤如下。

步骤 1:右击桌面上"计算机"图标,在弹出的快捷菜单中选择"属性"命令,打开"系统属性"对话框。

步骤 2:在"系统属性"对话框中单击"高级"选项卡中"用户配置文件"选项区中的"设置"按钮,打开"用户配置文件"对话框。

步骤 3:在"储存在本机上的配置文件"列表中,单击所需的配置文件。

步骤 4:要更改配置文件的类型,可单击"更改类型"按钮,再在打开的对话框中单击"漫游配置文件",然后单击"确定"按钮即可。

2. 强制用户配置文件(**Mandatory User Profile**)

强制性用户配置文件不保存用户对工作环境的修改,当用户更改了工作环境参数之后退出登录再重新登录时,工作环境又恢复到强制用户配置文件中所设定的状态。当需要一个统一的工作环境时该文件就十分有用。该文件由管理员控制,可以是本地的,也可以是漫游的用户配置文件,通常将强制性用户配置文件保存在某台服务器上,这样不管用户从哪台计算机上登录,都将得到一个相同且不能更改的工作环境。因此强制性用户配置文件有时候也被称为强制性漫游用户配置文件。

虽然用户所更改的设置并不会回存到服务器上的强制用户文件内,但是却会被存储到本机的本地用户配置文件内。下一次用户登录时,若服务器上的强制用户配置文件因故无法访问时,则会使用本地用户配置文件。

创建强制用户配置文件过程与给用户指定一个预先设置好的漫游用户配置文件的方法相同,不过在创建完成后,还必须把在漫游配置文件夹内的 ntuser. dat 改为 ntuser. man 即可。

10.3.3 管理客户机

将客户机添加到域中后,域控制器可以集中管理这些客户机,具体操作方法如下。

步骤 1:在"Active Directory 用户和计算机"管理控制台中,依次打开目录树节点,单击 computer,此时窗口右部区域显示着所有加入域中的客户机,如图 10-48 所示。右击要管理的客户机,在弹出的快捷菜单中可以完成如下操作。

图 10-48 管理客户机

- "禁用账户":禁止在该客户机上使用域账号登录域。
- "重设账户":复位客户机上的域账户。
- "移动":将该管理项移动到左边窗口中的不同位置。
- "管理":对客户机进行远程管理。
- "属性":配置客户机的"隶属于"、"位置"及"管理者"等属性。

步骤 2:从快捷菜单中选择"管理"命令,将连接到远程的计算机,打开如图 10-49 所示的"计算机管理"窗口。可对客户机进行各种管理。

图 10-49 "计算机管理"窗口

注意：如果不能直接连接到远程计算机，可在如所示的计算机窗口中，单击菜单"操作"→"连接到另一台计算机"命令进行连接。

10.3.4　发布与使用资源

只有将共享资源发布到 Active Directory 上，网络用户才能很容易通过 Active Directory 找到和访问这个共享资源。

1．资源类型

在域网络中，最常用的资源对象就是共享文件夹和共享打印机两种，这也是所有网络管理员经常管理的两类资源。

2．资源发布

资源发布是指在活动目录中，添加一个可以指向资源所在位置的、活动目录中的对象。例如，当将一台共享打印机发布到活动目录后，这台打印机的物理位置并未改变，只是在活动目录中添加了一个映射对象，当用户访问这台打印机时，活动目录将自动引导用户的作业输出到该打印机的实际位置。

3．发布和使用共享文件夹

资源在发布时，包含了"资源主机共享操作"和"活动目录发布资源"两大步骤，具体操作如下。

步骤 1：在资源所在的计算机上，共享发布的文件夹资源，例如，在计算机名为 wlos 的计算机上有一个共享名为 software 共享文件夹。

步骤 2：在域控制器中，单击"开始"→"管理工具"→"Active Directory 用户和计算机"命令，打开如图 10-27 所示的"Active Directory 用户和计算机"管理控制台。

步骤 3：选中要发布资源的位置，如组织单位中，右击，从弹出的快捷菜单中选择"新建"→"共享文件夹"命令，打开如图 10-50 所示的"新建对象 - 共享文件夹"对话框。

图 10-50　发布共享文件夹

步骤4：在"名称"文本框中输入内容，再输入网络路径的名称(\\资源主机名\共享名)。单击"确定"按钮，完成资源对象的建立和发布任务。

步骤5：在活动目录中使用资源对象的计算机上，选择"开始"→"搜索"→"共享文件夹"命令，可搜索到已经发布到活动目录中的共享文件夹。或者只要在"网上邻居"中查找域控制器中的"sysvol"共享文件夹即可看到被发布的资源。

4. 发布和使用共享打印机

在域的活动目录中发布共享打印机的步骤如下。

步骤1：先在资源主机中安装和共享打印机。在打印机所在计算机安装打印机后，右击，从弹出的快捷菜单中选择"属性"命令，在"属性"对话框中选择"共享"选项卡，输入打印机的"共享名"，如图10-51所示。

图10-51 共享打印机

步骤2：发布资源对象：在图10-51所示的对话框中，勾选"列入目录"复选框，单击"确定"按钮，完成打印机的发布。

步骤3：在活动目录中使用资源对象的计算机上，选择"开始"→"搜索"→"打印机"命令，搜索已经发布到活动目录中的共享打印机。

实   训

1. 实训目的

(1) 学会通过安装 Active Directory 来创建 Windows 主域控制器、备份域控制器及子域控制器，并且通过"Active Directory 用户和计算机"窗口来组织和管理域对象。

（2）掌握客户机加入域并使用域内资源的方法。

2. 实训内容

（1）在独立服务器上安装活动目录。

（2）在域中创建账户对象。

（3）将工作站加入域。

（4）删除 Active Directory 域服务。

（5）设置漫游用户配置文件。

3. 实训要求

（1）主域控制器的安装

至少三台机器为一小组。每组要求中间的机器升级为域控制器，新域的 DNS 区域名分别为 test1.com,test2.com,…

（2）客户机加入域

将另外两台计算机以客户机的身份加入域。

（3）备份域控制器的安装

将三台机器中最左边的计算机升级为域中的第二台域控制器。安装活动目录时注意选择"现有域的第二台域控制器"。安装完成后查看其信任关系。

（4）子域控制器的安装

将三台机器中最右边的计算机升级为域中的子域控制器，安装完成后察看其信任关系，域名为 stu.test1.com,stu.test2.com。

4. 实训步骤

（略）

5. 实训总结

（略）

习　　题

一、填空题

1. 目录树中的域通过＿＿＿＿关系连接在一起。

2. 第一个域服务器配置成为域控制器，而其他所有新安装的计算机都成为成员服务器，并且目录服务可以事后用＿＿＿＿命令进行特别安装。

3. 在 Windows 2008 域模式下，在＿＿＿＿中保存了集中的目录数据库。

二、选择题

1. 下列属于 Windows 2008 活动目录的集成性的管理内容是(　　)。

 A. 用户和资源管理　　　　　　　B. 基于目录的网络服务

 C. 基于网络的应用管理　　　　　　D. 基于共享资源的服务

2. 用户账号中包含(　　)。

 A. 用户的名称　　　　　　　　　B. 用户的密码

 C. 用户所属的组　　　　　　　　D. 用户的权利和权限

3. 下面关于域的叙述中正确的是(　　)。

 A. 域就是由一群服务器计算机与工作站计算机所组成的局域网系统

 B. 域中的工作组名称必须都相同,才可以连上服务器

 C. 域中的成员服务器是可以合并在一台服务器计算机中的

 D. 以上都对

4. 通过以下哪种方法可以安装活动目录?(　　)

 A. "管理工具"→"配置服务器"

 B. "管理工具"→"计算机管理"

 C. "管理工具"→"Internet 服务管理器"

 D. 以上都不是

三、简答题

1. 组与组织单位有什么不同?

2. 活动目录实际上是一个网络清单,包括网络中的域、域控制器、用户、计算机、联系人、组、组织单位及网络资源等各个方面的信息,使管理员对这些内容的查找更加方便。要查找目录内容,该如何操作?

3. 在计算机上新建一个用户,怎么添加 Administrator 桌面上的文件?

4. 如何在 Windows Server 2008 与 Windows XP 工作站上进行域方式的互联?

项目十一 网络打印机的管理

项目描述

某公司有几十台办公计算机,但只有两台同型号的激光打印机。公司欲设计一种共享打印机的方案,使之能做到:提高工作效率,降低办公费用;具有很好的管理性,可靠性;方便使用,并可适应不同的操作系统。

项目目标

网络打印机可通过打印服务器将打印机作为独立的设备接入局域网或者 Internet,从而使打印机摆脱一直以来作为计算机外设的附属地位,使之成为网络中的独立成员,成为一个可与其并驾齐驱的网络节点和信息管理与输出终端,其他成员可以直接访问使用该打印机。利用 Windows Server 2008 系统可以配置为打印服务器,很方便地组织和管理网络打印机。网络管理员应当有能力建立起打印机系统的良好组织与管理机制。

任务 1 认知网络打印系统

【任务描述】 对于企事业单位的办公网络系统来说,网络打印不仅是一个资源共享的技术问题,更是一个组织和管理的问题。因此,为更好地管理和组织一个打印系统,首先应清楚地知道企事业中打印机的工作方式;其次应了解网络中打印设备的各种组织方式,这样才能合理部署办公网络系统中的打印系统。

【任务目标】 网络管理员除了应掌握网络打印管理的基本概念外,还应当知道企事业单位中网络打印机的主要工作方式,从而掌握企事业网络打印系统的正确部署方案,使得所建立的打印系统具有良好的管理机制,提高办公效率。

11.1.1 打印系统的分类

自计算机大量应用以来,打印机就作为一种常见的外设出现在人们的视野里。但其价格相对昂贵,无法做到每台计算机都配备一台打印机。计算机局域网络大量应用以来,打印机就作为基本的共享资源,缓解了以上矛盾。目前,在网络中使用打印机有打印机共享、专用打印机和网络打印机三种方法。

1. 共享打印机

(1) 应用方式:在操作系统中将打印机共享出去,其他用户在对等网络中直接使用,如图 11-1 所示。

图 11-1 网络打印系统结构

（2）连接方法：将打印机直接连接到计算机的并口或 USB 口上，在计算机上安装本地打印机驱动程序、打印服务程序或打印共享程序，使之成为打印服务器。网络中的其他计算机通过添加"网络打印机"实现对共享打印机的访问。

（3）特点：这种方法的优点是连接简单，共享容易，成本低廉；缺点是对于充当打印服务器的计算机要求相对较高，无法满足高效打印的需求。一旦网络打印任务集中，就会造成主机性能下降，打印速度和质量也会受到影响。适用于小型办公室等场合。

2. 专用打印服务器

（1）应用方式：为了弥补共享打印机方式的不足，网络打印可采用专用服务器的方式。它与共享打印机的不同是使用了专用的打印服务器硬件，例如，该硬件固化了网络打印软件，并包括 RJ-45 以太网接口、LTP 并行打印口或 USB 接口等。

（2）连接方法：将专用的打印机服务器用网线连接到交换机或集线器上，并将打印机通过 LTP 或 USB 端口连接到专用服务器上。在每台计算机上通过添加"网络打印机"实现对共享打印机的访问。

（3）特点：这种方法的优点是连接和设置简单，容易实现多台打印机的并行操作和管理，不会影响计算机的性能，性价比较高。其缺点是需要购置专用设备，维护管理成本较高，与共享打印机相似的是，发往打印机的速率与网络吞吐率和打印机处理能力相比，容易成为网络打印瓶颈。适用于具有多台打印机的中小型网络环境。

3. 网络打印机

（1）应用方式：网络打印机就是集成了网卡的打印机。其并不是计算机的外设，而是一台网络终端设备。

（2）连接方法：将网络打印机用网线直接连接到交换机或集线器上，并通过打印服务器对网络中的各台网络打印机进行管理。在每台计算机上通过添加"网络打印机"实现对共享打印机的访问。

（3）特点：这种方法的优点是连接和设置简单，容易实现多台打印机的并行操作和管理。由于免去了使用较低传输带宽的并口 LTP，而直接使用网线，因此传输速率高，较好地解决了网络打印的瓶颈。缺点是需要购置网络打印机、维护管理费用较高。非常适用于大中型公司的办公网络,打印业务较密集的环境。

11.1.2　网络打印系统的概念

为了更好地理解与管理网络打印系统,首先应搞清楚几个常用的概念。

1. 打印设备

(1) 本地打印设备:在 Windows 网络中,是指通过 LTP、COM 或 USB 端口跟 Windows 工作站或服务器连接的打印设备,如本地打印机。

(2) 网络打印设备:是专指带有网络接口(如 RJ-45)的打印设备。它一般拥有 IP 地址,并通过网口直接连接到交换机或集线器上,而不是连接到计算机的本地端口上。

(3) 网络打印机:通过网络远程使用的打印设备,是指"本地打印机+打印服务器+网络打印管理软件"统一体。

2. 打印服务系统

打印服务系统是指 Windows 网络中为网络用户提供打印服务的软、硬件的集合。其通常由打印设备、打印服务器和打印客户机等几部分组成,采用 C/S 工作方式。

3. 打印服务器

在实际工作中,为每一个具有打印需求的用户配置一台打印机是不可能的。因此,在网络中,一般都会安装打印服务器来满足不同用户的打印需求。

在 Windows 网络中,打印服务器是指安装了网络打印服务软件的专用设备或计算机。在本书中,是指安装了 Windows Server 2008 的计算机,启用了相应服务并安装了客户机所需的打印驱动程序。它可以管理多台打印机或打印服务器,并将打印机迁移到其他 Windows 打印服务器,或从中迁移出来。

4. 打印驱动程序

打印驱动程序是包含了 Windows Server 2008 转换打印命令为特殊的打印机语言所需要的信息的一个或多个文件,这个转换使打印设备可以打印文档。每种打印设备都有相应的打印驱动程序。

5. 因特网打印协议

简单地说,IPP 协议是一个基于 Internet 应用层的协议,它面向终端用户和终端打印设备。IPP 基于常用的 Web 浏览器,采用 HTTP 和其他一些现有的 Internet 技术,在 Internet 上从终端用户传送打印任务到支持 IPP 的打印输出设备中,同时向终端设备传送打印机的属性和状态信息。通过 IPP 打印设备,用户可通过 Internet 快速、高效、实用地实现本地或远程打印,无须进行复杂的打印机安装和驱动安装。

6. IPP 打印输出设备的寻址和定位

IPP 打印输出设备可以是一台支持 IPP 协议的打印机,也可以是一台支持 IPP 协议的打印机服务器加上一台或几台打印机。由于需要支持 IPP 协议,IPP 打印输出设备与普通打印输出设备要有一定区别。实现它必须具有独立的内部处理器,同时还要有符合要求的存储器容量。再者它要具有接入 Internet 的网络接口,支持 Internet 的常用通信协议,同时还要支持 SNMP(Simple Network Management Protocol,简单网络管理协议),即支持 IP 地址自动网络分配。

支持 IPP 的打印设备连接到 Internet 后,将自动获得一个 IP 地址,成为 Internet 上的一个独立的终端设备。一个终端计算机可以通过浏览器寻址这台打印设备,寻址过程可以通过输入 IP 地址,也可通过输入打印机名称进行。如果此时这台打印设备开机并且在线,它将向寻址它的计算机返回打印机的属性信息,包括支持的打印介质类型、尺寸和是否支持彩色等。

7. 传送打印作业、打印机状态信息、取消打印作业

终端计算机将要打印的作业信息数据包(包括打印作业的名称、所使用的介质、打印分数、打印内容等)按照 IPP 协议进行编码,并按照协议发送到 IPP 打印设备中,IPP 打印设备将接收到的信息按照协议进行解码,并根据自己的属性解释生成打印内容。打印机在开始打印以前和打印过程中要向寻址它的终端计算机传送自己的状态信息,如耗材状态、介质状态等。目前的 IPP 1.0 中终端计算机可对 IPP 打印设备进行取消和终止已经开始的打印作业的控制功能。

8. Internet 打印实现过程

要实现 Internet 打印一般包括以下几步。

(1) 用户输入打印设备的 URL(统一资源定位符),通过 Internet 连接到打印服务器。

(2) HTTP 请求通过 Internet 发送到打印服务器。

(3) 打印服务器要求客户端提供身份验证信息。这样能够确保只有经过授权的用户才能在打印服务器上打印文件。

(4) 当用户获得授权可以访问打印服务器后,服务器使用活动服务器页(Active Server Pages,ASP)向用户显示状态信息,其中包括有关当前空闲打印机的信息。

(5) 当用户连接 Internet 打印网页上的任何打印机时,客户端计算机首先尝试在本地寻找该打印机的驱动程序。如果没有找到适合的驱动程序,打印服务器将会生成一个 cabinet 文件(.cab 文件,又称为 Setup 文件),其中包含正确的打印机驱动程序文件。打印服务器把 .cab 文件下载到客户端计算机上。客户端计算机提示用户允许下载该 .cab 文件。

(6) 当用户连接到 Internet 打印机后,可以使用 Internet 打印协议(IPP)把文件发送到打印服务器。

9. 加密的通信过程

从上面的介绍中不难看出,实现 IPP 打印的全过程中,所有打印信息都是通过 Internet 进行传输的,传输过程中可能会发生打印内容被中途拦截和信息篡改现象,同时 IPP 打印设备大多数可能为公用设备,打印完成后也可能被非授权人非法取走。因此,IPP 充分考虑到了安全问题,由于 IPP 支持 HTTP 协议,所以可以支持所有 HTTP 上的安全协议,其中包括了 SSL(加密套接字协议),它实现了终端浏览器和服务器之间的安全信息交换。为避免非授权人非法取走打印内容,IPP 设备采用了在打印设备端输入密码后才能打印内容的方式,确保打印内容的安全打印。Internet 打印通信在打印服务器为 Internet 打印服务所配置的端口上使用 IPP 和 HTTP 或安全超文本传输协议(HTTPS)。因为 Internet 打印服务使用的是 HTTP 或 HTTPS,所以通常是端口 80 或 443。此外,因为 Internet 打印支持 HTTPS 通信,所以可以根据用户的 Internet 浏览器设置对通信进行加密。

11.1.3 网络打印系统的组织与配置

在用户使用网络打印设备之前,网络管理员必须合理地组织网络内的打印设备,只有设计合理的打印系统,才能充分发挥网络打印设备的最大功效。所谓设计网络打印设备的组织方式,用户应当根据本身的需求,酌情选择、设计适宜的打印系统的组织方式。

在微软网络中,"打印机"(逻辑打印机)与"打印设备"(物理打印机)之间有如下几种组织方式。

1. 一个"打印机"对应一台"打印设备"

一对一是指在打印服务器上添加一个"打印机"(共享),通过一个物理端口连接一台物理打印设备的组织方式。一对一的方式是最简单的连接方式,也是用户最常用的一种方式。

2. 一个"打印机"对应多台"打印设备"(即打印机池)

一对多是指如图 11-2 所示的"打印机池"的组织方式。

(1) 打印机池的定义:打印机池是指通过软件的设置连接到一个"打印机"上的一组物理打印设备。

(2) 连接形式:在打印机池中打印服务器的计算机上,添加一个"打印机"(共享),并通过多个不同物理端口连接多台物理打印设备。这些物理打印设备应当具有相同功能,即应当为同一打印驱动程序支持。

(3) 特点:网络管理员可以通过管理一个"打印机"来管理多个功能相同的物理打印设备。当网络上有文件要打印时,"打印机池"会根据打印设备的使用状况来决定由哪台打印设备实施打印。例如,在如图 11-2 所示的系统中,已将 3 台打印设备连接到一台打印服务器的多个不同物理端口上,"打印服务器"中的"打印机"已被设置为"打印机池"状

图 11-2　"打印机池"组成

态。此时，如果有工作站要打印文件，而第 1 台和第 3 台打印设备都处于"忙碌"状态，则该打印机文件会被自动送往第 2 台打印设备上进行打印。

（4）建立打印机池的目的

"打印机池"方式允许用户将打印文档输出到一个"打印机"上，并由假脱机处理程序来决定输出打印结果的具体打印设备。打印机池的引入使得网络中的所有打印设备都能得到合理的利用，因而不会出现一台打印设备超负荷运行而其他的打印设备却很空闲的现象。因此，建立打印机池的目的是均衡打印负荷，合理利用打印设备。

3. 多个"打印机"对应一台"打印设备"

多对一方式是指多个"打印机"名称与一个物理打印设备相对应的方式。

（1）连接形式：在如图 11-1 所示的系统中，在打印服务器的计算机上添加多个"打印机"（共享），这些打印机通过同一个物理端口连接同一台物理打印设备。

（2）特点：这种方式的最大特点是可以使用户在只有一台打印设备的情况下，满足不同用户对打印优先级和打印时段的不同需求，即让同一台物理打印设备处理由多个"打印机"送来的文件。因此，通过这种方式管理员可以实现对多个用户不同优先级和时段的控制。

4. 混合方式

这种方式指的是上述几种方式的组合方式，即一对一、一对多或多对一的混合方式。管理员可根据实际需要灵活组织和建立起网络的打印服务子系统。

此外，在 Windows Server 2008 网络中安装和配置打印的要求如下。

（1）网络中至少有一台计算机作为打印服务器，如果打印服务器管理多台任务繁重的打印机，则需要设置专门的打印服务器。

（2）足够的内存。如果一台打印服务器管理大量打印任务或文档，这台服务器可能需要增加额外的内存。否则，打印性能与主机性能会降低。

（3）足够的磁盘空间，以确保 Windows Server 2008 打印服务器可以存储打印文档和其他的打印数据,直到打印服务器发送这些数据到打印设备,这在打印文档大量积累时很重要。如果没有足够的空间容纳所有的文档,用户会得到错误信息,而且不能打印。

任务 2 配置网络打印机

【任务描述】 某企业新增一台 Epson 打印机,需要在 Windows Server 2008 中安装并通过 Windows Server 2008 将其共享,实现通过网络在线打印。

【任务目标】 利用 Windows Server 2008 的打印服务器的功能,通过正确配置与管理,掌握打印服务器及网络打印机的连接和使用。

11.2.1 安装打印服务器

在 Windows Server 2008 系统中,可以把服务器配置成打印服务器角色,当然不一定要配置成域控制器角色,随便在一台安装有 Windows Server 2008 系统的计算机上配置即可。具体配置步骤如下。

步骤 1:执行"开始"→"管理工具"→"服务器管理器"命令,打开"服务器管理器"管理控制台,在左侧栏选择"角色"后,单击右部区域"角色摘要"中的"添加角色",打开添加角色向导。

步骤 2:单击"下一步"按钮,在选择服务器角色窗口中勾选"打印和文件服务"复选框,如图 11-3 所示。

图 11-3 选择服务器角色

264

步骤3：单击"下一步"按钮，出现"打印和文件服务"对话框，再单击"下一步"按钮继续安装，如图11-44所示。

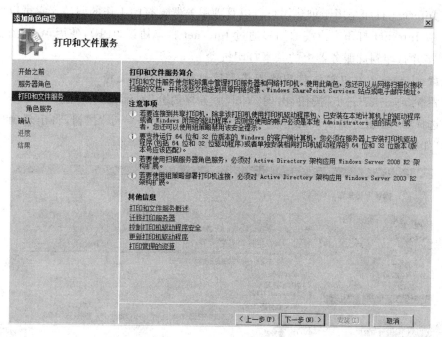

图11-4　打印服务简介

步骤4：打印服务安装的角色还可以包括 LPD（Line Printer Daemon）服务、Internet 打印等。在此勾选"打印服务器"和"Internet 打印"复选框，如图11-5所示。

图11-5　选择打印服务角色

- LPD 服务是使基于 UNIX 的计算机或使用 Line Printer Remote(LPR)服务的其他计算机可以打印到此服务器上的共享打印机。
- Internet 打印是用于创建用户可以管理服务器上打印工作的网站。它可以使已安装 Internet 打印客户端的用户通过 Internet 打印协议(IPP),使用 Web 浏览器连接并打印到此服务器上的共享打印机。

注意：Internet 打印需要有 Web 服务和远程服务管理的支持。

步骤 5：单击"下一步"按钮,出现"Web 服务器简介"对话框,再单击"下一步"按钮,将出现选择"Web 服务器安装的角色"对话框,继续单击"下一步"按钮,将出现确认安装对话框,如图 11-6 所示。

图 11-6 确认安装选择

步骤 6：单击"安装"按钮,经过服务的安装进度显示,将出现安装结果对话框,如图 11-7 所示。

步骤 7：单击"关闭"按钮,结束打印服务的安装。

步骤 8：单击"开始"→"管理工具"→"打印管理"命令,将出现"打印管理"控制台,如图 11-8 所示。

"打印管理"提供有关网络上的打印机和打印服务器状态的最新详细信息。可以使用"打印管理"同时为一组客户端计算机安装打印机连接并远程监视打印队列。"打印管理"可以帮助管理员使用筛选器找到出错的打印机,还可以在打印机或打印服务器需要关注时发送电子邮件通知或运行脚本。在提供基于 Web 的管理界面的打印机上,"打印管理"可以显示更多数据,如墨粉量和纸张量。

图 11-7　安装结果

图 11-8　"打印管理"控制台

11.2.2　安装本地打印机

要实现网络打印,首先要保证打印机工作正常。在 Windows 网络中,安装本地打印机的方法很多,即可以使用控制面板来添加,也可以使用 Windows 的即插即用功能来添加。在 Windows Server 2008 添加打印机的步骤如下。

步骤 1:用打印电缆将打印机连接到计算机的相应端口上,并打开打印机电源。

步骤 2:执行"开始"→"设备和打印机"命令,打开"打印机"对话框,单击菜单栏中"添加打印机"命令,出现"添加打印机"的向导,如图 11-9 所示。

图 11-9　添加打印机

步骤 3：单击"添加本地打印机"链接，出现"选择打印机端口"对话框，选中"使用现有的端口"单选按钮，在下拉列表中选择打印机连接到的计算机的端口，如图 11-10 所示。

图 11-10　选择端口

步骤 4：单击"下一步"按钮，出现"安装打印机驱动程序"对话框，如图 11-11 所示。在此对话框中选择厂商、打印机型号。若没有对应的打印机型号，可以单击"从磁盘安装"按钮选择从其他位置安装驱动。

步骤 5：单击"下一步"按钮，在文本框中输入打印机的名称，如图 11-12 所示。

图 11-11　安装驱动程序

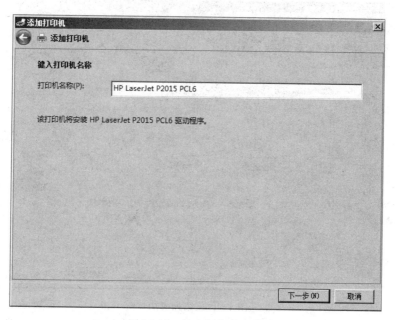

图 11-12　输入打印机名称

步骤 6：单击"下一步"按钮，在"打印机共享"对话框中选中"共享此打印机以便网络中其他用户可以找到并使用它"单选按钮，并可在"共享名称"、"位置"、"注释"文本框中输入相应内容，如图 11-13 所示。

步骤 7：单击"下一步"按钮，出现添加成功的对话框，在此对话框中可以单击"打印测试页"按钮进行测试。最后单击"关闭"按钮完成打印机的添加，如图 11-14 所示。

图 11-13　共享打印机

图 11-14　添加成功

11.2.3　安装网络打印设备

如果 Windows Server 2008 管理的是一台网络打印设备,还需要将其安装到系统中。安装网络打印设备的方法与安装本地打印机方法大致相同,主要区别是对于一般的网络打印设备,需要额外的端口和网络协议信息。具体安装步骤如下。

步骤1：正确把打印机、网络打印设备和计算机连接起来，并打开打印机与网络打印设备电源。

步骤2：执行"开始"→"设备和打印机"命令，打开"打印机"对话框，单击"添加打印机"链接，出现"添加打印机"的向导。

步骤3：单击"添加本地打印机"链接，出现"选择打印机端口"对话框，选中"创建新端口"单选按钮，在"端口类型"下拉列表中选择网络打印设备连接到的计算机的端口，在此选择"standard TCP/IP Port"，如图11-15所示。

图11-15 创建新端口

步骤4：单击"下一步"按钮，在输入打印机主机名或IP地址对话框中，依次确定"设备类型"、"主机名或IP地址"、"端口名称"的内容，如图11-16所示。

图11-16 输入IP地址

步骤 5：单击"下一步"按钮，参考前述添加本地打印机的步骤完成网络打印设备的添加。

11.2.4 使用网络打印机

经过以上配置，与打印设备物理相连的计算机就成为打印服务器，网络上的其他计算机若要使用这台服务器上的共享打印机，则必须先连接到共享打印机才能使打印机输入打印作业。连接到网络打印机的方法有很多：可以通过网上邻居连接到网络打印机；可以通过 Web 浏览器连接到网络打印机；可以通过"运行"对话框连接到网络打印机；也可以使用添加打印机向导连接到网络打印机。

从一台运行 Windows XP 操作系统的客户机上，使用添加打印机向导连接到网络打印机的具体步骤如下。

步骤 1：单击"开始"→"设置"→"打印机和传真"命令，打开"打印机"对话框，单击"添加打印机"链接，出现"添加打印机"的向导。

步骤 2：单击"下一步"按钮，在"本地或网络打印机"对话框中，选择"网络打印机或连接到其他计算机的打印机"单选按钮，如图 11-17 所示。

图 11-17　添加网络打印机

步骤 3：单击"下一步"按钮，在"指定打印机"对话框中，可根据实际环境确定连接到打印机的方式，如图 11-18 所示。

步骤 4：单击"下一步"按钮，将出现验证用户名和密码的对话框，输入合法的用户名和密码后单击"确定"按钮。

步骤 5：在"默认打印机"对话框中，可以从中选择是否将该打印机设置为默认打印机。

步骤 6：单击"下一步"按钮，出现完成添加打印机向导的对话框，单击"完成"按钮，结

图 11-18　指定打印机

束网络打印机的添加。

步骤 7：在 Windows XP 系统的打印机和传真窗口中将看到添加的网络打印机，如图 11-19 所示。该客户机可以通过访问此网络打印机完成打印作业。

图 11-19　网络打印机图标

任务 3　管理网络打印机

【任务描述】　打印服务系统的工作模式是"客户机/服务器"（C/S）模式，因此，打印客户机的安装与管理也是网络管理员日常工作的基本内容之一。在很多大、中型网络中常常拥有多台打印设备，网络管理员需要将这些打印机集中管理，而不是逐台共享。另外，管理员要熟练掌握网络打印系统的设计方案、设计思路、应用条件和实现方法。

【任务目标】　作为一名网络管理员，不仅要对网络中的打印机非常熟悉，而且还要知道如何通过不同的方法来设置和管理网络中的众多打印机,包括集中安装打印机驱动程序、设置默认选项、处理网络打印信息、配置打印机池和管理网络打印作业等,这不仅有利于减少管理员自己的网络维护工作量,而且极大地方便网络用户对网络打印机的使用,减少打印错误。

11.3.1 安装网络打印驱动程序

在实际工作中,由于计算机的生产厂商、型号、档次的不同,而且网络中各计算机安装的操作系统也是多种多样的,所以,如果打印服务器要给网络中所有的计算机提供打印服务时,则需要在打印服务器上安装用于网络内部各种操作系统的打印驱动程序,只有这样,当接受来自一台客户计算机的第一次打印请求时,会把相应的驱动程序下载到客户机并自动安装,无须用户干预。在 Windows Server 2008 打印服务器上第一次安装打印机的时候,系统会要求安装 For Windows Server 2008 的打印驱动,而适用于其他操作系统的驱动程序则需要另行安装。安装适用于其他操作系统的打印驱动程序的步骤如下。

步骤 1:单击"开始"→"设备和打印机"命令,打开打印机的管理窗口。

步骤 2:右击需要安装其他打印驱动程序的打印机的图标,在弹出的快捷菜单中选择"打印机属性"命令。单击打开的属性对话框中的"共享"选项卡,如图 11-20 所示。

图 11-20 "共享"选项卡

步骤 3:单击"其他驱动程序"按钮,打开"其他驱动程序"对话框,如图 11-21 所示。在列表框中选择工作在网络中要使用该打印机的操作系统。

步骤 4:单击"确定"按钮,将会出现安装打印驱动程序的相应窗口,提示提供驱动程序文件来源。

274

图 11-21 "其他驱动程序"对话框

11.3.2 管理网络打印机属性

在打印文件之前,一般要对打印机的属性进行设置,只有设置合适的打印机属性才能获得需要的打印效果。

1. 配置打印池

所谓打印池是指将多台打印机组成一个打印机的集合,统一管理和使用。当客户计算机向打印服务器提交打印作业时,打印服务器会自动从多台打印机中选择一台打印机来打印该作业,当再有其他打印作业提交时,打印服务器再从打印池中选择一台空闲打印机打印该作业。打印池实现了多台打印机同步工作,大大提高了打印速度。需要注意的是,组成打印池的所有打印机必须是同一品牌同一型号的打印机,不同品牌不同型号的打印机不能配置为打印池。

在 Windows Server 2008 系统中,配置打印池的步骤如下。

步骤 1:将多台打印机连接在打印服务器的不同打印机端口上。

步骤 2:安装打印机驱动程序。

步骤 3:在"打印机"管理窗口中,右击要加入打印池的打印机的图标,在弹出的快捷菜单中选择"打印机属性"命令,打开"打印机属性"对话框。

步骤 4:单击"端口"选项卡,勾选"启用双向支持"和"启用打印机池"复选框,如图 11-22 所示。在"端口"列表中选择要加入该打印机池的打印设备与该打印机服务器所连接的端口。

步骤 5:单击"确定"按钮完成操作。

图 11-22　配置打印机池

2. 配置打印优先级

所谓"打印优先级"是指网络中的不同用户对同一台打印机有不同的优先使用权,当多个用户同时向同一台打印机提交打印作业时,优先级高的用户可以优先打印自己的文档。比如,某公司内部只有一台高速打印机,公司内的普通员工和管理人员都喜欢通过这台打印机来打印文件,为了保证管理人员的紧急文档能够优先打印,需要配置打印优先级。要实现这一功能,管理员首先对这台物理打印机安装两个逻辑打印机(通过安装两遍驱动程序或添加两次打印机实现),并对两个逻辑打印机设置不同的打印优先级,如一个设为 1(低),另一个设为 99(高)。然后,给公司的管理人员赋予使用高优先级打印机的权限,而给普通员工赋予使用低优先级打印机的权限,则当普通员工的文档和管理人员的紧急文档同时提交时,管理人员的文档会先打印,普通员工的文档由于优先级低而后打印。

在 Windows Server 2008 系统中配置打印优先级的步骤如下。

步骤 1:为同一台打印机安装两遍打印机驱动程序(安装过程及设置完全相同),安装后会出现两个逻辑打印机,如图 11-23 所示。

图 11-23　添加逻辑打印机

步骤 2：为两个逻辑打印机设置不同的优先级。设置方式是右击要设置优先级的打印机的图标，在弹出的快捷菜单中单击"打印机属性"命令，单击打开的"属性"对话框中的"高级"选项卡。

步骤 3：在"优先级"后设置适当的优先级，如本台逻辑打印机设置为 1，而将另一台逻辑打印机的优先级设置为 99，如图 11-24 所示。

图 11-24　设置优先级

步骤 4：单击"属性"对话框中的"安全"选项卡，给管理人员的账号赋予打印权限，如图 11-25 所示，则管理人员有权使用高优先级的打印机。同理，给普通员工的账号赋予使用另一个优先级的打印机的权限。

图 11-25　设置权限

步骤 5：在管理人员的计算机上设置打印客户端，使之连接到高优先级的打印机。同理，在普通员工的计算机上设置打印客户端，使之连接到低优先级的打印机。

完成以上设置后，当管理人员的文档和普通员工的文档同时提交时，管理人员的文档会优先打印。

11.3.3 管理打印文档

当打印服务器内的打印机收到打印文件后，这些文件会在打印机内排队等待打印，而网络管理员可以管理这些文件，例如，暂停打印、继续打印、重新开始打印或取消打印等。

1. 暂停、继续、重新开始或取消打印某文档

如果某文档在打印时出了问题，则可以暂停打印，待解决问题后再重新打印，或者取消打印。操作步骤如下。

步骤 1：单击"开始"→"设置和打印机"命令，打开打印机管理器窗口，选择要管理的打印机的图标，然后单击菜单栏中的"查看现在正在打印什么"链接，打开打印机正在打印的任务窗口，如图 11-26 所示。

图 11-26　正在打印文档管理窗口

步骤 2：右击列表中要处理的文档，在弹出的快捷菜单中可以选择"暂停"、"继续"、"重新启动"或"取消"命令。

2. 暂停、继续或取消打印所有文档

如果打印设备或者打印机出了问题，则可以暂停打印所有文档，待解决问题后再重新打印或者取消打印。方法是在打印机打印文档管理窗口中，单击"打印机"菜单，在下拉菜单中可以选择"暂停打印"或"取消所有文档"命令。

也可以选择"脱机使用打印机"来暂停打印机。暂停后即使打印服务器关机再重新启动，那些正在等待打印的文件也不会被删除。

3. 设置通知人、优先级和打印时间

可以针对正在等待打印的文件设置其打印完成后的通知人、打印优先级与打印时间。方法是在打印机打印文档管理窗口中，右击列表中要设置的文档，在弹出的快捷菜单中选择"属性"命令，在"属性"对话框中可以设置"通知"、"优先级"或"日程安排"，

如图 11-27 所示。

图 11-27　文档属性

- 通知：文件打印完成时，系统默认是会送一个信息给打印者，以便让其知道文件打印完成，但是可以通过此处来更改通知人。
- 优先级：在同一个打印机内的文件的打印优先级是相同的，但是通过此处更改该文件的优先级，以便让该文件优先打印。
- 日程安排：更改该文件的打印时间，在时间未到之前，该文件并不会被打印。

任务 4　Internet 打印

【任务描述】　如果网络用户出差在外或在家办公，也想使用网络中的打印机，这就需要使用基于 Web 浏览器方式的 Internet 打印，能极大方便了远程用户。对于局域网中的用户来说，可以避免登录到"域控制器"的烦琐设置与登录过程；对于 Internet 中的用户来讲，基于 Internet 技术的 Web 打印方式是现有使用远程打印机的唯一途径。

【任务目标】　通过学习，网络管理员应熟悉实现 Internet 打印的流程，掌握在 Internet 中的打印服务器和打印客户机的管理技术。

11.4.1　设置 Internet 打印服务器

局域网中通过打印机共享来实现打印资源的合理利用，通过在 Windows Server 2008 下配置 Internet 打印服务也可以在 Internet 这个最大的网络中实现打印机共享服务。随着 IPP(Internet Printing Protocol，因特网打印协议)的完善，任何一台支持 IPP 协议的打印机只要连接到因特网上，并且拥有自己的 Web 地址，那么，因特网上的计算机只要知道这台打印机的 Web 地址，就可以访问和共享此台打印机，完成自己的打印作业。其实，在 Windows Server 2000 的时代已经有了 Internet 打印服务，而在 Windows Server 2008 中，这个功能得到了完善和提高，Windows Server 2008 更注重安全，所以需要进行相关设置才能更好地实现 Internet 打印服务。

1. 实现 Internet 打印的基本条件

使用 Internet 打印的必要条件如下。

(1) 要使运行 Windows Server 2008 家族操作系统的计算机处理包含 URL 的打印作业，计算机必须运行 Microsoft Internet 信息服务(IIS)。

(2) Internet 打印使用 IPP 作为底层协议，该协议封装在用作传输载体的 HTTP 内部。当通过浏览器访问打印机时，系统首先试图使用 RPC 进行连接，因为 RPC 快速而且有效。

(3) 打印服务器的安全由 IIS 保证。要支持所有的浏览器以及所有的 Internet 客户，管理员必须选择基本身份验证。作为可选项，管理员也可以使用 Microsoft 质询/响应或 Kerberos 身份验证，这两者都被 Microsoft Internet Explorer 所支持。

(4) 可以管理来自任何浏览器的打印机，但是必须使用 Internet Explorer 4.0 或更高版本的浏览器才能连接打印机。

(5) 从 Web 浏览器安装或管理网络打印机，应当满足的 URL 格式是："http://打印服务器的 FQDN"或"IP 地址/printers"。

2. Internet 打印服务器的安装和配置

Windows 系列操作系统通过 IIS 的 ASP 解析功能、文件和打印共享服务提供 Internet 打印服务，安装 Internet 打印服务器的过程包括服务器端 IIS 和打印的安装配置，服务器提供 Internet 打印服务，用户通过 Internet 连接 Internet 打印服务器完成打印作业。Windows XP 和 Windows 2000 也内置 IIS 和 Internet 打印服务功能，不过 Windows XP 和 Windows 2000 Professional 同时只能有 10 个用户连接到服务器的限制，不是理想的打印服务器平台。在此以 Windows Server 2008 为例，说明 Internet 打印服务器的安装和配置过程。

Internet 打印服务依赖 IIS，应先安装 IIS 再安装 Internet 打印服务。在 Windows Server 2008 操作系统中，"Internet 打印"是"打印和文件服务"的一个附加服务角色，它们跟"Web 服务(IIS)"一样，是不被默认安装的。如果在安装"打印和文件服务"的时候没有安装"Internet 打印"，就需要在"服务器管理器"中给"打印和文件服务"添加角色。查看是否被安装的方法是打开"服务器管理器"控制台，选中窗口左侧目录树中的"角色/打印和文件服务"选项，在窗口右侧的"角色服务"列表中将会看到安装状态，如图 11-28 所示。

安装"Internet 打印"的方法是图 11-28 所示的在"服务器管理器"控制台中单击"添加角色服务"链接，将会启动安装角色服务向导，在向导中勾选上"Internet 打印"复选框，单击"下一步"按钮后，将提示其所关联的角色服务和功能，如图 11-29 添加必需的角色服务

图 11-28　安装状态

所示。单击"添加必需的角色服务"按钮后,再单击向导中的"下一步"按钮,即可逐步按照提示完成安装。

图 11-29　添加必需的角色服务

3. 管理打印服务器

Internet 打印服务的安全管理非常重要,配置安全性是配置打印服务器的重点,通过配置身份验证和 IP 地址及域名限制来实现不同网络用户对打印机的不同访问权限,配置打印服务器的安全性需要使用"Internet 服务(IIS)管理器"来进行。

（1）配置身份验证

步骤 1:展开"Internet 服务(IIS)管理器"窗口左侧目录树,单击"Default Web Site"下的"Printers"虚拟目录,打开"Printers 主页",如图 11-30 所示。

图 11-30　Printers 主页

步骤 2：双击在"Printers 主页"中的"身份验证"图标，打开"身份验证"列表，如图 11-31 所示。可以右击身份验证列表中的某种要使用的身份验证方法，然后在弹出的快捷菜单中选择要设置的功能即可。

图 11-31　设置身份验证

具体的验证方法有如下几种。

① 匿名身份验证：在使用匿名访问时，IIS 会通过使用匿名用户账户（默认情况下，

此账户是 IUSR)自动登录。不需要向客户端浏览器提供用户名和密码质询。要更改用于匿名访问的用户账户,可右击"匿名身份验证",在弹出的快捷菜单中选择"编辑"命令,在弹出的对话框中设置,如图 11-32 所示。

② 基本身份验证:使用基本身份验证可以要求用户在访问内容时提供有效的用户名和密码。所有主要的浏览器都支持该身份验证方法,它可以跨防火墙和代理服务器工作。基本身份验证的缺点是它使用弱加密方式在网络中传输密码。只有当知道客户端与服务器之间的连接是安全连接时,才能使用基本身份验证。

图 11-32 设置匿名用户

如果使用基本身份验证,可禁用匿名身份验证。所有浏览器向服务器发送的第一个请求都是要匿名访问服务器内容。如果不禁用匿名身份验证,则用户可以匿名方式访问服务器上的所有内容,包括受限制的内容。

在使用基本身份验证时,会提示提供登录信息,并将用户名和密码通过网络以明文形式发送。此身份验证方法的安全性级别比较低,因为有网络监视工具的人可能会截取到用户名和密码。但是,大多数 Web 客户端都支持这种身份验证。如果希望能够从任何浏览器管理打印机,可使用此身份验证方法。右击"基本身份验证"链接,在弹出的快捷菜单中选择"编辑"命令,可以指定用户账户的默认域。

a. Windows 身份验证:Windows 身份验证既可以使用 Kerberos V5 身份验证协议,也可以使用自己的质询/响应身份验证协议。此身份验证方法更安全。但是,只能在 Intranet 环境中使用这种方法,此验证能够在 Windows 域上来对客户端连接进行验证。

b. ASP.NET 模拟:如果要在非默认安全上下文中运行 ASP.NET 应用程序,可使用 ASP.NET 模拟身份验证。

如果对某个 ASP.NET 应用程序启用了模拟,那么该应用程序可以运行在以下两种不同的上下文中:作为通过 IIS 身份验证的用户或作为设置的任意账户。例如,如果用户使用的是匿名身份验证,并选择作为已通过身份验证的用户运行 ASP.NET 应用程序,那么该应用程序将在为匿名用户设置的账户(通常为 IUSR)下运行。同样,如果用户选择在任意账户下运行应用程序,则它将运行在为该账户设置的任意安全上下文中。右击"ASP.NET 模拟"链接,在弹出的快捷菜单中选择"编辑"命令,可以指定特定的用户。

③ 摘要式身份验证。使用摘要式身份验证比使用基本身份验证安全得多。另外,当今所有浏览器都支持摘要式身份验证,摘要式身份验证通过代理服务器和防火墙服务器来工作。

要成功使用摘要式身份验证,必须先禁用匿名身份验证。所有浏览器向服务器发送的第一个请求都是要匿名访问服务器内容。如果不禁用匿名身份验证,则用户可以匿名方式访问服务器上的所有内容,包括受限制的内容。

（2）配置 IP 地址及域名限制

管理员可以使用 Microsoft Internet 服务（IIS）管理器设置 IP 地址和域名限制来允许或拒绝特定的计算机、计算机组或域访问 IIS 网站。例如，如果 Intranet 服务器连接到 Internet，则可以通过将访问权限只授予 Intranet 的成员并显式拒绝外部用户访问，从而防止 Internet 用户访问 Web 服务器（IIS）或网络打印机。具体设置步骤如下。

步骤 1：在如图 11-30 所示的"Printers 主页"中，双击"IP 地址和域限制"图标。

注意："IP 地址和域限制"功能不是被默认安装的，如果要设置此功能，需要添加 Web 服务器（IIS）的角色功能。

步骤 2：在如图 11-33 所示的右侧"操作"窗格中，单击"添加允许条目"链接。

图 11-33　IP 地址及域名限制

步骤 3：在"添加允许限制规则"对话框中，如图 11-34 所示。可以选择"特定 IP 地址"、"IP 地址范围"或"域名"，接着添加 IP 地址、范围、掩码或域名，然后单击"确定"按钮。

图 11-34　添加允许限制规则

11.4.2　通过 Web 浏览器使用打印机

利用 Windows 提供的 Internet 打印协议(IPP),使网络打印机的使用与管理更加简单而方便。通过 Web 浏览器可以让用户直接将打印作业通过 Intranet 或 Internet 打印到任何打印主机上,并且可以自动生成 HTML 格式的打印作业信息,用户可以在浏览器上查看和管理这些信息。

1. 设置 Internet 打印客户机

安装 Internet 打印客户机端的操作方法和步骤如下。

步骤 1:配置好客户机的 TCP/IP 属性中的 IP 地址、子网掩码和首选 DNS 服务器等内容。

步骤 2:在客户机浏览器的地址栏中输入"http://打印服务器域名或 IP 地址/printers"后,打开如图 11-35 所示的窗口。管理员可以在此窗口对远程打印机进行查看和管理。

图 11-35　连接到打印机

步骤 3:单击窗口列表中想要使用的某一台打印机。

步骤 4:出现 Internet 打印管理内容,如图 11-36 所示,显示目前还没有安装打印机驱动程序。

步骤 5:单击窗口右侧的"连接"链接,将会提示确认是否连接打印机,如图 11-37所示。

步骤 6:单击"是"按钮,将通过网络下载并且安装驱动程序到本地,如图 11-38 所示。

步骤 7:安装完成后,本地"打印机和传真"窗口中出现"Internet 打印机"图标,如图 11-39 所示。用户可以使用、监视和管理打印机,就好像打印机连接到自己的计算机一样。

图 11-36　Internet 打印管理窗口

图 11-37　提示信息

图 11-38　安装打印驱动

图 11-39　"Internet 打印机"图标

步骤 8：右击"Internet 打印机"图标，在快捷菜单中选择"属性"命令来验证打印机属性，发现一个打印端口指向本地，并且设置为默认；另一个打印端口指向 Internet 端口，这是用户需要的打印设备。如图 11-40 中显示打印服务位于网络上，而且打印端口是 Internet Port。

图 11-40　Internet 打印机属性

2. 使用 Internet 打印机

Internet 客户端的打印机连接完成后，在打印客户机上使用"Internet 打印机"的方法与"本地打印机"相同。例如，在 Word 程序中选择"文件/打印"菜单，在弹出的对话框的"打印机"下拉列表框中选择 Internet 打印机即可，如图 11-41 所示。

图 11-41　选择打印机

实　　训

1. 实训目的

（1）熟悉网络打印机的安装方法。

（2）掌握网络打印共享的设置方法。

（3）掌握打印机属性的设置及管理方法。

2. 实训内容

（1）安装网络打印机及设置网络打印共享。

（2）网络打印测试。

（3）网络打印管理。

3. 实训要求

（1）安装网络打印服务器。

（2）配置打印机属性中的"常规"、"端口"、"高级"、"安全"等选项卡。

（3）设置 Printers 虚拟目录中的各项属性，并能用 Web 浏览器连接到打印机，进行打印管理。

（4）设置网络打印机的优先级。

4. 实训步骤

（略）

5. 实训总结

（略）

习　题

一、填空题

1. 网络打印机是指通过 _____ 将打印机作为独立的设备接入局域网或者 Internet。

2. 可以将网络打印机接在服务器、工作站上，或将带 _____ 的打印机独立的接在集线器上。

3. 在安装打印服务时，逻辑打印端口是指本地计算机与远程 _____ 的网络连接。

二、选择题

1. 使用一台接在工作站上的远程网络打印机时，在"添加打印机向导"中选择（　　）。
  A. "在目录内查找一个打印机"
  B. "输入打印机名，或者单击'下一步'，浏览打印机"
  C. "连接到 Internet 或您的公司 Intranet 上的打印机"
  D. 以上都不是

2. 设置和使用网络打印机的流程正确的是（　　）。
  A. 在接有打印机的单机下安装本地打印机并将它设为共享，到要使用网络打印机的工作站上执行"添加打印机"命令，查找网络打印机，找到后安装该打印机的驱动程序
  B. 在接有打印机的单机下安装本地打印机并将它设为共享，到"网上邻居"里查找网络打印机，找到后安装该打印机的驱动程序
  C. 到"网上邻居"里查找网络打印机，找到后安装该打印机的驱动程序
  D. 以上都不是

3. 打印管理员的责任是（　　）。
  A. 删除已打印的打印文件
  B. 排除打印机卡纸、缺纸等故障
  C. 重新设置打印机驱动程序
  D. 以上都是

4. 打印出现乱码的原因（　　）。
  A. 计算机的系统硬盘空间（C盘）不足
  B. 打印机驱动程序损坏或选择了不符合机种的错误驱动程序
  C. 使用应用程序所提供的旧驱动程序或不兼容的驱动程序

D. 以上都不对

5. 有多台相同或兼容打印设备时，为了均衡网络中的打印负荷，应采用（　　）。

    A. 一对多方式（打印机池）

    B. 多对一方式（多个打印机对应一台打印设备）

    C. 多个一对一方式（1 个打印机对应 1 台打印设备）

    D. 混合方式

三、简答题

1. 简述网络打印机的几种连接方式。

2. 简述如何建立并使用一台网络打印机。

3. 某企业只有一台打印机，来自不同的用户都需要在网上使用这台打印机，作为网络管理员，如何设置可保证经理优先使用？

项目十二 安全管理

项目描述

随着公共互联网、电子商务、个人计算机和计算机网络的蓬勃发展,如果不对它们进行妥善的保护,它们将越来越容易受到具有破坏性的攻击的危害。黑客、病毒、不满的员工,甚至意外故障都会给网络中的数据带来巨大的威胁。因此,需要采取一定的措施来消除网络安全漏洞的影响。

项目目标

利用操作系统 Windows Server 2008,通过多种技术和手段来控制用户对资源的访问,提高数据的安全性,其中包括访问控制、文件加密、定制安全策略、基于主机的防火墙和数据灾难恢复技术等。

任务 1 Windows 安全措施

【任务描述】 网络安全是指网络系统的硬件、软件及其系统中的数据受到保护,不因偶然的或者恶意的原因而遭受到破坏、更改、泄露,系统连续可靠正常地运行,网络服务不中断。网络安全从其本质上来讲就是确保网络上的信息安全。

【任务目标】 微软把 Windows Server 2008 操作系统定位于一个具有各种内在安全功能的强大而坚实的网络操作系统。因此,作为网络操作系统管理员,应当了解和掌握保证网络安全所能采用的安全措施和安全技术。为了实现网络安全的要求,管理员还应了解 Windows Server 2008 中的安全结构和安全特点。

12.1.1 安全措施和分析

目前,许多企业都将微软的 Windows 平台作为自己的首选平台。而随着 Windows Server 2008 的日趋完善,越来越多的企业正在打算升级到这个新版服务器操作系统上。随着企业对于利用 Windows 平台运行关键业务应用的依赖日益增加,Windows 平台的安全性、可用性的重要性也就不言而喻了。毕竟,在目前竞争日益激烈的条件下,系统崩溃给企业带来的影响可能是灾难性的,所以如何有效地管理 Windows 服务器成为企业 IT 部门一项非常紧迫的事情。幸运的是,有一些行之有效的工具和服务能够帮助企业管理自己的服务器,最大化并维护自己在 Windows 环境下所做的投资,这促使它们选择迁移到 Windows Server 2008。

Windows Server 2008 可以说是微软迄今为止最健壮的 Windows Server 操作系统，它的所有功能都是围绕着为企业业务和应用提供一个更加坚实的基础平台这样一个目标设计的。

Windows Server 2008 全新的可用性、虚拟化、安全性和管理能力可以帮助信息技术（IT）专业人员最大限度地控制和管理其基础设施。

例如，Windows Server 2008 引入了 Windows PowerShell 技术。Windows PowerShell 是一个命令行外壳和脚本系统管理工具。PowerShell 是一款基于对象的 Shell，建立在.NET 框架之上，能够同时支持 WMI、COM、ADO. NET、ADSI 等已有的 Windows 管理模型。此外，它还包含 130 多个工具。这样的一个开发和管理环境使得 IT 部门更容易控制和自动化重复的系统管理任务。

此外，Windows Server 2008 新的服务器管理器只有一个单一的控制面板，这给管理员带来了极大的方便，管理员可以轻松地安装、配置和管理服务器角色和 Windows Server 2008 的功能。

由于 Windows Server 2008 的这些改进，许多企业都迫不及待地想要迁移到这个更加强大的业务平台上。正因为这样，对于升级的 Windows 环境提供争取的保护措施成为企业 IT 部门最紧迫的任务。为了保持企业业务的连续性，IT 部门必须能够找到一种有效的解决方案，不仅能够恢复数据、系统和应用，同时还能支持和整合 Windows Server 2008 的新功能。

1. 在系统安装过程中进行安全性设置

要创建一个强大并且安全的服务器，必须从一开始安装的时候就注重每一个细节的安全性。新的服务器应该安装在一个孤立的网络中，杜绝一切可能造成攻击的渠道，直到操作系统的防御工作完成。

在开始安装的最初的一些步骤中，用户将会被要求在 FAT（文件分配表）和 NTFS（新技术文件系统）之间做出选择。这时，用户务必为所有的磁盘驱动器选择 NTFS 格式。FAT 是为早期的操作系统设计的比较原始的文件系统。NTFS 是随着 Windows NT 的出现而出现的，它能够提供了 FAT 不具备的安全功能，包括访问控制列表（Access Control Lists，ACL）和文件系统日志，文件系统日志可以记录文件系统的任何改变。接下来，用户需要安装最新的 Service Pack 和任何可用的热门补丁程序。

2. 配置安全策略

安装完系统之后，用户就可以做一些更细致的安全工作。提高 Windows Server 2008 免疫力最最简单的方式就是利用安全配置向导（Safety Configuration Wizard、SCW），它可以指导用户根据网络上服务器的角色创建、编辑和应用安全的策略。如果安全策略无法正常工作，还可以回滚到上一次应用的安全策略。

SCW 可以创建安全策略，以配置服务、具有高级安全性的 Windows 防火墙、审核策略设置以及特定的注册表设置。安全策略是一个可以使用 SCW 编辑和应用的. xml 文件。可以使用 scwcmd 命令行工具将策略加入组策略对象(GPO)。启动了 SCW 之后,不必完成同一个会话中的所有部分。若要跳过部分,在每个未完成的部分的开头选中"跳过这一部分"复选框,再保存策略,以后使用 SCW 编辑策略。如果在部分配置了某个部分之后选中"跳过这一部分"复选框,则不会保存或应用用户的更改。在编辑安全策略并配置跳过部分中的设置之前,这些设置将保持未定义。

3. 为物理机器和逻辑组件设定适当的存取控制权限

从用户按下服务器的电源按钮那一刻开始,直到操作系统启动并且所有服务都活跃之前,威胁系统的恶意行为依然有机会破坏系统。除了操作系统以外,一台健康的服务器开始启动时应该具备密码保护的 BIOS/固件。此外,就 BIOS 而言,服务器的开机顺序应当被正确设定,以防从未经授权的其他介质启动。

同样,自动运行外部介质的功能包括光碟、DVD 和 USB 驱动器,应该被禁用。在注册表,进入路径 HKEY_LOCAL_MACHINE\SYSTEM\CurrentControlSet\services\cdrom(或其他设备名称)下,将 Autorun 的值设置为 0。自动运行功能有可能自动启动便携式介质携带的恶意应用程序。这是安装特洛伊木马(Trojan)、后门程序(Backdoor)、键盘记录程序(KeyLogger)、窃听器(Listener)等恶意软件的一种简单的方法。

下一道防线是有关用户如何登录到系统。虽然身份验证的替代技术,比如生物特征识别、令牌、智能卡和一次性密码,都是可以用于 Windows Server 2008 用来保护系统,但是很多系统管理员,无论是本地的还是远程的,都习惯使用用户名和密码的组合作为登录服务器的验证码。密码的设定最好采用一个强壮的密码策略:密码长度至少 8 个字符,包括英文大写字母、数字和非字母数字字符。此外,用户最好定期改变密码并在特定的时期内不使用相同的密码。

一个强壮的密码策略加上多重验证,这还不够。NTFS 提供的 ACL 功能,使得一个服务器的各个方面,每个用户都可以被指派不同级别的访问权限。文件访问控制、打印共享权限的设置应当基于组(Group)而不是"每个人(Everyone)",确保只有一个经过合法身份验证的用户能访问和编辑注册表,这也很重要。这样做的目的是限制访问这些关键服务和应用的用户人数。

4. 禁用或删除不需要的账户、端口和服务

在安装过程中,三个本地用户账户被自动创建管理员(Administrator)、来宾(Guest)、远程协助账户(Help-Assistant,随着远程协助会话一起安装的)。管理员账户拥有访问系统的最高权限,它能指定用户权限和访问控制。虽然这个主账户不能被删除,但是用户应该禁用或给它重新命名,以防轻易就被黑客盗用而侵入系统。正确的做法是:应该为某个用户或一个组对象指派管理员权限,这就使得黑客更难判断究竟哪个用户拥有管理员权限,这对于审计过程也是至关重要的。如果一个 IT 部门的每一个人都可以使用同一个管理员账户和密码登录并访问服务器,将是一个很大的安全隐患。

同样,来宾账户和远程协助账户为那些攻击 Windows Server 2008 的黑客提供了一个更为简单的目标。

开放的端口也是最大的潜在威胁，Windows Server 2008 有 65 535 个可用的端口，而服务器并不需要所有这些端口。所有的端口被划分为三个不同的范围：众所周知的端口（0～1023）、注册端口（1024～49 151）、动态/私有端口（49 152～65 535），这些端口都被操作系统功能所占用；而注册端口则被某些服务或应用占用。动态/私有端口则是没有任何约束的。

如果能获得一个端口和所关联的服务和应用的映射清单，那么管理员就可以决定哪些端口是核心系统功能所需要的。举例来说，为了阻止任何 Telnet 或 FTP 传输路径，可以禁用与这两个应用相关的通信端口。同样，知名软件和恶意软件使用那些端口都是大家所熟知的，这些端口可以被禁用以创造一个更加安全的服务器环境，最好的做法是关闭所有未用的端口。

增强服务器免疫力最有效的方法是不安装任何与业务不相关的应用程序，并且关闭不需要的服务。虽然在服务器上安装一个电子邮件客户端或第三方工具可能会使管理员更方便，但是，如果不直接涉及服务器的功能，那么最好不要安装它们。在 Windows Server 2008 上有 100 多个服务可以被禁用，但并非所有的服务都是可以禁用的。举例来说，虽然远端过程调用（Remote Procedure Call、RPC）服务可以被 Blaster 蠕虫所利用，进行系统攻击，不过它却不能被禁用，因为 RPC 允许其他系统过程在内部或在整个网络进行通信。为了关闭不必要的服务，可以通过"开始"→"管理工具"→"服务"菜单打开"服务"窗口。双击该服务，打开"属性"对话框，在"启动类型框"中选择"禁用"即可。

5. 创建一个强大和健壮的审计和日志策略

阻止服务器执行有害的或者无意识的操作，是强化服务器的首要的目标。为了确保所执行的操作是都是正确的并且合法的，那么就得创建全面的事件日志和健壮的审计策略。

随着一致性约束的来临，强大的审计策略应该是健壮的 Windows Server 2008 服务器的一个重要组成部分。成功和失败的账户登录和管理尝试，连同特权使用和策略变化都应该被初始化。

在 Windows Server 2008 中，创建的日志类型有：应用日志、安全日志、目录服务日志、文件复制服务日志和 DNS 服务器日志等。这些日志都可以通过事件查看器（Event Viewer）监测，同时事件查看器还提供广泛的有关硬件、软件和系统问题的信息。在每个日志条目中，事件查看器显示五种类型的事件：错误、警告、信息、成功审计和失败审计。

6. 创建一个基线的备份

在花费了大量时间和精力强化 Windows Server 2008 服务器时，管理员所要做的最后一步是创建一个 0/full 级别的机器和系统状态备份。一定要对系统定期进行基线备份，这样当有安全事故发生时，就能根据基线备份对服务器进行恢复。在对 Windows Server 2008 服务器的主要软件和操作系统进行升级后，务必要对系统进行基线备份。

7. 密切留意用户账户

为了确保服务器的安全性，还需要密切注意用户账户的状态。不过，管理账户是一个持续的过程。用户账户应该被定期检查，并且任何非活跃、复制、共享、一般或测试账户都应该被删除。

8. 保持系统补丁应该是最新的

强制服务器升级是一个持续的过程，并不会因为安装了 Windows Server 2008 SP 而结束。为了第一时间安装服务期升级/补丁软件，可以通过"控制面板"中的"Windows Update"启用自动更新功能。在"自动更新"选项卡上选择自动下载更新，因为关键的更新通常要求服务器重新启动，用户可以给服务器设定一个安装这些软件的时间表，从而不影响服务器的正常功能。

9. 利用外部解决方案保护系统和数据安全

维护一个关键并且复杂的 IT 环境从未变得像现在这样如此具有挑战性，尤其是对于那些人员不足、工作负荷过重而且预算紧张的 IT 部门来说。数据量增长的速度惊人，传统的备份方法越来越不能满足需要，用户对于更有效的数据管理方式的需求越来越多。此外，企业也正在寻找更快、更可靠系统恢复解决方案。最新版本的 Windows Server 2008 横空出世，引入了一些新技术，能够帮助企业管理和扩大业务流程。对于一个企业来说，定义一个完整的数据和系统保护策略以确保企业的关键业务信息的安全是至关重要的。

如果缺少正确的保护措施，基础设施故障、自然灾害甚至简单的人为错误，都有可能把一个效率高并且利润丰厚的公司变成一个无法恢复的烂摊子。

为了减少这种风险，企业需要用一种更全面的方法取代目前基于筒仓的备份和恢复策略，支持 VSS Writer Integration、动态目录、BitLocker 技术、群集技术等，最大限度地优化 Windows Server 2008 和遗留的 Windows 系统。这一新方法使得 IT 管理员对于 Windows 环境和恢复策略完全有信心。Windows Server 2008 的数据保护解决方案在本质上也应该保护所有打开的文件。

在 Windows Server 2008 中，微软为数据保护解决方案设定了一个新的要求：可以从大量的快照中执行备份。

此外，这些全面的数据保护解决方案是由基于磁盘的技术所支持的，能够最大限度地减少系统停机时间并帮助企业达到严格的恢复时间目标。先进的功能让 IT 管理员能够在几分钟内还原整个服务器系统或个人的电子邮件。

越来越多的全面数据和系统保护解决方案还集成了智能归档工具，这样就增加了关键档案的安全性和有效性。随着越来越多的企业认识到数据保存和恢复标准的遵从一致性的重要性，他们希望能找到一个综合的归档解决方案，以帮助管理和减少存储量并从整体上改善数据安全。

12.1.2　安全配置向导

安全配置向导（SCW）是 Windows Server 2008 自带的一个安全配置工具。根据指定服务器的角色，SCW 可以指导完成策略的创建、创建策略后，不但可以对其进行编辑，而且可以将其应用于一个或多个配置相似的服务器，也可取消已应用的策略。

利用 SCW 所提供的功能，管理员能非常轻松地完成服务器角色的指定，禁用不需要的服务和端口，配置服务器的网络安全，配置审核策略、注册表和 IIS 服务器等工作，对巩固服务器的安全有极大的帮助。同时，由于整个配置过程都是在向导对话框中完成的，无须繁琐的手工设置。

1. 启用安全配置向导

第一次使用安全配置向导，首先要为 Windows Server 2008 服务器新建一个安全策略，安全策略信息是被保存在格式为 XML 的文件中，并且它的默认存储位置是"％systemroot％\security\msscw\policies"。因此一个 Windows Server 2008 系统可根据不同的需要，创建多个"安全策略"文件，并还可以对安全策略文件进行修改，但一次只能应用其中的一个安全策略。具体步骤如下。

步骤 1：单击"开始"→"管理工具"→"安全配置向导"命令，打开"安全配置向导"，如图 12-1 所示。

图 12-1　安全配置向导

步骤 2：在"欢迎使用安全配置向导"对话框中单击"下一步"按钮，进入到"配置操作"对话框，如图 12-2 所示。因为是第一次使用安全配置向导，因此在这里要选择"新建安全策略"单选按钮。

图 12-2　创建新的安全策略

步骤 3：单击"下一步"按钮，在"服务器"栏中输入要进行安全配置的 Windows Server 2008 服务器的计算机或 IP 地址，如图 12-3 所示。

图 12-3　设置服务器

步骤 4：单击"下一步"按钮，安全配置向导会出理安全配置数据库，如图 12-4 所示。

上述操作完成之后，Windows Server 2008 的基础安全配置数据库处理完成，用户可以根据实际需求来进行不同方面的配置。

图 12-4　处理安全配置数据库

2. 基于角色的服务器

完成 Windows Server 2008 基础安全配置数据库处理后,单击"下一步"按钮,系统将出现如图 12-5 图所示的"基于角色的服务配置"对话框,在此单击"下一步"按钮开始针对基于角色的服务器配置。

图 12-5　"基于角色的服务配置"对话框

步骤 1：在"选择服务器角色"对话框中，可以通过"查看"下拉列表，改变当前服务器中安装的角色服务列表，对于暂时没有安装的角色服务，可以勾选列表中相应项目的复选框，以便让配置向导一并进行处理，如图 12-6 所示。

图 12-6　"选择服务器角色"对话框

步骤 2：单击"下一步"按钮，可以通过"查看"下拉列表，改变当前服务器作为客户端计算机使用的时候所需的服务列表，在此可以勾选列表中所需的客户端功能复选框，如图 12-7 所示。

图 12-7　选择服务器的客户端功能

步骤 3：单击"下一步"按钮，可以通过"查看"下拉列表，改变当前服务器可管理的项目列表，可以勾选列表中要管理的项目，安全配置向导将启动相应服务并打开相应的端口，如图 12-8 所示。

图 12-8　选择管理项目

步骤 4：单击"下一步"按钮，将显示出服务器需要运行的某些额外服务，如 Windows Media 服务、SQL 数据库等，如图 12-9 所示。建议用户在此勾选全部的复选框，以确保服务的正常运行。

图 12-9　选择额外服务

300

　　步骤 5：单击"下一步"按钮后，打开"处理未指定的服务"对话框，如图 12-10 所示。这里的"未指定服务"是指，如果此安全策略文件被应用到其他 Windows Server 2008 服务器中，而这个服务器中提供的一些服务没有在安全配置数据库中列出，那么这些没被列出的服务该在什么状态下运行。在这里就可以指它们的运行状态，建议选择"不更改此服务的启动模式"单选按钮。

图 12-10　处理未指定服务

　　步骤 6：单击"下一步"按钮，可以通过"查看"下拉列表，改变显示已经"更改的服务"项目列表，如图 12-11 所示。经过这样的处理之后，Windows Server 2008 的服务项目将得到清理，服务器的稳定性和运行效率也将得到提升。

图 12-11　确认服务的更改

3. 网络安全配置

以上完成了基于角色的服务配置,但是 Windows Server 2008 服务器包含的各种服务,都是通过某个或某些端口来提供服务内容,为了保证服务器的安全,Windows 防火墙默认是不会开放这些服务端口的。这里可以通过网络安全配置向导开放各项服务所需的端口,这种向导化配置过程与手工配置 Windows 防火墙相比,更加简单和安全,如图 12-12 所示。

图 12-12　网络安全配置

步骤 1:单击"下一步"按钮,可以通过"查看"下拉列表,改变防火墙可以设置的网络安全规则列表,如图 12-13 所示。此时可以根据服务器的实际需要勾选如 FTP 服务、万维网服务等规则的复选框。

图 12-13　选择网络安全规则

步骤 2：选中如图 12-13 所示列表中的某一条安全规则，单击"编辑"按钮，可以对此条规则的详细情况进行查看、编辑，如图 12-14 所示。也可以单击图 12-14 下部的"添加"按钮来创建新的规则。

图 12-14　编辑规则

4. 注册表设置

Windows Server 2008 服务器在网络中为用户提供各种服务，但客户端与服务器的通信中很有可能包含诸如病毒之类的恶意访问，通过注册表设置向导就能轻松保证服务器的安全，最大限度地限制非法用户访问，如图 12-15 所示。

图 12-15　注册表设置

步骤1：单击"下一步"按钮，打开"要求SMB安全签名"对话框，如图12-16所示。可以设置局域网络中计算机的操作系统版本，还能够根据服务器的性能来设置是否有多余的性能进行打印、通信签名等服务。一般情况下，这两个复选框都需要勾选。

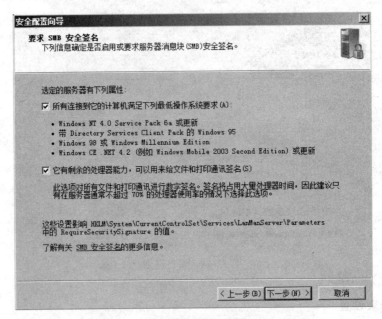

图12-16 "要求SMB安全签名"对话框

步骤2：单击"下一步"按钮，打开"要求LDAP签名"对话框，如图12-17所示。在此可根据需要确定是否勾选"Windows 2000 Service Pack 3 或更新"复选框。

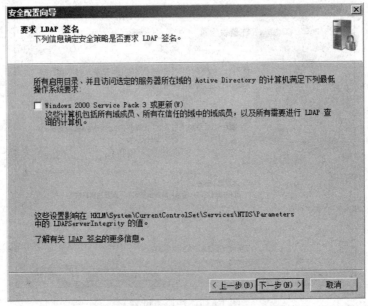

图12-17 "要求LDAP签名"对话框

步骤 3：单击"下一步"按钮，可以设置出站身份验证方法，如图 12-18 所示。在此可以根据需要选择"域用户"、"远程计算机上的本地账户"或者"Windows 95/98/Me 上的文件共享密码"等。

图 12-18　设置出站身份验证

步骤 4：如果勾选了"域用户"复选框，单击"下一步"按钮，则可以设置域用户身份验证等级，如图 12-19 所示；如果没有选择出站身份验证方法，单击"下一步"按钮，则可以设置入站身份验证方法，如图 12-20 所示。

图 12-19　设置出站身份验证使用域账户

图 12-20　设置入站身份验证

步骤 5：单击"下一步"按钮，将查看到有关安全策略使用的注册表设置摘要信息，如图 12-21 所示。

图 12-21　注册表摘要

5. 启用审核策略

有些用户会利用日志功能来分析服务器的运行状况，因此适当的启用审核策略是非常重要的。安全配置向导也充分的考虑到这些，利用向导化操作就能轻松启用审核策略，如图 12-22 所示。

图 12-22　设置审核策略

步骤 1：单击"下一步"按钮，在如图 12-23 所示的"系统审核策略"对话框中可根据需要选择要审核的目标。

图 12-23　选择审核目标

步骤 2：单击"下一步"按钮，可以看到审核事件配置的摘要信息，如图 12-24 所示。

图 12-24　审核策略摘要信息

6. 保存安全策略

完成上述操作之后，将进入保存安全策略设置阶段，如图 12-25 所示。

图 12-25　保存安全策略

步骤 1：单击"下一步"按钮，可以在"安全策略文件名"对话框中为配置的安全策略命名，需要注意的是该策略文件需要以 .xml 为扩展名，如图 12-26 所示。

图 12-26　设置安全策略文件名

步骤 2：单击"下一步"按钮，可以设置安全策略生效时间，如图 12-27 所示。如果选择"现在应用"单选按钮，则使配置的安全策略立即生效。

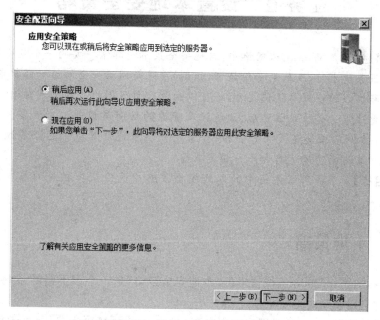

图 12-27　设置安全策略应用方式

步骤 3：单击"下一步"按钮，出现如图 12-28 所示的完成提示界面，表明安全配置向导已经运行完毕。单击"完成"按钮关闭即可。

图 12-28　完成安全配置向导

任务 2　设置本地安全策略

【任务描述】　在 Windows 网络中,本地安全策略是非常重要的一个安全环节。因为在处理各种服务请求时,本地的身份认证(识别)系统是网络安全的第一保护层,它除了可以进行账户和口令的检测与认证之外,还可以由管理员限制用户的上网时间、非法使用者锁定和密码更改等。登录验证之后,才能涉及资源的访问与控制。本地安全策略可以控制的内容有:本地登录还是交互式登录,登录用户在本地计算机中的操作权力与访问权限。用户账户策略的密码策略和账户锁定策略。

【任务目标】　掌握网络系统中的本地安全策略中身份认证相关的基本知识和操作技能。

12.2.1　本地策略

Windows Server 2008 系统自带的"本地安全策略"是一个很不错的系统安全管理工具,利用好它可以使系统更安全。

在"本地策略"中可以设置用户权限分配、Microsoft 网络服务器、交互式登录、网络访问、用户账户控制等相关的参数,以实现某种效果。以下举例说明。

1. 设置登录不需按 Ctrl＋Alt＋Delete 组合键

用户在每次登录系统时,会提示"按 Ctrl＋Alt＋Delete 登录"的提示,如果想把它去掉,可以执行如下步骤。

步骤 1：单击"开始"→"管理工具"→"本地安全策略"命令,打开"本地安全策略"的管理控制台。在此可通过菜单栏上的命令设置各种安全策略,并可选择查看方式,导出列表及导入策略等操作,如图 12-29 所示。

图 12-29　本地安全策略

步骤 2：展开窗口左侧"安全设置"下的"本地策略/安全选项",在右边的窗格中找到"交互式登录：无须按 Ctrl+Alt+Del"策略,双击打开它,选择"已启用"选项,如图 12-30所示,单击"确定"完成设置。

图 12-30　设置交互登录策略

2. 赋予普通用户关机权限

在 Windows 操作系统中,用户分为两类,一种是管理员级,拥有系统的生杀大权;另

311

一种是普通用户级,也就是受限用户。如果是受限用户,当登录上机完毕,欲关机时会发现"开始/注销"命令中没有"关机"选项,只有一个"注销"选项,也就是说此用户没有权利关机。如果要使受限用户具有关机的权限,在非域控制器上的设置步骤如下。

步骤 1:以"Administrator"的身份重新登录到 Windows Server 2008 操作系统中。单击"开始"→"管理工具"→"本地安全策略"命令,打开"本地安全策略"的管理控制台。

步骤 2:展开窗口左侧"安全设置"下的"本地策略/用户权限分配",双击右侧窗口中的"从远程系统强制关机"选项,在弹出的"从远程系统强制关机属性"窗口中单击"添加用户和组"按钮,如图 12-31 所示,添加用户后单击"确定"按钮。

图 12-31　设置远程关机

步骤 3:双击右侧窗口中的"关闭系统"选项,弹出"关闭系统 属性"窗口,单击"添加用户和组"按钮,按照上述相同的方法将欲赋予关机权利的受限用户添加进来。现在管理员用户 Administrator 已经将关机的权利——无论是本地关机还是远程关机的权利,都还给了这个受限用户。

3. 允许域用户在域控制器上登录

在 Windows Server 2008 系统中,如果域用户在域控制器上登录系统时,系统将不允许登录并提示"您无法登录,因为您使用的登录方法在此计算机上不被允许"。在域控制器中,使用单击"开始"→"管理工具"→"本地安全策略"命令,打开"本地安全策略"的管理控制台后,会发现很多功能不能修改其状态。因此域控制器的本地安全策略必须采用以下步骤修改。

步骤 1:以本地管理员或域管理员登录计算机。单击"开始"→"管理工具"→"组策略管理"命令,打开"组策略管理"窗口。

步骤 2：如图 12-32 所示，展开左侧窗口目录树到组织单位 Domain Controllers。

图 12-32 "组策略管理"窗口

步骤 3：右击 Default Domain Controllers Policy 选项，在弹出的快捷菜单中选择"编辑"命令。在打开的"组策略管理编辑器"窗口中，展开窗口左侧的"计算机配置"→"策略"→"Windows 设置"→"安全设置"→"本地策略"→"用户权限分配"选项，如图 12-33 所示。

图 12-33 "组策略管理编辑器"窗口

步骤 4：双击窗口右侧的"允许在本地登录"选项，在弹出的"允许在本地登录 属性"窗口中，如图 12-34 所示，单击"添加用户或组"按钮，弹出"添加用户或组"对话框，在文本框中输入受限用户的名称或单击"浏览"按钮进行选择。最后再单击"确定"按钮，完成设置。

图 12-34　添加允许在本地登录用户

12.2.2　账户与密码策略

在"本地安全策略"管理控制台中还可以设置用户和密码策略,控制用户对桌面设置和应用程序的访问,保护客户端计算机的安全。

1. 密码策略

通过设置密码策略,可以增强用户账户的安全性。

(1) 强制密码历史

该策略通过确保旧密码不能继续使用,从而使管理员能够增强安全性。重新使用旧密码之前,该安全设置确定与某个用户账户相关的唯一新密码的数量。该值必须为 0~24 的一个数值,其具体操作步骤如下。

步骤 1:单击"开始"→"管理工具"→"本地安全策略"命令,打开"本地安全策略"的管理控制台。

步骤 2:展开窗口左侧"安全设置"下的"账户策略/密码策略",如图 12-35 所示,双击右侧窗口中的"强制密码历史"选项。

步骤 3:在如图 12-36 所示的"强制密码历史 属性"对话框中选中"定义这个策略设置"复选框,然后在"保留密码历史"文本框中输入可保留的密码的个数。最后单击"确定"按钮,即可完成强制密码历史的修改。

默认在域控制器上为 24,独立服务器上为 0,且成员计算机的配置与其域控制器的配置相同。要维持密码历史记录的有效性,则在通过启用密码最短使用期限安全策略设置

图 12-35 "密码策略"界面

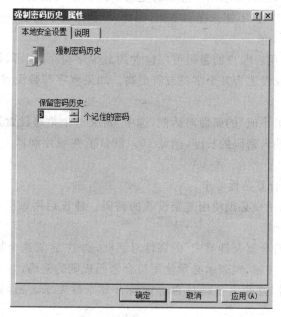

图 12-36 "强制密码历史 属性"对话框

更改密码之后,不允许立即更改密码。

（2）密码最长使用期限

该安全设置确定系统要求用户可以使用一个密码的时间（单位为天）。可将密码的过期天数设置在 1~999 天,如果设置为 0,则指定密码永不过期。如果密码最长使用期限在 1~999 天,那么密码最短使用期限必须小于密码最长使用期限。如果密码最长使用期限设置为 0,则密码最短使用期限可以是 1~998 天的任何值。

打开"密码最长使用期限"的属性对话框,选中"定义这个策略设置"复选框,在"密码过期时间"文本框中输入许可保留的天数,如 10 天。

使密码每隔 30~90 天过期一次是一种安全最佳操作。通过这种方式,攻击者只能够在有限的时间内破解用户密码并访问用户的网络资源。

（3）密码最短使用期限

该安全策略设置确定用户可以更改密码之前必须使用该密码的时间（单位为天），允许设置为从 1～998 天的某个值，如果设置为 0，则允许立即更改密码。

打开"密码最短使用期限"的属性对话框，选中"定义这个策略设置"复选框，在"可以立即更改密码"文本框中，输入许可更改的天数即可。

密码最短使用期限必须小于密码最长使用期限，除非密码最长使用期限设置为 0。如果密码最长使用期限设置为 0，那么密码最短使用期限可设置为 0～998 天的任意值。

如果希望强制密码历史有效，将密码最短有效期限配置为大于 0。如果没有密码最短有效期限，则用户可以重复循环通过密码，直到获得喜欢的旧密码。推荐设置方法为管理员给用户指定密码，然后要求用户登录时更改管理员定义的密码。如果将该密码的历史记录设置为 0，则用户将不能选择新密码，因此，默认情况下将密码历史记录设置为 1。

（4）密码长度最小值

该安全设置确定用户账户的密码可以包含的最少字符个数，可以设置为 1～14 个字符之间的某个值，建议设置为 8 个字符或者更高。如果将字符数设置为 0，则表示不需要设置密码。

打开"密码长度最小值"的属性对话框，选中"定义这个策略设置"复选框，在"密码必须至少是"文本框中输入密码的长度，例如 10。默认值在域控制器上为 7，独立服务器上为 0。

（5）密码必须符合复杂性要求

该安全设置强制用户必须使用复杂设置的密码。建议启用该策略，以保护用户账户的安全。

打开"密码必须符合复杂性要求"的属性对话框，选中"定义这个策略设置"复选框，然后选择"已启用"单选按钮，则表示必须使用符合密码规则的密码，方可通过策略的认证。

在启用该策略时，要确定密码是否必须符合复杂性要求。密码必须满足以下最低要求：

① 不包含全部或部分的用户账户名。

② 长度至少为 6 个字符。

③ 至少包含来自以下 4 个类别中的 3 个类别字符。

- 英文大写字母（A～Z）。
- 英文小写字母（a～z）。
- 10 个基本数字（0～9）。
- 非字母字符（例如，!、\$、#、%）。

更改或创建密码时，会强制执行复杂需求。

（6）用可还原的加密来存储密码

该安全设置确定操作系统是否使用可还原的加密来存储密码。如果应用程序使用了要求知道用户密码才能进行身份验证的协议，则该策略可对它提供支持。使用可还原的加密存储密码和存储明文版本密码本质上是相同的。因此，除非应用程序有比保护密码信息更重要的要求,否则不必启用该策略。

当使用质询握手身份验证协议(CHAP)通过远程访问或 Internet 身份验证服务(IAS)进行身份验证时,该策略是必需的。在 Internet 信息服务(IIS)中使用摘要式验证时也要求该策略。

打开"用可还原的加密来存储密码"的属性对话框,选中"定义这些策略设置"复选框,然后选择"已启用"单选按钮,则表示允许使用可还原的加密存储密码。

说明：该安全设置默认已停用。

2. 账户锁定策略

账户锁定策略用于域账户或本地用户账户,用来确定某个账户被系统锁定的情况和时间长短。要设置"账户锁定策略",可打开"本地安全策略"管理控制台,依次展开"安全设置"下的"账户策略/账户锁定策略"。

(1) 账户锁定阈值

该安全设置确定造成用户账户被锁定的登录失败尝试的次数。锁定的账户将无法使用,除非管理员进行了重新设置或该账户的锁定时间已过期。登录尝试失败的范围可设置为 0～999。如果将此值设为 0,则将无法锁定账户。对于使用 Ctrl＋Alt＋Delete 组合键或带有密码保护的屏幕保护程序锁定的计算机上,失败的密码尝试计入失败的登录尝试次数中。

在"本地安全策略"窗口中,双击"账户锁定阈值"选项,显示"账户锁定阈值 属性"对话框,在"账户不锁定"文本框中输入无效登录的次数,例如 3 表示 3 次无效登录后锁定登录所使用的账户。

建议启用该策略,并设置为至少 3 次,以避免非法用户登录。

(2) 账户锁定时间

该安全设置确定锁定的账户在自动解锁前保持锁定状态的分钟数,有效范围从 0～99999 分钟。如果将账户锁定时间设置为 0,那么在管理员明确将其解锁前,该账户将被锁定。如果定义了账户锁定阈值,则账户锁定时间必须大于或等于重置时间。

打开"账户锁定时间"的属性对话框,在"账户锁定时间"文本框中输入账户锁定时间,例如 30,则表示账户被锁定的时间为 30 分钟,30 分钟后方可再次使用刚才被锁定的账户。

默认值为"无",因为只有当指定了账户锁定阈值时,该策略设置才有意义。

(3) 复位账户锁定计数器

该安全设置确定在登录尝试失败计数器被复位为 0(即 0 次失败登录尝试)之前,尝试登录失败之后所需的分钟数,有效范围为 1～99999 分钟。如果定义了账户锁定阈值,则该复位时间必须小于或等于账户锁定时间。

打开"复位账户锁定计数器"的属性对话框,在"在此后复位账户锁定计数器"文本框中输入账户锁定复位的时间,例如 30,表示 30 分钟后复位被锁定的账户。

只有当指定了账户锁定阈值时,该策略设置才有意义。

任务3 组 策 略

【任务描述】 在安全管理中,除了资源的权限分配外,还可以为用户、组等对象分配或取消一些特殊的权力。例如,执行关闭系统,从网络访问此计算机,更改系统时间,拒绝本地登录,拒绝修改网络设置等操作的权力。

【任务目标】 组策略不仅可以让系统管理员控制用户的桌面环境,例如,用户可用的程序、用户桌面上出现的程序以及"开始"菜单选项等,而且提供了很多安全设计方面的内容,包括了账户策略、本地策略等众多的设置内容。

12.3.1 组策略概述

组策略是系统管理员为计算机和用户定义的,是用来控制应用程序、系统设置和管理模板的一种工具。简单地说,组策略就是介于控制面板和注册表之间的一种修改系统、设置程序的工具。众所周知,许多系统、外观、网络设置等都可由控制面板进行修改,但是可修改的内容太少了,不能满足用户的需要;注册表内容又太多,修改起来极为不方便。而组策略正好介于两者之间,涉及内容远比控制面板多,操作与控制面板相似,条理性、可操作性则比注册表强得多。

组策略功能高于注册表,如果修改了组策略,修改注册表也还是受到组策略限制。组策略使用更完善的管理组织方法,可以对各种对象中的设置进行管理和配置,远比手工修改注册表方便、灵活,功能也更强大。

1. 使用组策略可以实现的功能

(1) 账户策略的设定:如设定用户密码的长度、密码使用期限、账户锁定策略等。

(2) 本地策略的设定:审核策略、用户权利分配、安全性的设定等。

(3) 脚本的设定:设定登录/注销、启动/关机脚本。

(4) 用户工作环境的定制:为用户定制统一的工作环境、应用程序和用户习惯的设置与数据,跟随用户一起到域内的任何一台计算机。

(5) 软件的安装与删除:用户在登录或计算机启动时自动为用户安装需要的软件,自动修改应用软件或删除应用软件。

(6) 限制软件的运行:通过各种不同软件限制的规则,来限制域用户只能运行某些软件。

(7) 文件夹的转移:改变"我的文档"、"开始"菜单等文件夹的存储位置或显示内容。

(8) 其他系统设定:例如让所有计算机自动信任指定的 CA 等。

2. 启动组策略的方法

启动组策略的方法很多,可在 Windows Server 2008 系统中单击"开始"菜单,单击其中的"运行"命令,在弹出的"运行"窗口中的"打开"文本框中,输入"gpedit. msc"命令,单击"确定"按钮,打开对应系统的"本地组策略编辑器"窗口,如图 12-37 所示。

图 12-37 "本地组策略编辑器"窗口

在"本地组策略编辑器"窗口中,左侧的"本地计算机"策略由"计算机配置"和"用户配置"两个子项构成,右侧窗口是针对某一配置的具体设置策略。

3. 组策略对象

组策略的基本单元是组策略对象(Group Policy Object,GPO),它是一组设置的组合,规定了某个系统所对应的特点和对指定的用户组应采取何种行为。

有两种类型的组策略对象:本地组策略对象(基于 Windows Server 2008 的计算机仅仅有一个)和非本地组策略对象(站点、域、域组织单元中所有用户和计算机)。

组策略作用范围:由它们所链接的站点、域或组织单元启用。

(1)链接到一个站点(使用活动目录站点和服务)的组策略对象能够应用于该站点上的所有域。

(2)一个域的组策略对象直接应用于域中所有计算机和用户,从而被组织单元中的所有用户和计算机继承。

(3)应用到组织单元的组策略对象直接应用到组织单元中所有用户和计算机,从而被组织单元中所有用户和计算机继承。

4. 组策略的应用时机

组策略的配置修改后并不一定是立刻生效,而是必须等它们被应用到计算机或用户后才能有效。组策略启用的时间对不同的配置不同。

(1)计算机配置:计算机开机时自动启用,对不重新启动的域控制器默认每隔 5 分钟自动启用,非域控制器默认每隔 90~120 分钟自动启动,此外不论策略是否有变动系统每隔 16 小时自动启动一次。

(2)用户配置:用户登录时自动启用,当用户不注销时系统默认每隔 90 分钟自动启动,此外不论策略是否有变动系统每隔 16 小时自动启动一次。

(3)手动启动组策略的命令是:gpupdate. exe。

5. 组策略的处理顺序

域控制器与域中计算机在处理、应用组策略时，有一定的程序和规则。

(1) 组策略的配置是累加的。

(2) 应用的顺序：本地组策略对象→链接到站点的组策略对象→链接到域的组策略对象→链接到组织单元的组策略对象。在默认情况下，后来被应用的策略覆盖前面应用的策略。

(3) 先处理计算机配置，在处理用户配置，当发生冲突时一般以计算机配置优先。

12.3.2 组策略配置实例

尽管 Windows Server 2008 系统的安全性能已经大幅提升了，不过这并不意味着该系统已经安全无忧了，因为很多时候系统的一些安全参数会被偷偷修改，从而可能给系统造成一些安全威胁，那有什么办法让管理员能够防患于未然，在系统安全参数被修改之前就能将它禁止呢？其实巧妙设置系统组策略参数，就可以让 Windows Server 2008 系统更加安全了。

1. 严禁恶意程序不请自来

在使用 Windows Server 2008 系统自带的 IE 浏览器上网访问网页内容时，时常会碰到一些恶意的控件程序，这些恶意控件程序往往不经过用户的许可，就自动下载并保存到本地系统硬盘中，这样不但会消耗宝贵的磁盘空间资源，而且还可能会给 Windows Server 2008 系统带来安全麻烦；为了让自己的 Windows Server 2008 系统更加安全，管理员可以安装使用一些专业工具来拒绝恶意程序不请自来，可是这样不但操作很烦琐而且也不利于提高操作效率。事实上，Windows Server 2008 系统在组策略中已经添加了这种安全问题的控制选项，用户只要对相应的控制选项进行一下合适设置就可以了，下面就是具体的控制步骤。

步骤 1：打开如图 12-37 所示的"本地组策略编辑器"窗口。

步骤 2：展开该窗口左侧区域中的功能树，依次选择"计算机配置"→"管理模板"→"Windows 组件"→"Internet Explorer"→"安全功能"→"限制文件下载"功能。

步骤 3：双击窗口右侧栏中的"Internet Explorer 进程"组策略选项，打开"Internet Explorer 进程 属性"对话框，如图 12-38 所示。

步骤 4：默认状态下 Windows Server 2008 系统对文件下载操作是没有任何限制的。选中"已启用"选项，再单击"确定"按钮，来严禁恶意程序不请自来。

当然，有的恶意程序会自动通过 FlashGet、迅雷等工具软件来完成下载任务，为了谨防这些程序自动执行下载任务，还可以打开"所有进程"选项的属性设置窗口，选中对应窗口中的"已启用"选项，来禁止恶意程序通过任何进程完成下载任务。

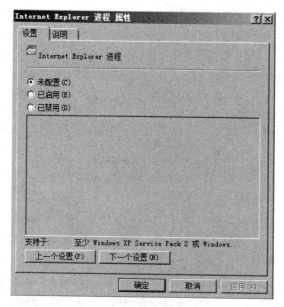

图 12-38　限制文件下载

2. 监控系统登录状态

Windows Server 2008 系统可以使用审核功能来自动监视跟踪系统登录状态,一旦有非法用户偷偷登录服务器时,管理员就能从系统的日志记录中找到蛛丝马迹,并能及时采取措施预防非法用户再次偷偷登录服务器。若要自动监控服务器系统登录状态,可以按照如下步骤来设置 Windows Server 2008 系统的组策略参数,以便让服务器自动对系统登录事件进行审核。

步骤 1:打开"本地组策略编辑器"窗口。

步骤 2:展开该窗口左侧区域中的功能树,依次选择"计算机配置"→"管理模板"→"安全设置"→"本地策略"→"审核策略"功能。

步骤 3:双击窗口右侧栏中的"审核登录事件"选项,打开如图 12-39 所示的"审核登录对象属性"对话框,选中其中的"成功"和"失败"复选项,最后单击"确定"按钮,这样,任何用户无论是成功登录进服务器系统还是没有成功登录进服务器系统,Windows Server 2008 系统的日志功能都会自动将登录服务器系统的状态记录保存下来。

步骤 4:查看之前的系统登录状态时,可以依次单击 Windows Server 2008 系统中的"开始"→"管理工具"→"事件查看器"命令,打开系统的"事件查看器"控制台窗口,在该窗口的左侧显示区域展开"Windows 日志"选项,选中"系统"子项,在中间显示区域,就能查看到具体的系统登录状态事件了。

3. 拒绝调用任务管理器

在 Windows Server 2008 系统环境下,同时按下键盘中的 Ctrl＋Alt＋Delete 组合键时,可以调用系统任务管理器,更改 Windows 系统登录密码,可以直接关闭、注销计算机

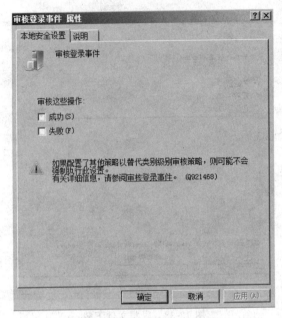

图 12-39　监控系统登录事件

等,特别是在调用系统任务管理器后,用户还能对 Windows Server 2008 系统中的一些重要进程进行控制。为了防止非法用户随意控制服务器系统中的一些重要进程,可以利用 Windows Server 2008 系统内置的组策略来拒绝普通用户随意调用任务管理器,下面就是具体的设置步骤。

步骤 1:打开"本地组策略编辑器"窗口。

步骤 2:展开该窗口左侧区域中的功能树,依次选择"用户配置"→"管理模板"→"系统"→"Ctrl+Alt+Delete 选项"功能。在对应"Ctrl+Alt+Delete 选项"组策略子项的右侧显示区域中,会看到"删除注销"、"删除更改密码"、"删除锁定计算机"、"删除任务管理器"等多个策略。

步骤 3:双击其中的"删除'任务管理器'"选项,打开目标组策略选项的属性设置对话框,如图 12-40 所示。

步骤 4:默认状态下 Windows Server 2008 系统是允许用户调用任务管理器窗口的。选中"已启用"选项,再单击"确定"按钮,来禁止调用系统任务管理器窗口。

同样,可以打开其他策略的选项设置窗口,选中"已启用"选项,来禁止执行注销、更改密码、锁定计算机等操作。

4. 禁止降低 IE 安全等级

Windows Server 2008 系统在默认状态下常常会将 IE 浏览器的安全等级设置得比较高,这样可以防止一些恶意网页脚本代码或 ActiveX 控件程序偷偷在服务器系统中运行,从而避免给系统带来一些安全威胁。可是,在实际上网浏览的过程中,不少用户有时随意降低 IE 安全等级,以便寻求浏览便利性,这么一来 Windows Server 2008 系统的安全性就会受

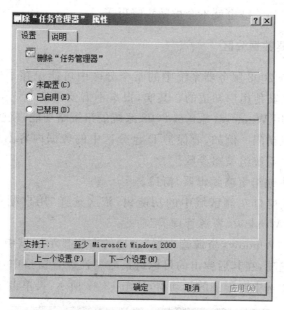

图 12-40　删除"任务管理器"

到严重威胁。为此,可以按照如下步骤来禁止普通用户随意降低 IE 浏览安全等级。

步骤 1:打开"本地组策略编辑器"窗口。

步骤 2:展开该窗口左侧区域中的功能树,依次选择"用户配置"→"管理模板"→"Windows 组件"→"Internet Explorer"→"Internet Explorer 控制面板"功能。

步骤 3:在"Internet Explorer 控制面板"子项的右侧显示区域中双击"禁用安全页"选项,打开如图 12-41 所示的选项设置窗口,选中其中的"已启用"选项,再单击"确定"按钮,这样,普通用户以后打开 Internet 选项设置对话框后,将无法进入到其中的安全设置

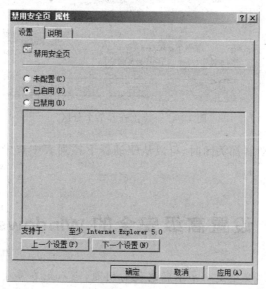

图 12-41　禁止降低 IE 安全等级

页面,这样 IE 安全访问等级也就不会被随意降低了。

5. 禁止查看重要数据分区

Windows Server 2008 服务器系统中的某个分区中可能保存了一些重要数据信息,这些多数是不希望让其他用户知道的。其实,根本不需要寻求专业工具来保护重要数据分区,只要巧妙地利用 Windows Server 2008 系统的组策略功能,就能很好地保护重要数据分区不被他人随意访问。例如,要保护 D 盘分区中的数据内容不被他人访问时,可以按照如下步骤来设置系统组策略参数。

步骤 1:打开"本地组策略编辑器"窗口。

步骤 2:展开该窗口左侧区域中的功能树,依次选择"用户配置"→"管理模板"→"Windows 组件"→"Windows 资源管理器"功能。

步骤 3:在对应"Windows 资源管理器"选项的右侧显示区域中,双击"防止从'我的电脑'访问驱动器"选项,在其后弹出的目标组策略属性设置窗口中,选中"已启用"选项,从驱动器下拉列表中选中要限制的驱动器,如图 12-42 所示,再单击"确定"按钮。

图 12-42　禁止查看某个分区

要是将所有的驱动器都关闭时,可以从驱动器下拉列表中选中"限制所有驱动器"选项即可。

任务 4　设置高级安全的 Windows 防火墙

【任务描述】　网络安全是一个不容忽视的问题,当人们在享受网络带来的方便与快捷的同时,也要时时面对网络开放带来的数据安全方面的新挑战和新危险。为了保障网络安全,当园区网与外部网连接时,可以在中间加入一个或多个中介系统,防止非法入侵者通过网络进行攻击、非法访问,并提供数据可靠性、完整性以及保密性等方面的安全控制,还可以允许或拒绝特定的通信流出或流入,提高内部网络的安全性。

【任务目标】　Windows Server 2008 内置的防火墙可以对流经它的网络通信进行扫描,这样能够过滤掉一些攻击,以免其在目标计算机上被执行。它还可以关闭不使用的端口,能禁止特定端口的流出通信,封锁特洛伊木马。它还可以禁止来自特殊站点的访问,从而防止来自不明入侵者的所有通信。入侵者必须首先穿越防火墙的安全防线,才能接触目标计算机。管理员可以将防火墙配置成许多不同保护级别,从而保护主机系统不受安全威胁。

12.4.1　Windows 防火墙概述

网络安全已经被越来越多的人重视起来,而在保证自己的计算机安全方面,最常见手段就是安装杀毒软件、网络防火墙以及反间谍软件等。下面介绍 Windows 自带防火墙的有关知识。

1. Windows 防火墙

早在 Windows XP 时代,微软就在系统中加入了内置的防火墙,这就是所谓的 Internet Connection Firewall(ICF),到了 Windows XP SP2 时,这个内置的防火墙被正式更名为 Windows Firewall。Windows 防火墙是一个基于主机的状态防火墙,它可以提供基本的包过滤功能,即丢弃所有未请求的传入流量,也就是那些既没有对应于为响应计算机的某个请求而发送的流量(请求的流量),也没有对应于已指定为允许的未请求的流量(异常流量)。Windows 防火墙提供了某种程度的保护,避免那些依赖未请求的传入流量来攻击网络上的计算机的恶意用户和程序。

Windows 以后版本的防火墙虽然有了明显的改进,比如提供了启动和关机时的保护能力,但是依旧是单向的防护,即只能对进入计算机的数据进行拦截审查。因此很多计算机用户仍然选择了第三方的个人防火墙产品,比如瑞星或金山等。微软服务器操作系统 Windows Server 2008 具有很多安全方面的设计和功能,其中它的防火墙也有了重大的改进,对于服务器操作系统来说,它不仅自带了普通的 Windows 防火墙,还新加了高级安全 Windows 防火墙。

2. 查看 Windows 防火墙状态

在 Windows Server 2008 中打开控制面板,双击“Windows 防火墙”图标,可以打开如图 12-43 所示的窗口。在这里能够看到当前 Windows 防火墙对于域网络、家庭或工作(专用)网络及公用网络分别是否处于启用状态,同时还可以了解对于异常入站连接是否阻止、在阻止程序时是否显示提示信息等。如果已连接网络的防火墙处于关闭状态,建议进行相关的配置并启用防火墙进行系统保护。

图 12-43　Windows 防火墙

3. 设置 Windows 常规防火墙

在查看了这些防火墙相关的状态信息之后，直接单击"打开或关闭 Windows 防火墙"链接即可针对不同网络进行防火墙的相关配置，如图 12-44 所示。

图 12-44　设置常规防火墙

由图 12-44 可以看出，域网络、私有网络和公用网络的配置是完全分开的，在启用 Windows 防火墙里还有两个选项。

（1）"阻止所有传入连接，包括位于允许程序列表中的程序"。这个选项一般采用默认状态，否则可能会影响允许程序列表里的一些程序使用。

（2）"Windows 防火墙阻止新程序时通知我"。这个选项对于个人日常使用可以选中，方便自己随时做出判断响应。

如果需要关闭，只需要选择对应网络类型里的"关闭 Windows 防火墙（不推荐）"这一项，然后单击"确定"按钮即可。

如果防火墙配置出错，可以使用图 12-43 中左侧的"还原默认设置"链接，还原时，Windows 会删除所有的网络防火墙配置项目，恢复到初始状态。

4. 允许程序规则配置

防火墙系统有助于阻止对计算机资源进行未经授权的访问。如果防火墙已打开但却未正确配置，则可能会阻止某些程序与外界的正常通信。如要修改通信规则，可单击图 12-43 中左侧上方的"允许程序或功能通过 Windows 防火墙"链接，打开"允许的程序"设置窗口，如图 12-45 所示。

图 12-45 设置允许的程序

在这里可以针对不同的网络类型，允许（勾选）不同的程序通过防火墙。如果是添加自己的应用程序许可规则，可以单击窗口下面的"允许运行另一程序"按钮进行添加。

另外如果还想对增加的允许规则进行详细定制，比如端口、协议、安全连接及作用域等，则需要到高级设置这个大仓库里看看。

5. 高级安全 Windows 防火墙

在"深层防御"体系中,网络防火墙处于周边层,而 Windows 防火墙处于主机层面。与 Windows XP 和 Windows 2003 的防火墙一样,Windows Server 2008 的防火墙也是一款基于主机的状态防火墙,它结合了主机防火墙和 IPSec,可以对穿过网络边界防火墙和发自企业内部的网络攻击进行防护,可以说基于主机的防火墙是网络边界防火墙的一个有益的补充。

与以前 Windows 版本中的防火墙相比,Windows Server 2008 中的高级安全防火墙(WFAS)有了较大的改进,首先,它支持双向保护,可以对出站、入站通信进行过滤。其次,它将 Windows 防火墙功能和 Internet 协议安全(IPSec)集成到一个控制台中。使用这些高级选项可以按照环境所需的方式配置密钥交换、数据保护(完整性和加密)以及身份验证设置。

而且 WFAS 还可以实现更高级的规则配置,用户可以针对 Windows Server 上的各种对象创建防火墙规则,配置防火墙规则以确定阻止还是允许流量通过具有高级安全性的 Windows 防火墙。

传入数据包到达计算机时,具有高级安全性的 Windows 防火墙检查该数据包,并确定它是否符合防火墙规则中指定的标准。如果数据包与规则中的标准匹配,则具有高级安全性的 Windows 防火墙执行规则中指定的操作,即阻止连接或允许连接。如果数据包与规则中的标准不匹配,则具有高级安全性的 Windows 防火墙丢弃该数据包,并在防火墙日志文件中创建条目(如果启用了日志记录)。

对规则进行配置时,可以从各种标准中进行选择:例如应用程序名称、系统服务名称、TCP 端口、UDP 端口、本地 IP 地址、远程 IP 地址、配置文件、接口类型(如网络适配器)、用户、用户组、计算机、计算机组、协议、ICMP 类型等。规则中的标准添加在一起;添加的标准越多,具有高级安全性的 Windows 防火墙匹配传入流量就越精细。

管理员可以通过多种方式来配置 Windows Server 2008 防火墙和 IPSec 的设置和选项,下面具体配置 Window Server 2008 的这款高级防火墙。

12.4.2 设置 Windows 防火墙

Windows Server 2008 中附带的网络防火墙配置使用非常简单,但是根据安全策略来设置防火墙是其最大的特色。经过对入站和出站规则进行合理设置之后,系统的安全性将大大增强。

1. 本地安全策略设置

通过安全策略配置防火墙的时候,首先要打开"本地安全策略"设置窗口,此时可以参照下述步骤完成。

步骤 1:单击"开始"→"运行"命令,在弹出的"运行"对话框中的"打开"文本框中输入"secpol. msc"命令,单击"确定"按钮之后,打开"本地安全策略"设置窗口。

步骤 2：在左侧目录树中依次选择展开"高级安全 Windows 防火墙"→"高级安全 Windows 防火墙 - 本地组策略对象"，将看到如图 12-46 所示界面。其中在"概述"区域可以看见防火墙有域配置文件、专用配置文件和公用配置文件，分别用于域环境、专用和公用环境，其实这个功能在 Windows XP 中的 Windows 防火墙上就已经提供了，但这里得到了更明显的改进。

图 12-46　本地组策略

步骤 3：默认环境下防火墙还没有启用，因此需要将其启动。单击"Windows 防火墙属性"链接可以打开一个对话框，该对话框有域环境、专用环境、公用环境配置文件及 IPSec 选项卡，在此选择代表公用环境的"公用配置文件"选项卡，并将"防火墙状态"一项设置为"启用"，如图 12-47 所示。

图 12-47　启用防火墙

另外,这个选项卡中的"入站连接"和"出站连接"选项需要注意,无论在此设置的"允许"或"禁止"都会影响到所有程序。如果在这里禁止了所有入站连接,但又需要开放FTP之类某个端口的出站连接,那么就需要在随后的例外设置中进行设置。因此,一般用户在打开防火墙之后,将入站连接设置为"阻止",并且将出站设置为"允许",这样设置后,用户浏览网页、下载文件等出站连接活动将不会受到任何影响,但是外界的主动入站连接都将被禁止。

2. 设置高级安全 Windows 防火墙

在 Windows Server 2008 中,可以采用多种方法设置高级安全 Windows 防火墙。

(1) 使用管理单元设置防火墙

这种方式可以在一个界面中同时配置防火墙设置和 IPSec 设置,还可以在监视节点中查看当前应用的策略、规则和其他信息。具体操作步骤如下。

步骤 1:单击"开始"→"管理工具"→"高级安全 Windows 防火墙"命令,打开"高级安全 Windows 防火墙"的 MMC 管理单元,如图 12-48 所示。

图 12-48 "高级安全 Windows 防火墙"窗口

由图可知,Windows 2008 的高级安全 Windows 防火墙使用出站和入站两组规则来配置其如何响应传入和传出的流量;通过连接安全规则来确定如何保护计算机和其他计算机之间的流量。而且可以监视防火墙活动和规则。

步骤 2:首先从入站规则开始,假如在 Windows Server 2008 上安装了一个 Apache Web 服务器,默认情况下,从远端是无法访问这个服务器的,因为在入站规则中没有配置来确认对这些流量"放行",下面为它增加一条规则。

步骤 3:选中"入站规则"后,在窗口中间的入站规则列表中可以看到 Windows Server 2008 自带的一些安全规则,因为 Apache 是一款第三方应用软件,所以需要单击右边操作区的"规则类型"来新建一条安全规则,如图 12-49 所示。

图 12-49　选择要创建的规则类型

步骤 4：在此可以看到，可以基于具体的程序、端口、预定义或自定义来创建入站规则，其中每个类型的步骤会有细微的差别。可以选择"程序"类型，单击"下一步"选择具体的程序路径，如图 12-50 所示。

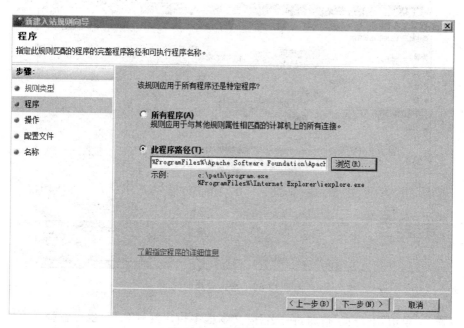

图 12-50　选择程序路径

步骤 5：单击"下一步"按钮，在操作窗口中指定对符合条件的流量进行什么操作，在此选中"允许连接"单选框，如图 12-51 所示。

331

图 12-51　指定操作内容

步骤 6：单击"下一步"按钮，在配置文件窗口中可以选择规则应用环境，如图 12-52 所示。

图 12-52　指定应用时间

步骤 7：单击"下一步"按钮，在"名称"文本框中指定规则名称，也可在描述文本框中规则进行描述，如图 12-53 所示。

步骤 8：单击"完成"按钮后这条规则就创建完了，在入站规则列表中将增加一条新创建的规则，如图 12-54 所示。而且可以正常从远程访问 Apache 服务器了。

图 12-53 指定名称

图 12-54 新建的规则

步骤 9：如果要对已经创建的规则进行修改等操作，可以在选中规则后，从图 12-54
右边的操作区域进行操作。

步骤 10：单击"属性"按钮，可以对规则进行更详细的修改，如指定授权的计算机或用
户、指定协议和端口、指定作用域的 IP 地址及高级设置等，如图 12-55 所示。

出站规则的配置与入站规则完全相同，在此不再重复，下面介绍连接安全规则。

连接安全包括在两台计算机开始通信之前对它们进行身份验证，并确保在两台计算

机之间正在发送的信息的安全性。具有高级安全性的 Windows 防火墙包含了 Internet
协议安全(IPSec)技术,通过使用密钥交
换、身份验证、数据完整性和数据加密(可
选)来实现连接安全。

对于单个服务器来说,可以使用高级
安全 Windows 防火墙管理控制单元来对
防火墙进行设置,如果在企业网络中有大
量计算机需要设置,这种方法就不再适合,
应该找一种更高效的方法。

(2) 使用组策略来管理高级安全
Windows 防火墙

在一个使用活动目录(AD)的企业网
络中,为了实现对大量计算机的集中管理,
可以使用组策略来应用高级安全 Windows
防火墙的配置。组策略提供了高级安全

图 12-55　规则属性

Windows 防火墙的完全功能的访问,包括配置文件、防火墙规则和计算机安全连接规则。

实际上,在"组策略管理"控制台中为高级安全 Windows 防火墙配置组策略和使用防
火墙的 MMC 是打开的同一个控制单元,如图 12-56 所示。

图 12-56　在"组策略管理"中配置高级安全 Windows 防火墙

值得注意的是,如果使用组策略来在一个企业网络中配置高级安全 Windows 防火
墙,本地系统管理员是无法修改这个规则的属性的。通过创建组策略对象,可以配置一个

域中所有计算机使用相同的防火墙设置。

（3）使用 netsh advfirewall 命令行工具

虽然图形化配置界面比较简单直观，但是对于一些有经验的系统管理员来说，则往往更喜欢使用命令行方式来完成配置工作，因为后者一旦熟练掌握，可以更灵活、更准确、更迅速地实现配置任务。

Netsh 是可以用于配置网络组件设置的命令行工具。具有高级安全性的 Windows 防火墙提供 netsh advfirewall 工具，可以使用它配置具有高级安全性的 Windows 防火墙设置。使用 netsh advfirewall 可以创建脚本，以便自动同时为 IPv4 和 IPv6 流量配置一组具有高级安全性的 Windows 防火墙设置；还可以显示具有高级安全性的 Windows 防火墙的配置和状态。netsh advfirewall 的命令非常多，现选择必须掌握的几个命令来介绍。

① Help 命令（或"?"）

这个命令虽然简单，却可能是最有用的命令。任何时候当输入"?"命令的时候，将会看到和上下文相关的所有选项，如图 12-57 所示。

图 12-57　netsh advfirewall 的和 help 选项

② Consec（连接安全规则）命令

这个连接规则可以创建两个系统之间的 IPSEC VPN。换句话说，consec 规则能够加强通过防火墙的通信的安全性，而不仅仅是限制或过滤它。这个命令会将转换到连接安全配置模式，如下所示：

```
Netsh advfirewall>consec
Netsh advfirewall consec>
```

现在如果输入"?"命令，将会在 netsh advfirewall consec 中看到六个不同的命令，如图 12-58 所示。

图 12-58　netsh advfirewall consec 命令选项

③ Show 命令

要想查看防火墙现在的状况，必须使用这个 Show 命令，在其下提供多个不同的命令可用。例如：

- how alias 为列出所有定义的别名；
- show helper 列出所有顶层帮助者；
- show mode 命令可以显示防火墙是在线还是离线。

④ Export 命令

这个命令可以导出防火墙当前的所有配置到一个文件中。这个命令非常有用，因为可以备份所有的配置到文件中，如果对已经做出的配置不满意，可以随时使用这个文件来恢复到修改前的状态。

以下是一个应用示例：

```
netsh advfirewall export "c:advfirewall.wfw"
```

⑤ Firewall 命令

使用这个命令可以增加新的入站和出站规则到防火墙中。它还可以修改防火墙中的规则，如图 12-59 所示。

图 12-59　netsh advfirewall firewall 命令选项

以下是增加和删除一个防火墙规则的示例。

• 增加一个针对 messenger. exe 的入站规则：

```
netsh advfirewall firewall add rule name="allow messenger"dir=in program=
"c:programfilesmessengermsmsgs.exe"action=allow
```

• 删除针对本地 21 端口的所有入站规则：BBS. bitsCN. com 网管论坛。

```
netsh advfirewall firewall delete name rule name=all protocol=tcp localport=
21
```

⑥ Import 命令

Import 命令可以从一个文件中导入防火墙的配置。这个命令可以把之前使用 Export 命令导出的防火墙配置再恢复回去。示例命令如下：

```
Netsh advfirewall import "c:advfirewall.wfw"
```

⑦ Reset 命令

这个命令可以重新设置防火墙策略到默认策略状态。使用这个命令的时候务必谨慎，因为一旦输入这个命令并按下 Enter 键后，它将不再让用户确认是否真要重设，直接恢复防火墙的策略。示例命令如下：

```
netsh advfirewall reset
```

⑧ Set 命令

Set 命令将允许修改防火墙的不同设置状态。相关的上下文命令有六个，如图 12-60 所示。

图 12-60　netsh advfirewall set 命令选项

以下是使用 Set 命令的一些例子。

• 让防火墙关闭所有配置文件：

```
netsh advfirewall set allprofiles state off
```

• 在所有配置文件中设置默认阻挡入站并允许出站通信：

```
netsh advfirewall set allprofiles firewallpolicy blockinbound,allowoutbound
```

- 在所有配置文件中打开远程管理：

  ```
  netsh advfirewall set allprofiles settings remotemanagement enable
  ```

- 在所有配置文件中记录被断开的连接：

  ```
  netsh advfirewall set allprofiles logging droppedconnections enable
  ```

任务 5　数据的备份与还原

【任务描述】　企业应用程序可以生成大量的电子数据，并且数据存储需求还将继续增加。企业需要找到能够以最有效的方式保护其数据，而不影响其数据中心提供服务的方法。而且数据保留、存档和存储要求对备份提出了新的挑战，因为它们经常超出常规备份和恢复技术的能力。

【任务目标】　备份 Windows 环境以保护关键的数据，并在发生数据丢失的情况下使之能够快速还原是非常重要的。利用 Windows Server 2008 自有功能进行数据的备份与恢复，可以有效降低由硬盘子系统故障、电源故障（导致数据损坏）、系统软件故障、数据被意外或恶意删除或修改、病毒、自然灾害（如火灾、洪水和地震等）等造成的数据的意外丢失。

伴随着信息化进程的逐步推进，以及信息技术的不断普及，各个单位对局域网网络的依赖程度也是越来越高，保存在局域网服务器中的数据信息也是越来越重要。为了防止意外发生、导致重要数据丢失，越来越多的单位开始重视数据信息的安全保护工作，而保护数据安全最常使用的方法就是及时做好数据的备份工作，于是 Windows Server 2008 系统特意对数据备份功能进行了强化，巧妙地用好该系统环境下的备份功能，可以实现专业级别的数据保护效果。以下介绍几则 Windows Server 2008 系统下的数据备份技巧。

1. 对系统账号进行巧妙备份

要想访问 Windows Server 2008 服务器系统中的共享资源，网络管理员需要先在服务器系统中为每一位用户创建一个访问账号，并需要对该账号赋予相应的权限。当局域网中有多位用户需要访问共享资源时，那么服务器系统中可能就会保存多个不同的访问账号信息；要是 Windows Server 2008 系统不小心发生瘫痪现象时，那么存储在该服务器系统中的所有账号信息都会丢失；日后重新安装并启动好 Windows Server 2008 系统后，往往很难用手工方法将原先建立的每个用户账号信息一一恢复成功，很显然保护用户账号信息就成为网络管理员必须认真面对的"课题"。

事实上，为帮助网络管理员能够有效保护好用户账号信息，Windows Server 2008 服务器系统已经为网络管理员准备好了用户账号备份功能，有效地借助该功能网络管理员可以非常轻松地对保存在 Windows Server 2008 服务器系统中的所有账号信息进行备份，日后要是遇到系统账号信息意外丢失时，网络管理员就能在瞬间之内将受损的账号信息恢复正常。当然，在对保存在 Windows Server 2008 服务器系统中的所有账号信息进行备份时,必须确保系统能够正常运行,同时保证所有账号信息都没有受到损坏。下面就是在 Windows Server 2008 服务器系统中备份所有账号信息的具体操作步骤。

步骤 1:单击"开始"→"运行"命令,在弹出的窗口"打开"文本框中输入"credwiz"命令,单击"确定"按钮后,打开如图 12-61 所示的对话框。

图 12-61 备份系统账号

从该对话框中可知,要是系统丢失、损坏或销毁了用户名和密码时,就能够使用这里的备份功能对用户名和密码信息进行恢复。

步骤 2:选中"备份存储的用户名和密码"选项后,单击"下一步"按钮,在存储的用户名和密码对话框中,单击"备份到"设置项右侧的"浏览"按钮,打开系统的文件选择对话框,选择一个系统分区以外的文件夹来保存备份文件,同时为备份文件取一个合适的名称,单击"保存"按钮后,如图 12-62 所示。

图 12-62 确定备份位置

步骤 3：单击"下一步"按钮，将提示"按 Ctrl＋Alt＋Delete 组合键继续在安全桌面上备份"，照此操作后出现"使用密码保护备份文件"对话框，如图 12-63 所示。

图 12-63　密码保护

步骤 4：单击"下一步"按钮后，Windows Server 2008 系统就会将本地服务器中的所有用户账号信息保存成了文件，并且该文件默认使用的扩展名为"crd"。为稳妥起见，最好再将备份文件复制一份，转移到其他计算机中。

步骤 5：要是发现 Windows Server 2008 系统中的用户账号信息丢失、损坏或销毁而需要还原时，可以按照先前的操作步骤打开如图 12-61 所示的设置对话框，然后选中"还原存储的用户名和密码"选项，再导入先前备份好的".crd"文件，最后单击"还原"按钮，就能将受损的系统账号恢复到原先的正常状态。

2. 对系统分区进行巧妙备份

在长时间运行之后，Windows 系统时常会发生瘫痪的现象，此时用户唯一能做的就是重新安装一遍操作系统；然而伴随着 Windows 系统版本的越来越高，集成在系统中的功能也是越来越强，而系统安装的时间也是越来越长；每次系统瘫痪都要重新安装一遍 Windows 系统，并不是每一位网络管理员所能忍受的。考虑到这一点，在 Windows 2008 之后，微软开发了自己的备份恢复工具 Windows Server Backup(WSB)，其可为日常备份和恢复需求提供完整的解决方案。可以使用 WSB 备份整个服务器(所有卷)、选定卷、系统状态或者特定的文件或文件夹，并且可以创建用于进行裸机恢复的备份。可以恢复卷、文件夹、文件、某些应用程序和系统状态。此外，在发生诸如硬盘故障之类的灾难时，可以执行裸机恢复(若要执行此操作，需要整个服务器的备份或者只需包含操作系统文件的卷的备份以及 Windows 恢复环境，这会将完整的系统还原到旧系统中或新的硬盘上)。若要日后恢复操作系统或整个服务器，应该首先执行下列操作。

步骤 1：单击"开始"→"管理工具"→"Windows Server Backup"命令，打开系统的

"Windows Server Backup"管理控制台(如果首次使用需先添加此服务器功能),如图 12-64 所示,在该窗口中可以进行各种数据备份操作。

图 12-64　"Windows Server Backup"控制台

步骤 2:在"Windows Server Backup"窗口的操作列表区域中,单击"备份计划"选项,从打开的"备份计划向导"对话框中根据提示单击"下一步"按钮,在"选择备份配置"对话框中,可以选中"自定义"选项,也可直接选中"整个服务器"选项,如图 12-65 所示。

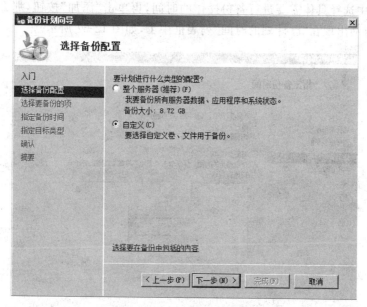

图 12-65　选择备份配置

步骤 3:单击"下一步"按钮后,在"选择要备份的项"窗口中,单击"备份系统分区"按钮,弹出的窗口中选择"裸机恢复"选项,然后单击"确定"按钮。此时,系统状态与本地磁盘 C 将一并被备份,如图 12-66 所示。

图 12-66　备份系统分区

步骤 4：单击"下一步"按钮，在"指定备份时间"对话框中，默认状态下 Windows Server 2008 系统在每天的 21：00 点进行一次备份操作；如果保存在 Windows Server 2008 系统安装分区中的数据信息不停发生变化，可以选中"每天多次"选项，之后从"可用时间"列表框中选择具体需要进行备份操作的时间，再单击"添加"按钮，那么被指定的可用时间就会自动出现在"已计划的时间"列表框中了，如图 12-67 所示。

图 12-67　指定备份时间

步骤 5：单击"下一步"按钮，在"指定目标类型"对话框中，可以选择把备份存储到本机的其他磁盘、本机的其他分区或网络上共享的文件中，如图 12-68 所示，在此选择"备份到专用于备份的磁盘"选项。

图 12-68 指定目标类型

步骤 6：单击"下一步"按钮，在"选择目标磁盘"对话框中，如图 12-69 所示，在"可用磁盘"列表中勾选目标磁盘，如果确实有额外磁盘却没有在列表显示，可单击"显示所有可用磁盘"按钮，在弹出的窗口中勾选上可用的磁盘。

图 12-69 选择目标磁盘

步骤 7：单击"下一步"按钮后，将提示磁盘将被重新格式化，单击"是"按钮后，在"确认"窗口中，单击"完成"按钮，将进行格式化磁盘和创建备份计划，最后在"摘要"窗口中单击"关闭"按钮就完成了备份计划的创建。

3. 对应用数据进行完整备份

一般来说，Windows Server 2008 系统中的重要数据往往保存在系统安装分区以外的其他磁盘分区中，要备份这些数据信息时，可以选择自定义备份，只对用户数据进行备份。操作方法是在选择要备份的项时只选要备份的数据即可，步骤参照前述。

4. 拒绝对系统分区增量备份

这里所说的"增量备份"，其实指的是 Windows Server Backup 程序借助卷影复制服务自动跟踪源磁盘分区中的所有发生变化的数据块内容，日后在进行备份操作时，只需要读取源磁盘分区中发生变化了的数据块内容，而不会对所有内容进行读取和写入。这样，数据备份操作的效率就能大大提升。但是，增量备份的速度提升，是以牺牲磁盘 I/O 资源为代价的，因此在备份特别繁忙的系统磁盘分区时，建议不使用增量备份，否则容易影响系统磁盘分区的运行性能，严重时还能导致整个服务器系统的运行性能下降。要想拒绝使用增量备份操作时，只要停用源卷的卷影复制服务就可以了。方法是先按照之前的操作步骤进入"Windows Server Backup"程序窗口，单击右侧操作列表区域中的"配置性能设置"选项，在其后出现的"优化备份性能"对话框中，选中"自定义"选项，再选中其后界面中的系统磁盘卷，并将对应系统卷的备份方式设置为"完全备份"，如图 12-70 所示。最后单击"确定"按钮，就能使设置生效了。

图 12-70　拒绝对系统分区增量备份

通过各种各样的方法将 Windows Server 2008 系统中的数据信息备份好后，就能真正做到有备无患了。日后，要是恢复数据信息时，只要打开 Windows Server Backup 程序窗口，单击操作列表区域中的"恢复"选项，再根据恢复向导提示就能在很短的时间内将 Windows Server 2008 系统中的数据信息恢复正常了。

5. 恢复操作系统或整个服务器

当创建过操作系统备份,如果操作系统出了问题,需要恢复时,可以执行如下步骤。

步骤 1:将与尝试恢复的系统具有相同体系结构的 Windows 安装光盘插入驱动器中,然后通过光盘启动或重新启动计算机。在刚启动时按 F8 键,然后从"启动"选项列表中选择"修复计算机"。

步骤 2:计算机将启动 Windows 安装程序,出现如图 12-71 所示的界面。

步骤 3:单击"下一步"按钮后将提示输入系统恢复的用户名与密码,输入正确的用户名与密码后单击"确定"按钮,将出现"选择修复工具"的对话框,如图 12-72 所示。

图 12-71 系统恢复选项

图 12-72 选择恢复工具

步骤 4:单击"系统硬盘恢复"链接后,将出现"选择系统镜像备份"界面,如图 12-73 所示。确定了系统镜像源后单击"下一步"按钮,将出现"选择其他的还原方式"界面,由于使用的备份源在本机,因此"格式化并重新分区磁盘"选项不能用,直接单击"下一步"按钮即可。

图 12-73 选择系统镜像备份

步骤5：在随后出现的界面中显示出系统还原的简单信息，单击"完成"按钮将出现数据替换的提示，如图 12-74 所示，单击"是"按钮后将开始进行还原。

图 12-74　完成信息

Windows Server 2008 的所有版本中都提供 Windows 恢复环境。但是，Windows 恢复环境指定实例的处理器体系结构必须与尝试还原其系统的计算机相匹配。例如，基于 x64 版本操作系统的 Windows 恢复环境只能在基于 x64 的计算机上工作。另外，对于 Windows Server 2008，硬件制造商可能已在服务器的分区上安装了 Windows 恢复环境，如果没有，将需要使用安装光盘来访问该工具。

实　　　训

1. 实训目的

（1）掌握在 Windows Server 2000/2003 操作系统下保障本地安全性的方法，如掌握账户密码、锁定登录尝试和分配用户权限等。

（2）理解本地安全原则和安全策略的概念。

（3）掌握内置防火墙的安装、配置方法。

（4）掌握 Windows Server 2008 中的备份与还原的基本操作。

（5）理解备份与还原的意义。

2. 实训内容

（1）用安全模版来分析和配置计算机的安全配置。

（2）Windows Server 2008 本地安全策略配置。

（3）设置用户权利与安全选项的安全策略。

（4）主机防火墙的配置。

3. 实训要求

（1）用"安全配置和分析"创建安全模板，分析计算机当前的安全配置，将安全模板应用于计算机，再次分析系统来确认其是否符合安全需求。将实验用户登录域来验证新的安全设置，体会安全策略限制。

（2）设置用户账户密码，实现"密码必须符合复杂性要求"的安全策略。

（3）分配用户权限，在客户机上"取消"及"恢复"使用 Ctrl＋Alt＋Delete 组合键的强制登录。

（4）在防火墙上查看当前系统的 TCP/UDP 监听和连接信息。

（5）在防火墙上设置不允许 Ping 通的访问规则。

（6）在 D 盘创建一个文件夹 Test，在其下创建一个文本文件 abc.txt。然后对其进行备份与还原的基本操作。

（7）创建紧急修复磁盘。

（8）制订每周备份计划。

4. 实训步骤

（略）

5. 实训总结

（略）

习　　题

一、填空题

1. 常见的备份类型有_____、_____、_____、_____、_____。

2. 用户的需求如下：每星期一需要正常备份，在一周的其他天内希望备份从周一到目前为止发生变化的文件和文件夹，他应该选择的备份类型是_____备份。

3. 组策略配置类型有：_____和_____。

4. 打开组策略编辑器的命令是_____。

5. SCW 的中文名字是_____。

6. 在网络应用中一般采取两种加密形式，它们是_____和_____。

二、选择题

1. 备份过程完成后，会清除备份标记的备份类型是（　　）。

　A. 常规备份　　　　　B. 增量备份　　　　C. 差量备份　　　　D. 副本备份

2. 管理 Windows Server 2008 网络的时候,为防止不明身份的人恶意猜测密码,采用下列哪种保护方式最有效?(　　)

    A. 关闭计算机 30 分钟再启动

    B. 账号里面定义密码永久有效

    C. 设置账户策略,登录失败 n 次后,将账号锁定,n 的数值视安全状况调整

    D. 对登录的用户进行审核

3. 下列不是防火墙的基本准则的是(　　)。

    A. 过滤不安全服务   B. 过滤非法用户

    C. 访问特殊站点   D. 监控网络的安全

三、简答题

1. Windows Server 2008 的安全策略包含哪两部分? 分别完成什么功能?

2. 域管理员新建了一个域用户账户 wang。使用该账户,在域控制器上登录时,系统提示"系统得本地策略不允许您交互式登录",请问为什么出现这种现象? 应如何才能使用户 wang 登录?

3. 常用的用户权利分配的安全策略有哪些?

4. 如何使用防火墙防止黑客程序侵入计算机?

5. Windows 防火墙可否防护内部网发起的攻击?

6. 如何进行文件的备份与还原?

项目十三 远程管理与服务

项目描述

　　不论网络规模大小,在日常的管理维护过程中,经常会碰到被管理对象远离管理员工位,这就需要使用远程控制的方法对被管理对象进行远程管理。远程管理需实现使用本机的键盘和鼠标,控制远程计算机的功能。

项目目标

　　Windows Server 2008 操作系统提供了多个远程服务器管理工具,通过安装、配置,熟练掌握服务器用于管理相应角色、角色服务和功能的管理单元和工具,如远程桌面服务、Telnet 服务、远程桌面工具等。

任务 1　设置 TELNET 服务器

　　【任务描述】　某公司想在网络上实现远程用户管理,远程数据录入,远程系统维护,实现一切可以在远程主机上实现的操作,但又不想使用大量专用的服务器程序并为每一个可计算服务都使用一个服务器进程,因为远程机器会对服务器进程应接不暇,并淹没在进程的海洋里。

　　【任务目标】　利用 Windows Server 2008 远程登录(Telnet)功能可实现远程管理计算机。其允许用户在远地机器上建立一个登录会话,然后通过执行命令来实现更一般的服务,就像在本地操作一样。这样,用户便可以访问远地系统上所有可用的命令,并且系统设计员不需提供多个专用地服务器程序。

　　远程管理是服务器中常见的一种功能,是服务器易用性和易管理性的体现,远程管理可以降低服务器的管理难度,管理员不再需要经常在环境复杂的机房中进行维护,管理更为灵活便捷,提高了工作效率。

13.1.1　安装 TELNET 服务器与客户端

　　Telnet 是基于文本的简单程序,允许用户使用 Internet 连接到其他计算机上。如果该计算机的所有者或管理员授予用户连接到该计算机的权限,Telnet 将允许用户输入用来访问远程计算机上的程序和服务的命令,就像用户坐在那台计算机面前一样。Telnet 可用来完成很多操作,包括远程管理、访问电子邮件、数据库或文件等。

Windows Server 2008 在默认情况下,不论 Telnet 服务器还是 Telnet 客户端都不是随系统安装的,需要执行如下步骤安装。

步骤 1:单击"开始"→"管理工具"→"服务器管理器"命令,在"服务器管理器"管理控制台中,单击左侧列表区域中的"功能"选项后,再单击右侧功能摘要区域中的"添加功能"链接,打开添加功能向导。

步骤 2:勾选"Telnet 服务器"和"Telnet 客户端"复选框后,单击"下一步"按钮,按照向导提示完成安装,如图 13-1 所示。

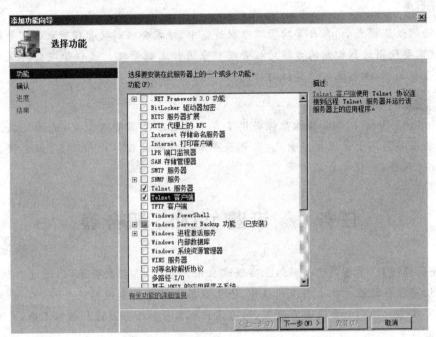

图 13-1   安装 Telnet

13.1.2 管理 TELNET 服务器

Telnet 服务器是一种网络服务。安装 Windows Server 2008 时,Telnet 服务器服务的组成文件被复制到计算机,但是它们并未工作。Telnet 服务最初是被禁用的,管理员必须将服务配置为在需要时启动该服务。在经常使用的 Telnet 服务器上,管理员可能希望将此服务配置为每次 Windows 启动时都自动启动。也可以将 Telnet 服务器服务配置为仅当手动启动时才运行。

1. 启动 Telnet 服务

安装完 Telnet 服务器之后,在系统服务中来启动的方法如下。

步骤 1:单击"开始"→"管理工具"→"服务"命令,打开如图 13-2 所示的"服务"管理控制台。

图 13-2 "服务"管理控制台

步骤 2：双击"服务"列表中的"Telnet"，打开"Telnet 的属性"对话框，在"常规"标签中，在"启动类型"后的下拉列表中选择"自动"或"手动"，如图 13-3 所示，单击"应用"按钮后再单击"启动"按钮。最后单击"确定"按钮即可。

图 13-3 启动 Telnet 服务

2. 授予对 Telnet 服务器的访问权限

必须先将用户账户添加到 Telnet 服务器上的 TelnetClients 组并允许访问，用户才能连接到此 Telnet 服务器。默认情况下，新建账户均不是该组的成员，只有本地"Administrators"组的成员可以成功创建 TelnetClients 组并通过 Telnet 客户端访问该计算机。若要授予 Telnet 用户对 Telnet 服务器的访问权限，请执行下列过程。

（1）创建 Telnet 用户账户。

（2）将用户添加到"TelnetClients"组。

注意：如果计算机的主要用途是作为 Telnet 服务器，则可添加组"Everyone"或"Authenticated Users"到"TelnetClients"本地组，而不是单独添加计算机上的每个用户账户。如果为用户账户设置了"用户下次登录时须更改密码"，则尝试使用 Telnet 客户端登录到 Telnet 服务器将失败。用户必须直接登录到 Windows，更改密码，然后使用新密码重新尝试登录到 Telnet 服务器。

3. 显示当前 Telnet 会话的信息

如果要查看当前登录到 Telnet 服务器的用户，可以使用以下方法查看有关当前在 Telnet 服务器上处于活动状态的 Telnet 会话的信息。方法如下。

在命令提示符下，输入 tlntadmn [\\Server] -s，如图 13-4 所示。

图 13-4　查看会话

\\Server 是要查询的运行 Telnet 服务器的计算机名称。如果此参数不存在，则该命令将查询在本地计算机上安装的 Telnet 服务器服务。

-s 选项是指定要查看有关当前 Telnet 会话的信息。

4. 断开 Telnet 会话的连接

断开用户与 Telnet 会话的连接，可在命令提示符下输入

```
tlntadmn [\\Server] -k {SessionID | all}
```

其中，

-k 选项是指定希望断开特定会话 ID 或目前在 Telnet 服务器上的所有会话的连接。

SessionID | all 是指定希望断开连接的会话 ID。如果使用关键字 all 而不是会话 ID，则断开所有当前会话的连接。

5. 使用 Telnet 服务器

Windows 低版本系统都默认安装了 Telnet 客户端，在与 Telnet 服务器互连的任一操作系统的命令提示符下输入：Telnet servername 或 IP address，则提示输入登录的用户名和密码，即可登录到服务器，如图 13-5 所示。

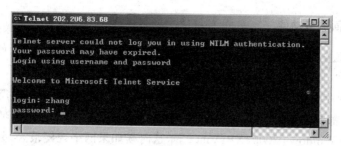

图 13-5 登录服务器

任务 2 设置远程桌面服务器

【任务描述】 某企业要在局域网内快速部署 Windows 应用与计算设备,尤其是需要经常更新的、使用频繁或难于管理的应用。而且想用较低带宽,实现在低端硬件或非 Windows 设备也可以使用 Windows 界面。即局域网工作站需要使用的应用程序只要集中在服务器中安装、部署一次,无论工作站使用了什么类型的操作系统,都能通过远程终端访问实现使用应用程序的目的。

【任务目标】 利用 Windows 的远程桌面服务,客户机和服务器可通过 TCP/IP 协议和标准的局域网构架联系。实现通过客户端终端,客户机的鼠标、键盘的输入传递到远程桌面服务器上,再把服务器上的显示传递回客户端。虽然客户端不需要具备计算能力(至多只需提供一定的缓存能力),但众多的客户端可以同时登录到服务器上,仿佛同时在服务器上工作一样,它们之间作为不同的会话连接是互相独立的。

13.2.1 认识远程服务

远程桌面服务(原来称为终端服务)是在 Windows NT 中首先引入的一个服务。远程桌面服务使用 RDP 协议(远程桌面协议)客户端连接,使用远程桌面服务的客户可以在远程以图形界面的方式访问服务器,并且可以调用服务器中的应用程序、组件、服务等,和操作本机系统一样,如图 13-6 所示。这样的访问方式不仅大大方便了各种各样的用户,而且大大地提高了工作效率,并且能有效地节约企业的成本。

①应用程序在服务器端运行……　③用户界面在这里显示……

②用户界面通过网络
连接进行发送……

远程桌面服务器软件　　　　　　　瘦客户端软件或设备

图 13-6 远程桌面服务图解

1. 远程桌面服务功能

远程桌面服务的目的是为了实现集中化应用程序的访问。远程桌面服务主要应用于以下几种环境中。

(1) 应用程序集中部署：在客户端服务器网络体系中，如果客户端需要使用相同的应用程序，比如都要使用相同版本的邮件客户端、办公软件等，而客户端部署的操作系统又不尽相同，如 Windows 2000/XP/Vista 等，这时候如果网络规模很大，分别向这些客户端部署相同版本的应用软件是件让管理员非常头痛的事情，需要大量重复的工作而且需要考虑软件版本的兼容性问题。这时候如果采用远程桌面服务可以很好的解决这个问题，客户端需要使用的应用软件只需在远程桌面服务器上部署一次，无论客户端安装什么版本的操作系统，都可以连接到远程桌面服务器使用特定版本的应用软件。

(2) 分支机构方便利用：企业分支机构一般没有或者只有很少的专业 IT 管理员，企业如果向各个分支机构委派专门的网络管理员无疑会为企业增加不小的开支。这时候如果分支机构的计算机均采用远程桌面服务的解决方案，统一连接到远程桌面服务器应用特定软件，可以简化 IT 管理维护，减少维护成本和复杂程度。

(3) 任意地点的安全访问：很多时候出差在外的员工需要应用某个特性的应用软件，如公司定制的财务软件等，这时候员工可以通过手机、笔记本电脑等移动设备，在任意地点连接公司远程桌面服务器进行应用。如在 Windows Server 2008 中，用户可以利用远程桌面服务中的远程桌面 Web 访问功能，没必要连接 VPN，仅仅通过 Web 方式即可访问企业远程桌面服务器，并且可以获得良好的用户体验。此外，Windows Server 2008 中的远程桌面服务具有网关功能，可以裁决用户是否满足连接条件，并且可以确定用户可以连接哪些远程桌面服务器，保证了安全性。

2. 远程桌面服务组件

Windows Server 2008 操作系统的远程桌面服务包括远程桌面协议、远程桌面服务客户端、远程桌面服务管理工具和远程桌面服务许可服务等组件。

(1) 远程桌面协议：基于 TCP/IP 标准的通用应用层协议，用来在远程桌面服务器与终端客户端之间传输信息，将远程桌面服务器桌面传输到终端客户端，将远程终端用户服务请求传回远程桌面服务器处理，将结果反馈给终端客户端。

(2) 远程桌面服务客户端：在客户机的桌面上开一个远程窗口用来连接到远程桌面服务器对其进行管理与维护，用户在终端窗口中进行的所有操作都在远程桌面服务器上完成，执行结果也通过远程桌面协议传送回远程桌面服务器，远程桌面服务客户端本地不保留任何信息。

(3) 远程桌面服务管理工具：有管理远程桌面服务的软件组成，包括远程桌面、远程桌面授权管理器、远程桌面服务配置和远程桌面服务管理器等。

(4) 远程桌面服务许可服务：远程桌面服务被安装为应用程序模式时，需要用到这种服务。该服务使得远程桌面服务能够获得和管理连接设备的远程桌面服务客户访问许可证。

13.2.2 部署远程桌面服务器

在 Windows Server 2008 上部署远程桌面服务分为两个部分：服务器的配置和客户端的配置。

1. 安装远程桌面服务器

要实现远程桌面服务，需要先安装远程桌面服务器，安装步骤如下。

步骤1：单击"开始"→"管理工具"→"服务器管理器"命令，在"服务器管理器"管理控制台中，单击左侧列表区域中的"角色"选项后，再单击右侧角色摘要区域中的"添加角色"链接，打开"添加角色向导"。

步骤2：勾选"远程桌面服务"复选框，如图 13-7 所示。单击"下一步"按钮，将出现"远程桌面服务简介"对话框。

图 13-7 安装远程桌面服务

步骤3：再单击"下一步"按钮，在"选择角色服务"对话框中勾选需要安装的角色，"远程桌面会话主机"必须选择，如果需要通过 Web 方式访问远程桌面服务器，可选择"远程桌面 Web 访问"，如图 13-8 所示。

步骤4：单击"下一步"按钮后，在"卸载并重新安装兼容的应用程序"对话框中，建议远程桌面服务应安装在可用的应用程序之前。

步骤5：单击"下一步"按钮后，在"身份验证方法"对话框中，选择是否启用网络级身份验证，启用后可以在连接到远程桌面服务器进行身份验证之前提供网络级别的验证，提

图 13-8　选择需要安装的角色服务

高了连接的安全性,如图 13-9 所示。要启用网络级身份验证功能,还需要在服务器端的系统属性中,选择只允许带网络级身份验证的用户访问远程桌面服务器。

图 13-9　选择是否启用网络级别验证

步骤 6：单击"下一步"按钮后，要选择授权方式，在此可以选择"每设备"或者"每用户"，或者以后进行配置，如图 13-10 所示。

图 13-10　选择授权方式

步骤 7：单击"下一步"按钮后，添加可以访问远程桌面服务器的用户组，如果网络环境为域，需要在 DC 中创建用户组并设置好权限，之后在这里单击"添加"按钮进行添加，如图 13-11 所示。

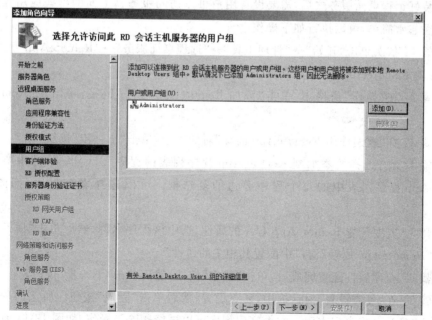

图 13-11　添加访问用户组

步骤 8：之后可以默认安装"客户端体验"及"RD 授权配置"，然后在"服务器身份验证证书"和"授权策略"向导对话框中可选择以后配置，其他步骤直接默认单击"下一步"按钮即可，确认安装信息之后可以进行安装，安装成功之后服务器需要重新启动。

2. 在远程桌面服务器上安装程序

建议管理员在安装完远程桌面服务器角色服务后在远程桌面服务器上安装程序。如果使用 Windows Installer 程序包安装程序，该程序会自动在远程桌面服务器安装模式下安装。如果要通过另一种安装程序包进行安装，请使用下列任一方法将服务器置于安装模式。

- 使用"控制面板"中的"在远程桌面服务器上安装应用程序"选项来安装程序。
- 在安装程序之前，在命令提示符下，输入 change user /install。安装完程序之后，输入 change user /execute 进入执行模式。

如果程序相互关联或相互依存，建议将这些程序安装在同一台远程桌面服务器上。例如，建议将 Microsoft Office 作为一个套件来安装，而不要将各个 Office 程序分别安装在不同的远程桌面服务器上。

在下列情况下，应考虑将各个程序分别安装在不同的远程桌面服务器上。

- 程序存在兼容性问题，可能会影响其他程序。
- 一个应用程序及若干关联用户可能会耗尽服务器的能力。

3. 将程序添加到 RemoteApp 程序列表中

安装好远程桌面服务之后，需要设置用户可以访问服务器上面的哪些应用程序。设置的方法非常简单，可以执行如下操作。

步骤 1：依次单击"开始"→"管理工具"→"远程桌面服务"→"RemoteApp 管理器"命令，以启动 RemoteApp 管理器，如图 13-12 所示。

步骤 2：在"操作"窗格中，单击"添加 RemoteApp 程序"链接，将出现"RemoteApp 向导"。

步骤 3：在"欢迎使用 RemoteApp 向导"对话框中，单击"下一步"按钮。

步骤 4：在"选择要添加到 RemoteApp 程序列表的程序"对话框中，选中要添加到 RemoteApp 程序列表中的每个程序旁边的复选框。可以选择多个程序，如图 13-13 所示。

步骤 5：若要配置 RemoteApp 程序的属性，选中该程序名称，然后单击"属性"按钮。可以在"RemoteApp 属性"窗口中配置其相关的属性。

步骤 6：程序属性配置完成后，单击"确定"按钮，然后单击"下一步"按钮。

步骤 7：在"复查设置"对话框中，复查设置，然后单击"完成"按钮。所选的程序应出现在 RemoteApp 程序列表中。右击应用程序可以进行删除等操作，如图 13-14 所示。

图 13-12　RemoteApp 管理器

图 13-13　在应用程序列表中选择向用户发布的应用程序

4. 配置远程桌面服务器设置

若要定义用户如何连接到远程桌面服务器（或远程桌面服务器域）以访问 RemoteApp 程序，可以配置远程桌面服务器部署设置。具体步骤如下。

步骤 1：打开"RemoteApp 管理器"控制台，然后在"操作"窗格中，单击"RD 会话主机

图 13-14　RemoteApp 程序列表

服务器设置"链接。或在"概述"窗格中,单击"RD 会话主机服务器设置"旁边的"更改"链接。打开"RemoteApp 部署设置"窗口,如图 13-15 所示。

图 13-15　远程桌面服务器设置

步骤 2:单击"RD 会话主机服务器"选项卡,然后在"连接设置"中验证或修改服务器名称或域名称、远程桌面协议(RDP)端口号和服务器身份验证等设置。

注意:如果选中了"需要服务器身份验证"复选框,则考虑下列事项:如果任何客户端计算机正在运行带 SP1 的 Windows Server 2003 或带 SP2 的 Windows XP,必须将远程桌面服务器配置为使用安全套接字层(SSL)证书(不能使用自签名证书)。如果 RemoteApp 程序在 Intranet 中使用,并且所有客户端计算机均正在运行 Windows Server 2008 或 Windows 7,则不必将远程桌面服务器配置为使用 SSL 证书。在这种情况下,应使用网络级身份验证。

步骤 3:若要通过远程桌面 Web 访问链接到完整的远程桌面服务器桌面,在"远程桌面访问"功能中,选中"在 RD Web 访问中显示到此 RD 会话主机服务器的远程桌面连接"复选框。

步骤 4:在"访问未列出的程序"中,可选择下列任一选项。

① 不允许用户在初始连接时启动未列出的程序(推荐):为了帮助防止恶意用户的攻击,或帮助防止用户在初始连接时无意中通过.rdp 文件启动程序,建议选择此设置。此设置不会阻止用户在使用 RemoteApp 程序连接到远程桌面服务器之后,远程启动未列出的程序。例如,如果 Microsoft Word 在 RemoteApp 程序列表中,而 Internet Explorer 浏览器不在该列表中,若用户启动远程 Word 会话,然后单击 Word 文档中的某个超级链接,可以启动 Internet Explorer。

② 允许用户在初始连接时启动列出和未列出的程序:如果选择此选项,用户可以在初始连接时通过.rdp 文件远程启动任何程序,而不仅仅是 RemoteApp 程序列表中的程序。为了帮助防止恶意用户的攻击,或帮助防止用户在初始连接时无意中通过.rdp 文件启动程序,建议不要选择此设置。

步骤 5:完成选择之后,单击"确定"按钮。

5. 配置远程桌面服务网关设置

若要定义用户是否可以使用远程桌面服务网关(RD 网关)通过防火墙连接到远程桌面服务器,可以配置 RD 网关部署设置。具体设置步骤如下。

步骤 1:打开"RemoteApp 管理器"控制台,如图 13-12 所示。单击"操作"窗格中的"RD 网关设置"链接或单击"概述"窗格中的"RD 网关设置"旁边的"更改"按钮。

步骤 2:在"RD 网关"选项卡上,配置所需的 RD 网关行为。可以配置自动检测 RD 网关服务器设置,还是使用指定的 RD 网关服务器设置,还是不使用 RD 网关服务器,如图 13-16 所示。

步骤 3:在 Windows Server 2008 环境中,其已配置为 RD 网关服务器以启用 Windows 远程工作网站功能。它也可以是其他远程桌面服务器的 RD 网关。可选择"使用这些 RD 网关服务器设置",配置 RD 网关服务器名称和登录方法。服务器名称必须和 RD 网关服务器的 SSL 证书中指定的名称相匹配。

步骤 4:若要查找 Windows Server 2008 SSL 证书,在运行 Windows 2008 的服务器上,依次单击"开始"→"管理工具"→"远程桌面服务"→"远程桌面网关管理器"命令,打开"RD 网关管理器"管理控制台,如图 13-17 所示。

步骤 5:在"RD 网关管理器"窗口右侧的"RD 网关管理器"列表中,右击服务器名称,在弹出的快捷菜单中单击"属性"命令,打开"属性"对话框。或者选中服务器后,在窗口右侧"操作"栏中单击"属性"链接。

图 13-16　RD 网关配置

图 13-17　RD 网关管理器

步骤 6：在 RD 网关服务器"属性"对话框中，单击"SSL 证书"选项卡，如图 13-18 所示。其中记录着"颁发给"的服务器的名称等信息。在远程桌面服务器上使用此名称作为 RD 网关服务器名称。

步骤 7：如果希望连接尝试使用相同的用户凭据访问 RD 网关服务器和远程桌面服务器，则在图 13-16 中选中"对 RD 网关和远程桌面服务器使用相同用户凭据"复选框。但是，如果任何源（例如组策略设置）中存在冲突的凭据，或者连接使用默认凭据，并且这

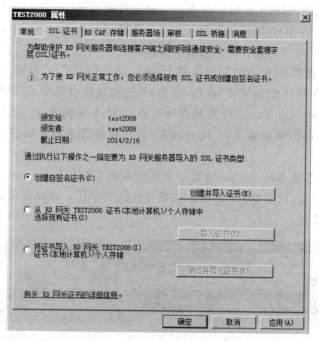

图 13-18　查询 RD 网关服务器名称

些凭据无法使用,用户仍可能会收到两次提供凭据的提示。

步骤 8:如果希望客户端计算机自动检测何时需要 RD 网关,则在图 13-16 中选中 "不对本地地址使用 RD 网关服务器"复选框(选择此选项以优化客户端计算机的性能)。 若要对客户端连接始终使用 RD 网关服务器,则清除选中"不对本地地址使用 RD 网关服 务器"复选框。

步骤 9:完成设置后单击"确定"按钮。

6. 将 RemoteApp 程序部署到用户

要让用户要使用远程桌面服务器上的应用程序,可以使用下列任一部署方法。

(1)通过共享文件夹或其他分发机制(如 Microsoft Systems Management Server 或 Active Directory 软件分发)将 RemoteApp 程序作为. rdp 文件或 Windows Installer 程序 包进行分发。

(2)通过远程桌面 Web 访问分发 RemoteApp 程序,在网站上获取 RemoteApp 程序。

使用远程桌面 Web 访问,用户可从 Internet 上的网站或从 Intranet 访问 RemoteApp 程序。若要启动 RemoteApp 程序,用户可单击"程序"图标。远程桌面 Web 访问提供了 一种涉及最少配置的解决方案。默认的远程桌面 Web 访问页包括可集成到自定义网页 的自定义 Web 部件。

7. 为远程桌面 Web 访问配置数据源

可以将远程桌面 Web 访问配置为填充指定的远程桌面服务器或远程桌面服务器的

Web 部件中出现的 RemoteApp 程序列表。若要完成此步骤,必须使用本地 Administrator 账户或作为远程桌面 Web 访问服务器上的 TS Web Access Administrators 组成员的账户登录远程桌面 Web 访问服务器。具体步骤如下。

步骤 1:在远程桌面 Web 访问服务器上,依次单击"开始"→"管理工具"→"远程桌面服务"→"远程桌面 Web 访问配置"命令,启动 IE 连接远程桌面 Web 服务器。

注意:使用 Internet Explorer 连接到远程桌面 Web 访问网站。默认情况下,该网站位于以下地址"http://服务器名称/RDweb"。其中服务器名称是远程桌面 Web 访问服务器的名称。

步骤 2:使用本地 Administrator 账户或作为本地 TS Web Access Administrators 组成员账户登录到站点,如图 13-19 所示。如果已使用其中任一账户登录到该计算机,系统将不会提示输入凭据。

图 13-19　远程桌面 Web 访问配置

步骤 3:在标题栏上,单击"配置"选项卡。如果使用"远程桌面 Web 访问配置"选项访问远程桌面 Web 访问站点,该页将自动打开至"配置"选项卡。

步骤 4:在编辑器区域中可修改"选择要使用的源"及"源名称",完成后单击"确定"按钮即可。

8. 创建可用的 RemoteApp 程序

向用户发布成功应用程序时,可以右击应用程序,选择将应用程序创建为 .rdp 或者 .msi 文件通过组策略向用户进行分发,用户接收之后,可以双击 .rdp 或者 .msi 文件直接打开该应用程序,就像使用本地的应用程序一样,非常方便。

可以使用 RemoteApp 向导,通过"RemoteApp 程序"列表中的任意程序创建 Windows Installer(.msi)程序包。具体步骤如下。

步骤 1:依次单击"开始"→"管理工具"→"远程桌面服务"→"RemoteApp 管理器"命

令。启动"RemoteApp 管理器"管理控制台。

步骤 2：在"RemoteApp 程序"列表中，右击要为其创建 Windows Installer 程序包的程序。若要选择多个程序，按住 Ctrl 键并单击每个程序名，如图 13-20 所示。

图 13-20　创建 Windows Installer 程序包

步骤 3：在弹出的快捷菜单中选择"创建 Windows Installer 程序包"命令，或者选中程序后，在窗口的右侧"操作"栏中单击"创建 Windows Installer 程序包"链接，启动 RemoteApp 向导。

步骤 4：在"欢迎使用 RemoteApp 向导"对话框中，单击"下一步"按钮。

步骤 5：在"指定程序包设置"对话框中，如图 13-21 所示，可执行下列操作。

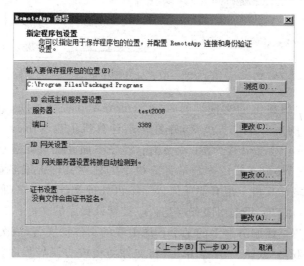

图 13-21　指定程序包设置

① 在"输入要保存程序包的位置"文本框中接受默认位置，或单击"浏览"按钮指定 Windows Installer 程序包的新位置。

② 在"RD 会话主机服务器设置"区域，单击"更改"按钮，修改"服务器名称"、"RDP 端口"等设置。完成操作后，单击"确定"按钮。

③ 在"RD 网关设置"区域，单击"更改"按钮修改或配置客户端计算机是否将使用 RD 网关服务器越过防火墙连接到目标 RD 会话主机服务器。完成操作后，单击"确定"按钮。

④ 若要为 .rdp 文件进行数字签名，在"证书设置"部分，单击"更改"按钮选择要使用的证书。然后单击"确定"按钮。

步骤 6：完成相关配置后，单击"下一步"按钮，打开"配置分发程序包"对话框。

步骤 7：在"配置分发程序包"对话框中可执行下列操作。

① 在"快捷方式图标"区域，指定该程序的快捷方式图标在客户端计算机上的显示位置。

② 在"接管客户端扩展"区域，配置是否接管该程序的客户端文件扩展名，如图 13-22 所示。

图 13-22   配置分发程序包

如果将客户端计算机上的文件扩展名与 RemoteApp 程序关联，对于远程桌面服务器上由该程序处理的所有文件扩展名，在客户端计算机上也与 RemoteApp 程序关联。例如，如果将 Microsoft Word 作为 RemoteApp 程序添加并配置此选项以接管客户端文件扩展名，那么由该 Word 接管的客户端计算机上的任意文件扩展名都与远程 Word 关联。这意味着客户端计算机上现有的任何程序不再处理文件扩展名（例如 .doc 和 .dot）。注意，系统不会提示用户远程桌面服务器是否应接管该程序的文件扩展名。

若要查看与远程桌面服务器上的某个程序关联的文件扩展名，依次单击"开始"→"控制面板"命令，然后双击"默认程序"。单击"将文件类型或协议与程序关联"，以查看文件扩展名及其默认关联的程序。

注意：不要在远程桌面服务器上安装启用此设置时创建的 Windows Installer 程序包。如果这样做,使用 Windows Installer 程序包的客户端计算机可能无法启动关联的 RemoteApp 程序。

步骤 8：配置了分发程序包的属性之后,单击"下一步"按钮。打开"复查设置"对话框,如没问题后单击"完成"按钮。

向导完成后,保存 Windows Installer 程序包的文件夹将在新窗口中打开。可以确认存在 Windows Installer 程序包。使用 RemoteApp 向导,通过"RemoteApp 程序"列表中的任意程序创建.rdp 文件,步骤与此基本相同,不再赘述。

至此,远程桌面服务器就部署成功了。从整个过程可以看出,在 Windows Server 2008 中部署远程桌面服务较为简单,向导非常友好,可以通过 Web、远程桌面、.rdp 文件或.msi 文件的方式进行连接。并且可以配置远程桌面服务网关、证书服务器等进行多重认证,增强了连接安全性,用户可以根据远程桌面 Remote Manager 中的向导进行配置。此外,Windows Server 2008 远程桌面服务支持单点登录功能,可以免去反复输入用户名密码的操作,并可以在 Server Manager 中启用 Desktop Experience 特性,使用户连接到远程桌面服务器后可以获得类似 Vista 的桌面效果,这些功能给予用户更佳的用户体验。

13.2.3 部署远程桌面服务客户端

在 Windows 2000、Windows 2003 中部署远程桌面服务,其客户端不需要进行太多的设置,只需要客户端具有远程桌面功能即可,远程桌面功能在 Windows 2000 Pro、Windows XP Pro、Windows 7 中均已经集成,Windows 98 客户端则需要单独进行安装。在 Windows 2008 中远程桌面服务有比较大的改进,用户可以通过 Web、远程桌面、远程桌面服务器所创建的.rdp 或者.msi 文件进行连接。如果用户需要通过远程桌面进行连接,客户端需要安装远程桌面 6.0 以上版本。在 Windows Vista、Windows XP SP3、Windows 7 及 Windows 2008 以及中均已经整合远程桌面 6.0,Windows XP SP2 客户端用户可以通过微软网站下载安装。此外,必须启用远程桌面服务 ActiveX 客户端控件。该 ActiveX 控件随 RDC 6.1 一起提供。

如果用户运行的是 Windows Server 2008 或带 SP1 的 Windows Vista,并且收到 Internet Explorer 信息栏上显示的该站点限制显示某些内容的警告消息,可依次单击消息行上的"禁用的加载项"和"运行 ActiveX 控件"。可能会看见一条安全警告："请确保 Microsoft Corporation 是 ActiveX 控件的发行者",然后单击"运行"按钮即可。

如果该 Internet Explorer 信息栏没有出现,并且不能连接到远程桌面 Web 访问,可以使用 Internet Explorer 的"工具"菜单上的"管理加载项"工具来启用远程桌面服务 ActiveX 控件。加载项显示为 Microsoft 远程桌面服务客户端控件。

如果正运行带 SP3 的 Windows XP,当首次访问远程桌面 Web 访问站点时,该网站的页面显示一条错误消息,指出"ActiveX 控件未安装或未启用"。使用下列步骤启用 ActiveX 控件。

步骤 1：连接到远程桌面 Web 访问站点，然后输入用户的登录凭据。

步骤 2：如果正运行的 Internet Explorer 的版本，为 Internet Explorer 7，则在"工具"菜单上依次单击"管理加载项"和"启用或禁用加载项"；如果正使用 Internet Explorer 6，则在"工具"菜单上单击"管理加载项"。

此时将出现"管理加载项"对话框。请确保将"显示"列表设置为"Internet Explorer 中当前加载的加载项"。

步骤 3：在"已禁用"中，单击"Microsoft 远程桌面服务客户端控件"或"Microsoft RDP 客户端控件"，已列出其中之一。

步骤 4：在"设置"中，单击"启用"。如果正运行 Internet Explorer 6，在对话框中单击"确定"，该对话框指出可能需要重新启动 Internet Explorer，更改才会生效。

步骤 5：单击"确定"按钮，关闭"管理加载项"对话框。如果正运行 Internet Explorer 7，在对话框中单击"确定"按钮，该对话框指出用户可能需要重新启动 Internet Explorer，更改才会生效。

此外，远程桌面 6.0 在功能性上相对以前的版本进行了加强，如增强了服务器身份验证、设置远程桌面服务网关、即插即用设备的重定向功能，并且配合 Windows 2008 远程桌面服务可以获得类似 Windows 7 的用户体验。运行"mstsc"命令或执行"开始"→"程序"→"附件"→"远程桌面连接"菜单可以打开远程桌面 6.0 控制台，如图 13-23 所示。

在"本地资源"中单击"详细信息"，如图 13-24 所示，可以选择即插即用设备重定向功能，可以将客户端连接的即插即用设备如数码相机、POS 机等重定向到远程桌面服务器，利用远程桌面服务器上的软件进行编辑。也可以选择自动重定向以后插入或连接的驱动器或设备，如图 13-25 所示。

图 13-23　远程桌面连接

图 13-24　即插即用设备重定向功能

在远程桌面 6.0 中可以配置远程桌面服务器网关,配合 Windows 2008 远程桌面服务中的 RD 网关功能,实现网络级别的验证,增强连接的安全性。在图 13-22 中单击"高级"选项卡,在之后的窗口中单击"设置"按钮,即可设置 RD 网关,如图 13-26 所示。

图 13-25　启用以后插入设备

图 13-26　设置远程桌面服务网关

除了远程桌面 6.0 的设置之外,Web 方式访问远程桌面服务器是 Windows 2008 远程桌面服务器中的一个亮点。通过 Web 方式访问可以获得一个应用程序列表的页面,用户使用远程桌面服务器上的应用程序就像在本地进行应用,相对通过远程桌面访问更加简便。客户端如果需要通过 Web 方式访问远程桌面服务器,IE 浏览器版本建议使用 IE7.0,需要安装远程桌面服务 ActiveX 插件或者将远程桌面服务器 URL 添加到信任区域。如远程桌面服务器的 IP 地址为"202.206.83.68",解析域名为"DC.test.com",则需要将 URL"http://10.0.0.1/RDweb"或者"http://DC.test.com/RDweb"添加到 IE 信任区域,否则不能正常显示页面。

用户在使用远程桌面服务器提供的应用程序时,双击接收到的文件,会自动进行连接远程桌面服务器,输入有效的用户名密码之后就可以进行使用了,如图 13-27 和图 13-28 所示。

图 13-27　自动连接到远程桌面服务器

图 13-28　输入有效的用户名密码

实　　训

1. 实训目的

（1）掌握 Telnet 服务的配置与使用，理解远程管理的方式、方法。

（2）深入了解远程桌面服务的技术原理和结构组成，掌握远程桌面服务系统的配置过程。

2. 实训内容

（1）安装配置 Telnet 服务器。

（2）测试 Telnet 服务。

（3）安装配置远程桌面服务器。

（4）部署远程桌面服务客户端。

（5）使用远程桌面连接。

3. 实训要求

（1）安装 Telnet 服务器，创建登录用户，实现在客户机登录并管理 Telnet 服务器。

（2）安装远程桌面服务器，创建两个用于终端登录的用户，并配置用户的远程桌面服务属性；在客户机上安装远程桌面服务客户端程序，在客户端登录后，进行创建、删除文件、重新启动系统、关机等操作。

4. 实训步骤

（略）

5. 实训总结

（略）

习　　题

一、填空题

1. 可以通过＿＿＿＿和＿＿＿＿两个程序连接到远程桌面服务器计算机。

2. 用户要进行远程桌面连接，要加入到＿＿＿＿组中。

3. 默认情况下，连接到远程桌面服务器的会话数量是＿＿＿＿。

二、选择题

1. 安装远程桌面服务组件后，打开"远程桌面服务配置"，默认的传输连接名称是（　　）。

　　A. RDP　　　　　　　B. RDP-test　　　　　C. Tcp　　　　　　D. RDP-Tcp

2. 远程客户端登录远程桌面服务器必须提供一定的信息，下列的（　　）属于这种必要的信息。

　　A. 用户名　　　　　　B. 域　　　　　　　C. 服务器 IP 地址 D. 连接名称

3. Telnet 可以实现网络上的（　　）功能。

　　A. 电子邮件　　　　　B. 文件传输　　　　　C. 现场会话　　　　D. 远程登录

三、简答题

1. 远程桌面服务器的优点是什么？

2. 远程桌面连接时，断开和注销有什么差别？

3. 传输连接的四个加密级别有什么不同？

4. 简述 Telnet 的工作方式。

项目十四　NAT 和 VPN 服务器

【项目描述】

某公司已经搭建了自己的企业内部网,并将其作为最基本的公共通信平台,各种各样的网络化办公软件和管理软件的应用可以大大提高办公效率,但为了利用 Internet 资源,公司需要将内部网接入 Internet,一方面让内网用户方便地访问互联网;另一方面可发布公司网站。但由于受 IP 资源的限制,目前公司的局域网用的都是私有地址,这就需要把内网私有地址转换为公有地址。同时,随着企业规模的不断扩大,企业的不同部门或分支机构之间的通信往往需要租用昂贵的数字专线。虽然可以利用价格低廉的互联网,但如果企业信息通过互联网进行传播,在安全性上又存在很多问题,这就要求在保证方便、快捷、经济的远程访问企业资源的同时,还必须解决通信的安全性。

【项目目标】

使用 Windows Server 2008 的路由和远程访问中的 NAT 服务可以将局域网的私有地址转换为公网地址以便让局域网用户正常上网,同时通过端口映射可以实现外网访问内网的功能,可以解决局域网接入问题。利用 VPN 服务就能使企业员工只要能访问互联网,不论是在家里还是在外地,都可以轻松访问未对外公开的企业网内部资源(OA 系统、财务信息等)。

任务 1　认知 NAT 服务器

【任务描述】　使用 NAT 技术将企业局域网接入 Internet,是众多企业的需求,应此作为管理员必须理解和掌握 NAT 技术的相关知识及应用情景。

【任务目标】　理解 NAT 的技术类型及工作过程,能合理应用 NAT 技术实现局域网接入广域网。

1. NAT 技术简介

众所周知,每台联网的计算机上都需要有 IP 地址才能正常通信。联网的组织机构向 NIC 注册并提出申请时,NIC 会把地址分配给他。这些地址是公有地址,通过它可以直接访问因特网,它是广域网范畴内的。与公有地址对应的是私有地址也可称为专网地址属于非注册地址,专门为组织机构内部使用,它是局域网范畴内的,出了所在局域网是无法访问因特网的。

留用的内部私有地址目前主要有以下几类。

A 类：10.0.0.0～10.255.255.255

B 类：172.16.0.0～172.31.255.255

C 类：192.168.0.0～192.168.255.255

具有私有地址的计算机要想访问因特网，就必须进行地址转换，把私有地址转换为公有地址。NAT(网络地址转换)可将局域网内每台计算机的私有地址转换成一个公有地址，使得局域网内计算机能访问 Internet 资源。也可以按照要求设定内部的 WWW、FTP、TELNET 的服务提供给外部网络使用。它有效地隐藏了内部局域网的主机 IP 地址，起到了安全保护的作用。

2. NAT 技术类型

NAT 地址转换主要有静态转换和动态转换两种主要类型。端口地址转换只是动态 NAT 转换中的一种特殊类型。

(1) 静态转换

静态转换是最简单的一种转换方式，是一对一的关系，它在 NAT 表中为每一个需要转换的内部地址创建一个固定的转换条目，映射了唯一的公网 IP 地址。当内部计算机与外界通信时，内部地址就会转化为对应的公有地址，主要是用于发布内网服务器，如：WEB、FTP、MAIL、BBS 等。

(2) 动态转换

动态转换增加了网络管理的复杂性，同时提供了很大的灵活性。可以将所有公有 IP 地址定义成 NAT 池。对于公有 IP 对内部地址进行转化，每个转化条目在连接建立时动态建立，连接终止时会被回收。当 NAT 池中的公有 IP 地址全部占用以后，以后的地址转换申请会被拒绝。

动态转换是多对少的关系，比如内网有 3 个用户，外网地址池中定义了 2 个公有 IP，第一个用户访问外网时可以拿到第一个公有 IP，第二个用户访问外网可以拿到第二个公有 IP，此时第三个用户就无法访问外网了，只能当前两个用户中的一个停止访问外网时，也就是释放了公有 IP 时，第三个用户才可以利用前用户释放的公有 IP 访问外网，因此不常用。

(3) 端口地址转换

端口地址转换是动态转换的一种变形，是多对一的关系。内网所有用户访问外网，都使用同一个公网 IP 地址访问，而是用源和目的 TCP/UDP 的端口号来区分 NAT 表中的转换条目及内部地址。节省了地址空间但它的弊端在于，当内网用户非常多时，就会出现非常卡的情况，也就是网速非常慢。

目前常用的转换模式是动态转换＋端口地址转换它是可以指定特定一部分内网 IP 地址访问外网时，使用一个公网 IP；另外一部分内部 IP 地址访问外网时，使用另外一个公网 IP 地址；第三部分用户访问外网时，使用第三个外网 IP 地址，这样就有效地规避了动态转换和端口地址转换的缺点，是使用频率最高的一种。

3. NAT 工作过程

网络地址转换就是改变 IP 报文中的源或目的地址的一种处理方式,它实际上是一个在网络间,对经过的数据包进行地址转换后再转发的特殊路由器,工作过程如图 14-1 所示。

图 14-1　NAT 的工作过程

（1）客户机发出一个数据包到运行 NAT 的计算机。

（2）运行 NAT 的计算机将从内部客户机接收到的信息包的标题替换成自己的端口号和外部的 IP 地址,发给 Internet 上目的主机。

（3）Web 服务器将回答信息发送给运行 NAT 的计算机。

（4）NAT 计算机再次替换信息包的标题,并把该消息包发送给客户机。

由此可知 NAT 的地址转换是双向的,实现了内网和外网的双向通信,根据地址转换的方向,NAT 可分为两种类型:内网到外网的 NAT 和外网到内网的 NAT。

通过图 14-1 可知,当内部网络客户端发送 Internet 连接请求时,NAT 协议驱动程序将截获该请求,并将其转发到目标 Internet 服务器。所有请求看上去都像是来自 NAT 服务器的外部 IP 地址。此过程隐藏了的内部 IP 地址配置,因此内网到外网的 NAT 实现以下功能:

- 让内网共用一个公网地址接入 Internet。
- 通过隐藏内网地址,使黑客无法直接攻击内网,保护了网络安全。

4. 端口映射技术

外网到内网的 NAT 实现内网向外部用户提供网络服务,NAT 服务为内网中的服务器建立地址和端口映射,将 NAT 服务器的公网地址和端口号映射到内网的私有地址和端口号,让外网用户可以访问,工作过程如图 14-2 所示。

图 14-2　外网到内网的映射

5. NAT 的适用场景

NAT 的适用场景主要有两方面,第一是公有 IP 地址不够用,当企业只租用到了数量有限的公有 IP,而内部由任意数量的客户组成时,就不可能为内部每台计算机都分配一个公有 IP,这时就可以采用 NAT 技术,多个内部计算机在访问 Internet 时使用同一个公网 IP 地址;第二是当公司希望对内部计算机进行有效的安全保护时可以采用 NAT 技术,内部网络中的所有计算机上网时受到路由器或服务器(防火墙)的保护,黑客与病毒的攻击被阻挡在网络出口设备上,大大提高了内部计算机的安全性。

任务 2　安装 NAT 服务器

【任务描述】 当某个企业需要用 NAT 技术将自己的局域网接入广域网时,就需要安装 NAT 服务器,解决私有地址连接外网的问题。

【任务目标】 理解安装过程中遇到的各种术语、选项的含义,并能够做出正确选择,为以后 NAT 服务器的管理打下坚实的基础。

14.2.1　安装网络策略和访问服务

在实际应用中,提供 NAT 服务的系统很多,这里以 Windows Server 2008 内置的 NAT 服务为例。NAT 服务器是个特殊的路由器,完成内网、外网之间的地址转换,在进行配置之前,作为 NAT 的服务器必需满足以下要求。

(1) NAT 的服务器必须与内网相连,要配置内网所需要的内部私有地址。

(2) NAT 的服务器必须与外网相连,要配置外网所需要的公有地址。

要作为 NAT 服务器,必须要有 NAT 功能,NAT 功能是作为网络策略和访问服务的一部分,首先要添加网络策略和访问服务,其步骤如下。

步骤 1:依次单击"开始"→"管理工具"→"服务器管理器"菜单,打开 Windows Server 2008 的服务器管理器窗口。

步骤 2:单击"服务器管理器"窗口左侧的"角色"选项,在窗口右侧将出现"角色"的相关信息,单击"角色摘要"中的"添加角色"链接,将会出现"添加角色向导"窗口。

步骤 3:单击"下一步"按钮后,将出现的服务器列表,选中"网络策略和访问服务"(打上钩)后,如图 14-3 所示,再单击"下一步"按钮。

图 14-3　选择网络策略和访问服务器角色

步骤 4:在经过了网络策略和网络服务访问简介窗口后,在接下来"选择角色服务"对话框中,选中"路由和远程访问服务"(打上钩)后,如图 14-4 所示,单击"下一步"按钮。

图 14-4　选择路由和远程访问服务角色

图 14-5　路由和远程访问控制台

步骤 2：右击服务器，在弹出的快捷菜单中选择"配置并启用路由和远程访问"命令，如图 14-6 所示。

图 14-6　配置路由和远程访问

步骤 3：在接下来的安装向导中的"配置"对话框中，如图 14-7 所示。选择"网络地址转换"选项后，单击"下一步"按钮。

步骤 4：在接

图 14-7　启用 NAT 服务

接下来的"NAT Internet 连接"对话框中，如图 14-8 所示。选择"使用此公共接口连接到 Internet(U)"选项后，在下面的网络接口列表中选中连接到外网的网络接口，单击"下一步"按钮。

图 14-8　选择外网接口

步骤 5：在接下来的"名称和地址转换服务"对话框中，如图 14-9 所示。"启用基本的名称和地址服务"选项说明可以由 NAT 服务器来承担 DHCP 和 DNS 服务的功能，为默认选项。"我将稍候设置名称和地址服务"选项说明 NAT 服务器不承担 DHCP 和 DNS 功能。在此可根据情况选择。

步骤 6：在经过确认后，最后完成服务的启用，如图 14-10 所示。

图 14-7 启用 NAT 服务

步骤 4：在接下来的"NAT Internet 连接"对话框中，如图 14-8 所示。选择"使用此公共接口连接到 Internet(U)"选项后，在下面的网络接口列表中选中连接到外网的网络接口，单击"下一步"按钮。

图 14-8 选择外网接口

步骤 5：在接下来的"名称和地址转换服务"对话框中，如图 14-9 所示。"启用基本的名称和地址服务"选项说明可以由 NAT 服务器来承担 DHCP 和 DNS 服务的功能，为默认选项。"我将稍候设置名称和地址服务"选项说明 NAT 服务器不承担 DHCP 和 DNS 功能。在此可根据情况选择。

步骤 6：在经过确认后，最后完成服务的启用，如图 14-10 所示。

378

步骤 5：在"确认"窗口中单击"安装"按钮后经过进度及安装结果窗口后，完成最后安装。

14.2.2　配置并启用 NAT 服务

在成功添加了网络策略和访问服务角色后，就可以启用 NAT 服务了，NAT 服务的配置步骤如下。

步骤 1：单击"开始"→"管理工具"→"路由和远程访问"命令，打开路由和远程访问管理控制台，如图 14-5 所示，将会发现在默认情况下服务器状态处于停止状态。

图 14-5　路由和远程访问控制台

步骤 2：右击服务器，在弹出的快捷菜单中选择"配置并启用路由和远程访问"命令，如图 14-6 所示。

图 14-6　配置路由和远程访问

步骤 3：在接下来的安装向导中的"配置"对话框中，如图 14-7 所示。选择"网络地址转换"选项后，单击"下一步"按钮。

图 14-9　选择外网接口

图 14-10　完成服务启用

任务 3　配置与管理 NAT 服务器

【任务描述】　NAT 服务器安装之后,还要进行具体的配置,才能实现管理的目标。针对不同的应用环境,需要配置的内容也不尽相同。

【任务目标】　能够理解 NAT 服务器的地址分配和名称解析,并能进行正确的配置,能够通过端口映射和地址池的设定实现内网和外网之间的互相访问。

14.3.1　配置 DHCP 分配器和 DNS 代理

如果在网络环境内没有 DHCP 和 DNS 服务器,NAT 服务器还可以承担 DHCP 和 DNS 代理的功能。

1. 配置 DHCP 分配器

单击"开始"→"管理工具"→"路由和远程访问"命令,打开路由和远程访问控制台,在控制台窗口中右击 NAT 协议,选择"属性"命令,单击如图 14-11 所示的地址分配,此图中的地址分配范围是 192.168.10 网段,这个网段是根据 NAT 服务器局域网接口的地址自动生成的。IP 地址的范围可以修改,但网段不可以修改。这样局域网内的计算机就可以从这个网段获得地址。

注意:

(1) 如果局域网内的计算机的地址是自己输入的,并且在 DHCP 分配器自动分配 IP 地址的范围内,则需要在图 14-11 所示的图中添加"排除",把人为指定的地址排除掉,以免发生地址冲突。

(2) 如果检测到网络内已有 DHCP 服务器,将不能激活此 DHCP 分配器。

2. 配置 DNS 代理

NAT 服务器可以代替局域网内的计算机来查询网络资源的 IP 地址,这就需要进行名称解析的配置。如图 14-12 所示,选中了"使用域名系统(DNS)的客户端",就说明 NAT 服务器启用了 DNS 代理的功能,可以代替局域网内的计算机向 NAT 服务器所指向的 DNS 服务器完成 IP 地址的查询工作。

图 14-11　地址分配

图 14-12　名称解析

14.3.2　配置端口映射

只要开启了 NAT 服务的功能,局域网内的用户就可以通过 NAT 服务器连接 Internet 了,浏览网页、玩游戏、收发电子邮件,就像使用公有地址一样。

如果局域网内架设了 WEB 服务器、FTP 服务器、MAIL 服务器,由于局域网内的地址都是私有地址,所以处于广域网范围内的计算机时不能访问的。如果要想实现资源的对外发布,就必须配置 NAT 服务器的端口映射功能。

假设局域网内的 WEB 服务器的 IP 地址是 192.168.10.4,端口号为默认的 80 端口。如果想让外网用户能够访问此网站,则只能对外发布此网站是位于 NAT 服务器上,并通过访问 NAT 服务器的外网地址 202.206.84.1 来访问(假设端口号也是 80)。这样当外网用户(200.200.196.210)通过"http://202.206.84.1"来访问网站时,NAT 服务器就会将这个链接请求转发给 192.168.10.4 支持 80 端口的应用程序即局域网 Web 服务器。Web 服务器将所需要的网页传给 NAT,再由 NAT 服务器把它传递给外网用户(200.200.196.210),如图 14-2 所示。

配置端口映射的步骤如下。

步骤 1:展开"路由和远程访问"的管理控制台窗口中左侧功能树,选择 NAT 功能,在窗口右侧 NAT 的接口列表中选择与外网连接的接口(WAN),右击此接口在弹出的快捷菜单中选择"属性"命令,打开"WAN 属性"对话框,如图 14-13 所示。

步骤 2:在图 14-13 所示的对话框中单击"服务和端口"选项卡,在出现的"服务"列表中选取要对外开放的服务,在此选中"Web 服务器(HTTP)",如图 14-14 所示。

图 14-13　外网接口属性

图 14-14　选择服务

步骤 3:在弹出的对话框中进行端口映射的设置后,单击"确定"按钮即可,如图 14-15 所示。

说明:在图 14-15 中,在此接口指的就是 NAT 服务器连接外网的接口即 202.206.84.1,传入端口指外网传入 NAT 服务器的端口,专用地址指局域网内 Web 服务器的地址即 192.168.10.4,传出端口指局域网内服务器的工作端口。

图 14-15　编辑服务

14.3.3　配置地址映射

通过端口映射的配置,可以将局域网内的某个服务通过 NAT 服务器的特定端口发布出去,也就是说外网计算机可以与局域网计算机进行通信。然而有些比较特殊的服务,只开放部分端口是不够的,就可以通过地址映射来解决。即将 NAT 服务器的某个公有 IP 地址映射给局域网内的私有 IP 地址,那么从外网传送给此公有 IP 的数据包,就都会被 NAT 服务器转送给映射的私有 IP。配置前提是此 NAT 服务器有多个公有 IP 地址。假设本项目中的 NAT 服务器有 IP 地址,202.206.84.1～202.206.84.5 共五个 IP 地址。配置步骤如下。

步骤 1:展开"路由和远程访问"的管理控制台窗口中左侧功能树,选择 NAT 功能,在窗口右侧 NAT 的接口列表中选择与外网连接的接口(WAN),右击此接口在弹出的快捷菜单中选择"属性"命令,打开"WAN 属性"对话框。

步骤 2:在打开的"属性"对话框中单击"地址池"选项卡,在出现的"分配地址池"列表中单击"添加"按钮,把 NAT 服务器的公有地址添加到地址池,如图 14-16 所示,然后单击"确定"按钮。

步骤 3:在地址池选项卡中单击"保留"按钮,在接下来的对话框中选择"添加"按钮,如图 14-17 所示。在此完成将公有地址(202.206.84.2)映射给私有地址(192.168.10.2)的配置。此后所有从外网传给 202.206.84.2 的数据包都会又 NAT 服务器转给 192.168.10.2 这台计算机。

图 14-16　添加地址池

图 14-17　添加地址保留

注意：在如图 14-17 的设置中，NAT 服务器不接受由外网的计算机主动与局域网内计算机通行的数据包，若要允许外网计算机与内网计算机主动通信，需要在图 14-17 中选择"允许将会话传入到此地址"复选框。

14.3.4　配置 NAT 客户端

NAT 服务器配置好以后，局域网内的客户端只要设置 IP 地址即可，可以有两种方式来设置。

1. 自动获得 IP 地址

在这种情况下,客户端会自动向 NAT 服务器或局域网内的 DHCP 服务器来索取 IP 地址、网关、DNS 等。

2. 手工指定 IP 地址

由客户自己手工设置,这里要注意手工指定的 IP 地址必须与 NAT 服务器局域网接口的 IP 地址在同一网段(此例为 192.168.10.0),网关就是 NAT 服务器局域网接口的 IP 地址(此例为 192.168.10.1),DNS 必须是一个合法的 DNS 地址。

设置完成后,客户端就可以与外网通信了。

任务 4　认知 VPN 服务器

【任务描述】　远程访问企业内部资源,是众多企业的需求,实现安全地远程访问最常用的连接方式就是 VPN 技术,因此作为管理员必须理解和掌握 VPN 技术的相关知识及应用情景。

【任务目标】　理解 VPN 的技术类型及工作过程,能合理应用 NAT 技术实现局域网接入广域网。

1. VPN 技术概述

VPN 是 Virtual Private Network 的缩写,是将物理分布在不同地点的计算机通过开放的 Internet 连接而成的逻辑上的虚拟子网。为了保障信息的安全,VPN 技术采用了鉴别、访问控制、保密性、完整性等措施,以防止信息被泄露、篡改和复制。VPN 的主要技术如下。

(1) 密码技术:VPN 利用 Internet 的基础设施传输私有的信息,因此传递的数据必须经过加密,从而确保网络上未授权的用户无法读取该信息,因此可以说密码技术是实现 VPN 的关键核心技术之一。大体上,密码技术可以分为两类:对称密钥加密和非对称密钥加密。

(2) 身份认证技术:VPN 需要解决的首要问题就是网络上用户与设备的身份认证,如果没有一个万无一失的身份认证方案,不管其他安全设施有多严密,整个 VPN 的功能都将失效。从技术上说,身份认证基本上可以分为两类:非 PKI 体系和 PKI 体系的身份认证。

(3) 隧道技术:隧道技术通过对数据进行封装,在公共网络上建立一条数据通道(隧道),让数据包通过这条隧道传输。生成隧道的协议有两种:第二层隧道协议和第三层隧道协议。

(4) 密钥管理技术:在 VPN 应用中密钥的分发与管理非常重要。密钥的分发有两种方法:一种是通过手工配置的方式;另一种是采用密钥交换协议动态分发。

2. VPN 的技术类型

VPN 技术有不同的分类方法,这里按照 VPN 的服务类型划分,大致分为三类。

(1) 接入 VPN(Access VPN):这是企业员工或企业的小分支机构通过公网远程访问企业内部网络的 VPN 方式。远程用户一般是一台计算机,而不是网络,因此组成的 VPN 是一种主机到网络的拓扑模型,如图 14-18 所示。

图 14-18　接入 VPN

(2) 内联网 VPN:这是企业的总部与分支机构之间通过公网构筑的虚拟网,这是一种网络到网络以对等的方式连接起来所组成的 VPN,如图 14-19 所示。

图 14-19　内联网 VPN

(3) 外联网 VPN:这是企业在发生收购、兼并或企业间建立战略联盟后,使不同企业间通过公网来构筑的虚拟网。这是一种网络到网络以不对等的方式连接起来所组成的 VPN,如图 14-20 所示。

3. VPN 的工作过程

(1) VPN 的构成

整个 VPN 系统由四个部分构成。

① 远程访问 VPN 服务器:接收并响应 VPN 客户端的连接请求,并建立 VPN 连接。可以是专门的 VPN 设备,也可以是运行 VPN 服务的主机。

② VPN 客户端:发起 VPN 连接请求,通常为主机。

③ 隧道协议:隧道技术是 VPN 的基本技术,类似于点对点连接技术,它在公用网建立一条数据通道(隧道),让数据包通过这条隧道传输。隧道实际上是一种封装,可以将一

分支网络 分支VPN网关　　　　　　　总部VPN网关 总部网络

合作企业网关

合作企业网络

图 14-20　外联网 VPN

种协议用另一种协议或相同协议封装，同时还可以提供加密、认证等安全服务。VPN 客户端和服务器必须支持相同的隧道协议，以便建立连接。目前常用的隧道协议有 PPTP 和 L2TP。

PPTP 在基于 TCP/IP 协议的数据网络上创建 VPN 连接，实现从远程计算机到专用服务器的安全数据传输。VPN 服务器执行所有的安全检查和验证，并启用数据加密，使得在不安全的网络上发送信息变得更加安全。PPTP 协议捆绑在 Windows 系列操作系统中，在 VPN 中应用最广。

L2TP 是基于 RFC 隧道协议，该协议是一种业内标准。L2TP 协议同时具有身份验证、加密与数据压缩的功能。

Windows Server 2008 还支持 SSTP 协议，SSTP 提供了一种机制，用于封装通过 HTTPS 协议的安全套接字层(SSL)通道传输的 PPP 通信。

④ Internet 连接：VPN 服务器和客户端都必须接入到 Internet，并能够正常通信。

(2) VPN 的连接过程

① VPN 客户端发出 VPN 连接请求。

② 服务器收到连接请求后，对客户端的身份进行验证。

③ 如果身份验证没有通过，拒绝连接，如果通过则建立连接，并分配给客户端一个内部网络的 IP 地址。

④ 客户端将获得的 IP 地址与 VPN 连接组建绑定，并利用该地址与内部网络进行通信。

4. VPN 的适用场景

VPN 的实现可以分为软件和硬件两种方式，操作系统以完全基于软件的方式实现了虚拟专用网，一般来说，VPN 使用在以下两种场合。

(1) 远程客户端通过 VPN 连接到局域网

公司局域网已经连接到了 Internet，异地用户通过远程拨号连上 Internet，然后通过 Internet 与公司的 VPN 服务器建立 PPTP 或 L2TP 的 VPN，通过隧道来传递信息，如

图 14-21 所示。

图 14-21　客户端连接到 VPN

（2）两个局域网通过 VPN 互联

两个局域网的 VPN 服务器都已经连接到了 Internet，并且建立了 PPTP 或 L2TP 的 VPN 连接，就可以在两个网络之间安全的传送信息，如图 14-22 所示。

图 14-22　局域网互联 VPN

任务 5　配置 VPN 服务器

【任务描述】　要实现企业员工在外地或在家也能够访问企业内部资源时，就需要安装并配置 VPN 服务器。

【任务目标】　理解安装过程中遇到的各种术语、选项的含义，并能够做出正确选择，为以后 VPN 服务器的管理打下坚实的基础。

14.5.1　启用 VPN 服务

VPN 服务器至少需要连接连个网络，在进行配置之前，作为 NAT 的服务器必需满足以下要求。

（1）NAT 的服务器必须与内网相连，要配置内网所需要的内部私有地址。

（2）NAT 的服务器必须与外网相连，要配置外网所需要的公有地址。

VPN 功能是作为网络策略和访问服务的一部分，在安装上网络策略和访问服务后，启用 VPN 服务的步骤如下。

步骤 1：在 VPN 服务器上单击"开始"→"管理工具"→"路由和远程访问"命令，打开"路由和远程访问"管理控制台。在没有启用其他服务时服务器状态应处于停止状态，如果启用了其他服务需要右击服务器，在弹出的快捷菜单中选择"禁用路由和远程访问服"命令，停用其他服务。

步骤 2：右击服务器，在弹出的快捷菜单中选择"配置并启用路由和远程访问"命令，启用"路由和远程访问服务器安装"向导。

步骤 3：在接下来的安装向导中的"配置"对话框中，如图 14-23 所示，选择"远程访问（拨号或 VPN）"选项后，单击"下一步"按钮。

图 14-23　启用 VPN 服务

步骤 4：在接下来的"远程访问"对话框中，如图 14-24 所示，选择"VPN"（打上钩）后，单击"下一步"按钮。

图 14-24　选择 VPN 连接

步骤 5：在接下来的"VPN 连接"对话框中，如图 14-25 所示，选择连接到 Internet 的网络接口，单击"下一步"按钮。

注意：在图 14-25 中选择了"通过设置静态数据包筛选器来对选择的接口进行保护"

图 14-25　选择外网接口

复选框,说明限制了只有 VPN 数据包才可以通过此接口进来,其他的 IP 数据包都会被拒绝,增加了安全性。但此接口无法与非 VPN 客户端通信。

步骤 6:在接下来的"IP 地址分配"对话框中,如图 14-26 所示,来选择客户端获得地址的方式,这里可选择"来自一个指定的地址范围"选项后,单击"下一步"按钮。

图 14-26　指定地址分配方法

步骤 7:在接下来的"地址范围分配"对话框中,如图 14-27 所示,单击"新建"按钮指定地址范围后单击"确定"按钮后再单击"下一步"按钮。

步骤 8:在接下来的"管理多个远程访问服务器"对话框中,如图 14-28 所示,可选择"否,使用路由和远程访问来对连接请求进行身份验证"选项后,单击"下一步"按钮,在"摘要"对话框中再单击"完成"按钮后将启用 VPN 服务。

图 14-27　指定地址范围

图 14-28　选择是否使用 RADIUS 服务器

14.5.2　配置 VPN 端口

　　VPN 服务启用后,系统会自动建立 PPTP、STTP、L2TP 端口,如图 14-29 所示,可单击窗口右侧的"端口"选项,在窗口右侧可以看到每个端口可以供一个 VPN 客户端来连接。

　　如果想要改变 VPN 服务器端口的数量可以右击窗口左侧功能列表中的"端口",在弹出的快捷菜单中选择"属性"命令,打开"端口 属性"对话框进行设置,如图 14-30 所示。双击相应类型的端口,就可以配置端口的设置,如图 14-31 所示。

图 14-29　VPN 建立的端口

图 14-30　"端口 属性"对话框

图 14-31　配置端口

14.5.3　配置 VPN 用户账户

VPN 服务启用后,在默认状态下用户是没有权利连接到 VPN 服务器的,因此必须要给用户远程访问的权利后,用户才可以连接到 VPN 服务器,进而使用局域网资源。

赋予用户远程访问的权限步骤为单击"开始"→"管理工具"→"计算机管理"命令,在打开的"计算机管理"窗口中,依次选择窗口左侧"计算机管理"→"本地用户和组"→"用户"后,在窗口中间列表中找到要授予权限的用户(user1),双击打开"属性"窗口,在属性窗口中选择"拨入"选项卡,如图 14-32 所示。

图 14-32　配置拨入权限

在图 14-32 中发现在默认情况下,网络访问权限是通过网络访问策略来控制的,这里暂时不配置策略,直接选择"允许访问"。

注意: "分配静态 IP 地址"选项是指在以此用户(user1)建立远程访问连接时,VPN 服务器可以为客户端指定特定的 IP 地址。

任务 6　配置 VPN 客户端

【任务描述】 VPN 服务器配置之后,客户端也要进行相应的配置,才可以与 VPN 服务器建立连接。

【任务目标】 能够熟练配置以让客户端与服务器端建立连接。

14.6.1　配置客户端

客户端要连接到 VPN 服务器,前提条件是客户端必须能够访问 Internet,在客户端连接上 Internet 之后,还必须建立一个 VPN 连接,以完成与 VPN 服务器的连接。客户端以 Windows 7 系统为例,来建立连接。操作步骤如下。

步骤 1:右击"网上邻居"图标,在弹出的快捷菜单中选择"属性"命令,在打开的"网络和共享中心"窗口中单击"设置新的连接或网络"链接,打开"设置连接或网络"对话框,如图 14-33 所示。

392

图 14-33　网络连接类型

步骤 2：在“选择一个连接选项”对话框中选择“连接到工作区”选项，单击“下一步”按钮，出现“连接到工作区”对话框，如图 14-34 所示。

图 14-34　网络连接

步骤 3：在“连接到工作区”对话框中选择“使用我的 Internet 连接（VPN）”链接，将出现“输入要连接的 Internet 地址”对话框，如图 14-35 所示。在此可输入 VPN 服务器的 IP 地址和连接名称。

图 14-35　"连接"对话框

　　步骤 4：单击"下一步"按钮后，出现"输入您的用户名和密码"的对话框，如图 14-36 所示。输入用户名和密码后单击"连接"按钮，将开始建立 VPN 连接，直至出现"您已连接"对话框。

图 14-36　输入用户名和密码

　　步骤 5：单击"关闭"按钮后，在"网络和共享中心"窗口中将发现在网络连接中出现了一个 VPN 连接的图标及选项，如图 14-37 所示。

图 14-37　VPN 连接图标

14.6.2　测试 VPN 连接

1. 客户端测试

VPN 连接成功之后,如图 14-37 所示,双击客户端"网络和共享中心"窗口中"VPN 连接"链接,在弹出的窗口中选择"详细信息"选项卡,可以查看 VPN 的连接信息,如图 14-38 所示。

从图 14-38 中发现 VPN 连接已经从指定的地址范围内获得地址,可以利用此地址与局域网通信。也可以用 PING 命令,测试与内部服务器的通信状况。

2. 服务端测试

登录到 VPN 服务器,打开"路由与远程访问"管理控制台,单击"远程访问客户端",在右侧的窗口中会看到远程客户端的 VPN 连接情况,如图 14-39 所示。

在"路由与远程访问"管理控制台左侧窗口,单击"端口",在右侧的窗口中会看到已经有一个 VPN 端口处于活动状态,如图 14-40 所示。

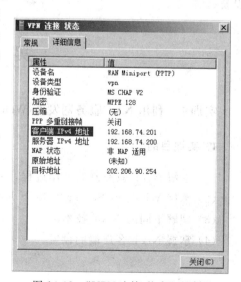

图 14-38　"VPN 连接 状态"对话框

395

图 14-39　VPN 连接情况

图 14-40　正使用的 VPN 端口

　　VPN 客户端连接到服务器后,就可以与 VPN 服务器通信,也可以与局域网内的其他设备通信。

实　　训

实训 1　利用 NAT 服务器发布 Web 网站

1. 实训目的

(1) 了解 NAT 服务器的工作过程。

(2) 掌握 Windows Server 2008 下 NAT 服务器的安装和配置。

(3) 理解不同的 NAT 技术。

(4) 掌握 NAT 客户端的设置。

2. 实训内容

（1）安装 NAT 服务器。

（2）配置端口映射。

（3）配置地址映射。

（4）配置客户端，测试服务器的配置。

3. 实训要求

（1）规划网络，搭建内网外网环境。

（2）安装路由和远程访问角色，并启用 NAT 服务。

（3）在内网中搭建 Web 服务器。

（4）配置 NAT 服务器，保证外网能访问 Web 服务器。

（5）配置客户端，测试配置。

4. 实训步骤

（略）

5. 实训总结

（略）

实训 2　配置 VPN 服务器

1. 实训目的

（1）了解 VPN 服务器的工作过程。

（2）掌握 VPN 服务器的实现方法。

（3）掌握 VPN 客户端的设置。

2. 实训内容

（1）安装启用 VPN 服务器。

（2）配置端口。

（3）配置用户。

（4）配置客户端，测试服务器的配置。

3. 实训要求

（1）规划网络，搭建内网外网环境。

（2）安装路由和远程访问角色，并启用 VPN 服务。

（3）配置客户端，使客户端能建立 VPN 连接。

（4）检查 VPN 连接，并尝试与局域网内部服务器通信。

4．实训步骤

（略）

5．实训总结

（略）

习　　题

一、填空题

1．NAT 有三种类型：_____、_____、和_____。

2．作为 NAT 服务器必须满足_____和_____两点。

3．NAT 服务器实际上是一个在网络间，对经过得数据包进行地址转换后再转发的_____。

4．按照 VPN 的服务类型划分，大致分为三类分别为：_____、_____和_____。

5．VPN 常用的两种隧道协议是_____和_____。

6．VPN 系统主要由四部分构成，这四部分包括_____、_____、_____和_____。

二、选择题

1．NAT 的地址转换是双向的，根据地址转换的方向，NAT 可分为（　　　）。

    A．内网到外网的 NAT　　　　　　　　B．外网到内网的 NAT

    C．内外网之间的 NAT　　　　　　　　D．多功能 NAT

2．配置 NAT 服务器的作用不包括（　　　）。

    A．节省了公有 IP 地址

    B．提高了局域网计算机的安全性

    C．私有地址上网的一种方式

    D．加快了局域网计算机的上网速度

3．（　　　）不是 VPN 所采用的技术。

    A．PPTP　　　　　B．L2TP　　　　　C．IPSec　　　　　D．PKI

4．VPN 服务启用后，系统默认会自动建立（　　　）个 PPTP 端口。

    A．128　　　　　B．64　　　　　C．32　　　　　D．16

三、简答题

1．什么是公有地址和私有地址？

2. 网络地址转换 NAT 的功能是什么？

3. 简述 NAT 服务器的工作过程。

4. 什么是 VPN？简述其工作过程。

5. 如何配置 VPN 用户和端口？

6. 如何建立 VPN 连接并测试？

参 考 文 献

[1] 赵江,张锐. Windows Server 2008 配置与应用指南[M]. 北京:人民邮电出版社,2008.

[2] IT 同路人. 完全掌握 Windows Server 2008 系统管理、活动目录、服务器架设[M]. 北京:人民邮电出版社,2009.

[3] Tony Northrup,J.C. Mackin. Windows Server 2008 网络基础架构[M]. 张大威,译. 北京:清华大学出版社,2009.

[4] 孙立威,张晓莉,王淑江. 精通 Windows Server 2008 系统管理与群集[M]. 北京:中国铁道出版社,2009.

[5] 汤代禄,韩建俊,肖磊. Windows Server 2008 使用大全[M]. 北京:电子工业出版社,2009.

[6] 张恒杰. 计算机网络(第二版)[M]. 大连:大连理工大学出版社,2009.

[7] 戴有炜. Windows Server 2008 安装与管理指南[M]. 北京:科学出版社,2009.